土木情報ガイドブック

土木技術者のための情報収集と活用
－すぐに役立つ情報の探し方・使い方－

土木学会
情報利用技術委員会
土木情報ガイドブック制作特別小委員会 編

はじめに

　本書は，一昨年，情報利用技術委員会から発刊いたしました，土木情報ガイドブック「これだけは知っておきたい土木情報の標準化」の続編として「すぐに役立つ土木情報の収集と活用」をテーマに，現在，土木分野の実務で活躍中の産・官・学の技術者が，設計・施工・保守などの生産現場で従事する技術者や研究者の方を対象に，より分かり易く土木情報の最新動向やICT時代を迎えて是非知っておきたい知識や情報を紹介する書です。本書は，土木学会の情報利用技術委員会活動の成果として発刊いたしました。当委員会は，新鮮な情報と経験に根付いたノウハウを提供することは重要な役割の一つとして位置づけています。これらをすぐに役立つ情報として世に出すことを，われわれ，土木情報を扱う情報利用技術委員会の使命であると認識し，土木情報ガイドブック第2版の出版に至りました。

　この20年間におけるIT，通信技術の急速な進歩は，土木技術者の業務形態，コミュニケーション方法，成果品の形態や品質などにさまざまな影響を及ぼし，効率化・信頼性向上・安全・安心の確保に大きく影響し，寄与してきました。そうした中で，土木分野でも，業務効率，情報化施工，CAD，CALS/EC，電子入札・電子納品，ITS，リアルタイム防災など，さまざまな分野で情報通信技術が欠かせぬ技術となり，あらゆる機関，業務で実用化され運用が進んでいます。今後は，情報の収集・配信・活用支援サービスが，土木分野でもあらたなビジネスモデルを創生するものと期待されます。

　一方では，わが国の国民生活を支える道路や上下水道などの社会基盤の高齢化が進み，20年後には大規模な更新時代を迎えることになります。地震災害，土砂災害，ヒートアイランド現象による都市部の集中豪雨など防災や災害復旧も土木技術の大切な役割の一つで国民生活の安全・安心を担保する役目も担っております。そのための，土木分野のさまざまな業務プロセスでの情報の整備・シームレスな活用は欠かせないものです。「土木情報」は，単に建設作業を効率化・合理化する役目の情報ではなく，国民の生活基盤にかかわる重要な「情報基盤」を構築する根幹であるといえます。土木情報の基盤整備の重要性はますます増してくることになります。

　本書の第2章，第3章では，設計から保守までさまざまな業務で，必要な情報の取得・活用について基本的な考え方と必要な技術・知識を分かり易く解説しています。第4章では，産官学の情報収集と活用の多くの最新事例を紹介しています。第5章では，情報公開，セキュリティ，知的財産権の面で，土木技術者が情報を扱う上で最低限知っておくべき知識ついて解説しています。

　本書は，土木技術者が土木技術者の立場に立って執筆しています。本書が，土木情報にかかわる土木技術者だけでなく，設計，施工，施工管理，保守などさまざまな業務に携わる技術者の方々に，「すぐに役立つ土木情報の収集と活用」を目的に，読者の皆様の実務に寄与することを筆者一同，心から念願するとともに，是非，一読されることをお勧めします。

2007年6月吉日
土木学会　情報利用技術委員会
委員長　髙田　知典
（兼　土木情報ガイドブック制作特別小委員会小委員長）

《土木学会 情報利用技術委員会》

高田 知典	委員長	(株)国土情報技術研究所／(株)オリエス総合研究所	
佐田 達典	幹事長	日本大学 理工学部 社会交通工学科	

■編集一覧

《土木学会 情報利用技術委員会土木情報ガイドブック制作特別小委員会》

高田 知典	小委員長(WG)	(株)国土情報技術研究所／(株)オリエス総合研究所
上坂 克己	副小委員長	国土交通省 中国地方整備局 広島国道事務所
三嶋 全弘	副小委員長(WG)	(株)フジタ 経営本部 情報企画部
皆川 勝	副小委員長(WG)	武蔵工業大学 工学部 都市工学科
宮田 卓	委員	東京電力(株) 建設部 海外事業グループ
佐田 達典	委員(WG)	日本大学 理工学部 社会交通工学科
東 俊孝	委員(WG)	(株)国土情報技術研究所 企画開発グループ
礒部 猛也	委員	(株)建設技術研究所 東京本社 情報部
今井 龍一	委員(WG)	国土交通省 国土技術政策総合研究所 高度情報化研究センター 情報基盤研究室
浦野 隆	委員	(財)道路新産業開発機構 ITS統括研究部兼企画開発部
大野 聡	委員	(株)シビルソフト開発
加藤 勲	委員	(株)三菱総合研究所 社会システム研究本部 社会システム事業研究グループ
小松 淳	委員	日本工営(株) 技術企画部情報基盤センター
佐藤 郁	委員	戸田建設(株) アーバンルネッサンス部技術チーム
澤 正樹	委員(WG)	(株)間組 経営企画本部 企画部 情報システム室
柴崎 亮介	委員	東京大学 空間情報科学研究センター
福森 浩史	委員	清水建設(株) 土木本部 技術企画部
高橋 英嗣	委員(WG)	(株)オリエス総合研究所 リソース開発グループ
田島 剛之	委員(WG)	(財)日本建設情報総合センター CALS/EC部
田中 成典	委員(WG)	関西大学 総合情報学部
蒋苗 耕司	委員	宮城大学 事業構想学部 デザイン情報学科
政木 英一	委員	国際航業(株) 国土情報基盤事業推進部
松本三千緒	委員	大成建設(株) 土木本部機械部機械技術室
諸山 敬士	委員	(株)テプコシステムズ 電力システム第1本部 応用技術部 計数技術グループ
矢吹 信喜	委員	室蘭工業大学 工学部 建設システム工学科
山内 格	委員(WG)	江守商事(株) 情報システム第一事業部 ITプロジェクト営業グループ
稲葉 力	委員	西松建設(株) 技術研究所

■執筆者一覧(50音順・敬称略)

執筆者名	所属組織
青山 憲明	国土交通省 国土技術政策総合研究所 高度情報化研究センター 情報基盤研究室
東 俊孝	(株)国土情報技術研究所 企画開発グループ
荒木保登志	大阪府都市整備部 事業管理室 建設CALS推進グループ
飯嶋 淳	JIPテクノサイエンス(株) 東京テクノセンタ システム開発部
石井由美子	(株)テプコシステムズ 電力システム第1本部 応用技術部 計数技術グループ
石間 計夫	(株)国土情報技術研究所 企画開発グループ
和泉 繁	大日本コンサルタント(株) 事業開発本部
礒部 猛也	(株)建設技術研究所 東京本社 情報部
伊藤 一正	(株)建設技術研究所 国土文化研究所企画室
稲葉 力	西松建設(株) 技術研究所
今井 龍一	国土交通省 国土技術政策総合研究所 高度情報化研究センター 情報基盤研究室
上山 晃	(株)建設技術研究所 東京本社 情報部
宇野 昌利	清水建設(株) 土木技術本部 技術企画部

大野 聡	(株)シビルソフト開発	
小原 弘志	国土交通省　国土技術政策総合研究所　高度情報化研究センター　情報基盤研究室	
梶川 正純	大阪府都市整備部　事業管理室　建設CALS推進グループ	
金澤 文彦	国土交通省　国土技術政策総合研究所　高度情報化研究センター　情報基盤研究室	
金子 秀教	パシフィックコンサルタンツ(株)　情報技術部	
川田 卓嗣	三菱電機(株)　神戸製作所	
草野 成一	中日本高速道路(株)　横浜支社　横浜技術事務所	
窪田 諭	(株)オージス総研	
栗林 利光	京セラコミュニケーションシステム(株)　セキュリティ事業部	
桑原 清	東日本旅客鉄道(株)　東京工事事務所　工事管理室	
小林 三昭	ジェイアール東日本コンサルタンツ(株)　IT事業本部	
小松 淳	日本工営(株)　技術企画部　情報基盤センター	
佐田 達典	日本大学　理工学部　社会交通工学科	
佐藤 郁	戸田建設(株)　アーバンルネッサンス部　技術チーム	
佐藤 一則	東京都下水道局　東部第二管理事務所　葛西水再生センター	
澤 正樹	(株)間組　経営企画本部　企画部　情報システム室	
澤田 繁樹	伊藤忠テクノソリューションズ(株)	
柴 敏洋	三菱電機(株)　関西支社	
杉本 博史	(株)奥村組　管理本部　情報システム部	
須合 健一	三菱電機(株)　神戸製作所	
鈴木 明人	早稲田大学　理工学総合研究センター	
関本 義秀	東京大学　空間情報科学研究センター	
高田 知典	(株)国土情報技術研究所／(株)オリエス総合研究所	
田島 剛之	(財)日本建設情報総合センター　CALS/EC部	
田中 成典	関西大学　総合情報学部	
田中 洋一	国土交通省　国土技術政策総合研究所　高度情報化研究センター　情報基盤研究室	
秩父 基浩	三菱電機(株)　神戸製作所	
千葉 洋一郎	(株)トリオン	
徳永 貴士	大日本コンサルタント(株)　事業開発本部　総合計画室	
徳丸 浩	京セラコミュニケーションシステム(株)　セキュリティ事業部	
中村 吉秀	京セラコミュニケーションシステム(株)　セキュリティ事業部	
中山 渉	東京ガス(株)　首都圏西導管事業部　計画推進部　技術グループ	
羽鳥 弘之	三菱電機(株)　神戸製作所	
藤澤 泰雄	八千代エンジニヤリング(株)　技術推進本部　開発企画部	
藤津 克彦	(株)建設技術研究所　東京本社　情報部	
藤本 幸司	国土交通省　国土技術政策総合研究所　高度情報化研究センター　情報基盤研究室	
蒔苗 耕司	宮城大学　事業構想学部　デザイン情報学科	
政木 英一	国際航業(株)　国土情報基盤事業推進部	
三嶋 全弘	(株)フジタ　経営本部　情報企画部	
皆川 勝	武蔵工業大学　工学部　都市工学科	
宮田 卓	東京電力(株)　建設部　海外事業グループ	
宮本 勝則	みらい建設工業(株)　建設本部　土木部	
武藤 良樹	アジア航測(株)　サスティナブル空間情報事業部	
村井 重雄	(財)日本建設情報総合センター　CALS/EC部	
森 慎吾	JIPテクノサイエンス(株)　東京テクノセンタ事業企画部	
安井 勝俊	(株)大林組　東京本社　情報ソリューション部	
保田 敬一	(株)ニュージェック　東京本社　道路グループ	
矢吹 信喜	室蘭工業大学　工学部　建設システム工学科	
山内 格	江守商事(株)　情報システム第一事業部　ITプロジェクト営業グループ	
山内 徹	大阪ガス(株)　導管事業部　計画部　計画チーム	
山崎 元也	東京農業大学　地域環境科学部　造園科学科	

目　次

はじめに
編集一覧
執筆者一覧

第1章　土木分野における情報収集と活用

1.1　土木と情報 … 2
  1.1.1　多様化する土木情報 … 2
  1.1.2　あらたな建設ビジネスモデルの創生 … 3
1.2　土木情報の現状と課題 … 6
  1.2.1　土木情報の現状 … 6
  1.2.2　土木情報の課題 … 9
1.3　期待される土木情報の展望 … 10
  1.3.1　データから情報へ、そして共有財産としての知識へ … 10
  1.3.2　電子納品が活かされるために … 11
  1.3.3　真の情報共有は対等な関係から生まれる … 12

第2章　業務に役立つ情報収集と活用の基本

2.1　情報を業務に有効活用するための基盤 … 17
  2.1.1　土木情報の特色 … 17
  2.1.2　さまざまな情報源 … 17
  2.1.3　基盤としての情報リテラシー … 21
2.2　企画・調査・設計 … 27
  2.2.1　企画・調査・設計における情報収集と活用 … 27
  2.2.2　企画・調査・設計における情報収集と活用の事例 … 31
  2.2.3　今後の情報収集と活用のあり方 … 33
2.3　施工 … 37
  2.3.1　施工における業務項目と情報 … 37
  2.3.2　情報収集と活用 … 39
  2.3.3　情報収集と活用の事例 … 43
  2.3.4　今後の情報収集と活用のあり方 … 45
2.4　保守・維持管理 … 46
  2.4.1　保守・維持管理における業務項目と情報 … 46
  2.4.2　情報収集と活用 … 48
  2.4.3　情報収集と活用の事例 … 50
  2.4.4　今後の情報収集と活用のあり方 … 53

2.5 緊急時の情報収集と運用　58
2.5.1 BCPとは？　58
2.5.2 地震対策の基本コンセプト　58
2.5.3 地震時の情報収集と利用　60
2.5.4 情報共有に向けた取り組み　67

第3章　情報収集と活用に必要な技術と知識

3.1 情報収集と活用に必要な技術　70
3.1.1 ユビキタスネットワークという情報通信基盤　70
3.1.2 インターネットの標準技術とソフトウェア　72
3.1.3 情報検索の仕組み（Yahoo!Japan，Google）　75
3.1.4 情報発信の仕組み（ブログ，Wiki）　77
3.1.5 情報収集・連携・活用の仕組み（RSS，Webサービス）　77

3.2 情報収集と活用に必要な知識　82
3.2.1 情報通信サービスの選択　82
3.2.2 情報検索サービスの利用　83
3.2.3 情報ポータルサイトの利用　86
3.2.4 メタデータで情報整理　88
3.2.5 情報の仕分け方　94

3.3 インターネットを活用した情報収集の例　100
3.3.1 情報提供サイトの紹介（公的機関）　100
3.3.2 情報提供サイトの紹介（民間）　107

3.4 先進技術の利用可能性　111
3.4.1 移動体における高精度測位技術　111
3.4.2 社会資本の管理技術の開発　114
3.4.3 センサネットワーク　118
3.4.4 都市空間における動線解析プラットフォームの開発　120
3.4.5 道路通信標準を用いた道路管理情報の共有と利活用　122

第4章　土木分野における情報収集と活用の事例

4.1 国土交通省　132
4.1.1 道路事業における基盤地図情報の利用　132
4.1.2 リアルタイム災害情報の収集　134
4.1.3 施工管理での情報活用（トータルステーションによる出来形管理）　138
4.1.4 道路事業における線形データの交換標準に関する取り組み　140

4.2 地方自治体　145
4.2.1 東京都：下水道台帳情報システムから始まるCADデータのリサイクル　145
4.2.2 大阪府　149

4.3　鉄道事業者	158
4.3.1　はじめに	158
4.3.2　TERA構築の経緯と導入後の状況	158
4.3.3　当面の課題と今後の方向性	161
4.4　高速道路会社	163
4.4.1　はじめに	163
4.4.2　保全計画の精緻化	163
4.4.3　路面損傷分析システムの検討例	164
4.4.4　保全計画精緻化のフレームワーク	165
4.4.5　舗装支援システム	166
4.4.6　新たな保全計画立案技術の確立	168
4.5　測量設計会社	169
4.5.1　物件管理活用事例	169
4.5.2　空間情報活用事例	170
4.6　建設コンサルタント	173
4.6.1　TECRISキーワードによる社内情報連携と業務の効率化	173
4.6.2　位置情報による社内情報連携と業務の効率化	176
4.7　ゼネコン	179
4.7.1　ICタグを用いた入退場管理システム	179
4.7.2　重機施工支援システム	182
4.8　電力会社	188
4.8.1　センサネットワークを利用した土木構造物の監視・計測	188
4.8.2　GISを利用した地震被害想定システム	189
4.9　ガス会社	191
4.9.1　高精度な基盤地図の利活用	191
4.9.2　高精度な測位技術と基盤地図によるガス管の管理	192
4.9.3　道路占用情報の官民共有	194
4.10　通信	196
4.10.1　Webカメラを用いた土木工事の効率化	196
4.10.2　モバイル機器を使用した点検作業の効率化	197
4.10.3　高精度GPSによる測量の効率化	198

第5章　情報収集と活用のための心構え

5.1　情報の公開	202
5.1.1　土木分野における情報公開とは？	202
5.1.2　公開情報を利用する	204
5.1.3　企業のコンプライアンス	205

5.2	情報セキュリティとは	207
5.2.1	さまざまな脅威	207
5.2.2	守るべき情報は何か？	207
5.2.3	情報セキュリティとは？	208
5.2.4	情報セキュリティに関する法律や制度	210
5.2.5	情報セキュリティに関する犯罪・事故	211
5.3	これだけは知っておきたい情報セキュリティ技術	214
5.3.1	情報セキュリティ技術とは？	214
5.3.2	個人識別・暗号に関する技術	215
5.3.3	ネットワークセキュリティ技術	218
5.4	知的財産とは	222
5.4.1	知的財産権とは？	222
5.4.2	特許取得までの流れと費用	224
5.4.3	特許に関する情報の収集と活用	226

第6章　土木分野における情報収集・活用の未来

6.1	建設ユビキタス時代の実現に向けて	230
6.1.1	建設ユビキタスへの取組み	230
6.1.2	建設ユビキタスを構成する要素技術	232
6.1.3	ユビキタス技術で変化する建設	233
6.1.4	建設ユビキタス実現に向けて取組むべき課題	238
6.2	進む土木技術者の情報リテラシー	243
6.2.1	幅広く求められる土木技術者能力	243
6.2.2	これからの人材育成	244
6.3	土木分野における3次元の未来	246
6.3.1	異なる分野の3次元	246
6.3.2	3次元の優位性	247
6.3.3	3次元技術の進歩と課題	248
6.3.4	3次元の将来	249
おわりに		250
索引		251

※　本文中に記載していますURLは，執筆時点で入手したものです。

第1章　土木分野における情報収集と活用

　情報の電子化，高速通信ネットワークの活用，情報の共有化が進むなかで，土木事業を遂行するにあたって，如何に情報を効率的に収集し，すばやく業務に活用できるかは，土木技術者や企業にとってますます重要になってきています。本章では，本書の巻頭に先立ち，多様化する土木情報の種類と役割，土木情報の現状と課題，期待される土木情報の展望について概観します。

1.1 土木と情報

1.1.1 多様化する土木情報

建設投資は，1992年の約84兆円をピークに，2006年には約4割減の約51兆円に急速に減少してきました。このような建設投資の急激な減少を背景に，需要と供給がアンバランスとなり，建設工事の低価格入札の常態化など受注競争は熾烈を極めている状況です。また，官公庁発注の工事では，価格以外の工期，安全性などを重視すべき工事については，価格のみの競争により落札者を決定する方式ではなく，技術，工期，安全性などの価格以外の要素と価格とを総合的に評価して落札者を決定する総合評価落札方式がとられています。また，国土交通省が所管する土木事業および建築事業にかかわる調査，設計等の業務を建設コンサルタント等に発注する場合に，その内容が技術的に高度なものまたは専門的な技術を要求されるものについては，プロポーザル(技術提案書)の提出を求め，技術的に最適な者を特定し採用するプロポーザル方式が主流を占めつつあります。このような背景の中で，工事実績，業務実績，技術情報，基準，規制，地域情報等土木技術者に求められる情報は多岐にわたってきています。同時に，これらの多くの情報の中から役立つ情報，必要な情報を的確に収集，判断，差別化する情報リテラシーが強く望まれるようになってきました。土木分野では，計画・施工・保守管理までさまざまな業務プロセスで，発注者，設計者，施工者，資材業者，レンタル業者等さまざまな企業が協力して，一つの建設事業を作り上げていく共同作業/コラボレーションが不可欠です。この共同作業の効率を高めるには，必要とされる情報を電子化し，それを社内だけでなく，プロジェクトに参加する複数の企業や発注者間で情報共有することが求められています。

土木分野における情報技術・活用の変遷を土木学会情報利用技術シンポジウム(1970年～：旧電算機利用に関するシンポジウム，1989年～2002年：土木情報システムシンポジウム)，に投稿された論文からキーワードを整理すると，図1.1.1のような時代の流れがみてとれます。大きな変革点として，1980年代のパソコンの急速な普及，1990年代の業務系ソフトウェアの普及，情報化施工，CADの導入，GPS，デジタルカメラ，GIS，高解像度リモートセンシング等の要素技術の発展，1993年の商用プロバイダの設立，インターネットの普及が大きな変革点となりました。その後，CALS/ECの導入による情報化が急速に促進され，土木情報もその形態・量とも多様化するなかで，総合的な情報収集能力と活用能力が技術者に問われる時代となってきたといえます。

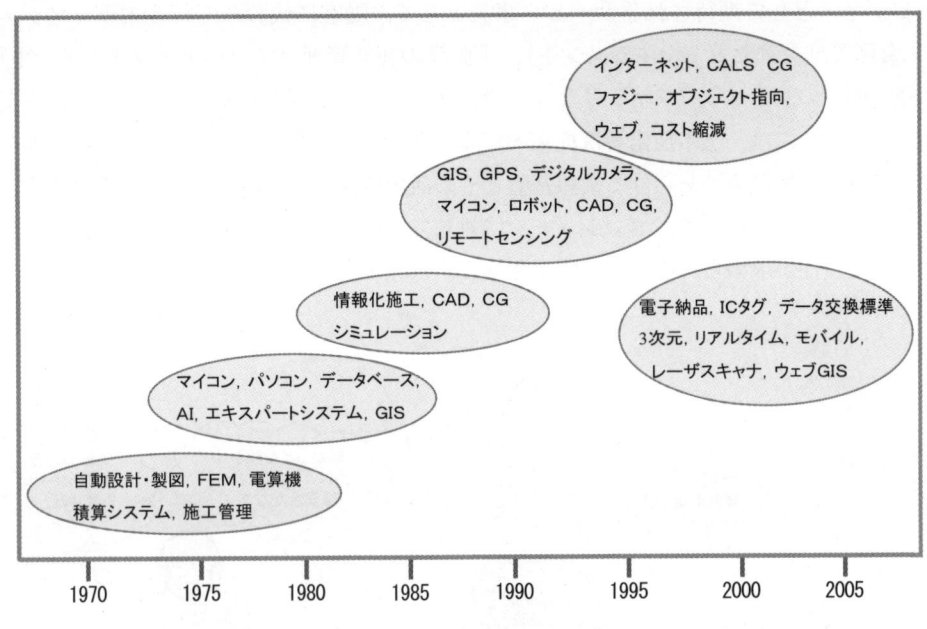

図 1.1.1 建設 IT の変遷（情報利用技術シンポジウムより）

1.1.2　あらたな建設ビジネスモデルの創生

　わが国経済の低位安定成長，国・地方の厳しい財政状況，少子・高齢化，人口減少社会への突入といった流れの中で，中長期的に建設投資がさらに減少していくとは避けられない状況であるといわざるをえません。そこで，さまざまな企業・機関であらたな生産性の向上や，収益源の確保，市場の創生を目的に，IT 関連ビジネス，新素材ビジネス，地域密着型ビジネス等さまざまな取り組みが試みられています。特に，IT 化の大きな波が，建設産業にも押し寄せており，官公庁による電子入札，電子納品，企業間における資機材の電子調達や協力施工会社間の情報交換・情報共有がなされています。また，建設 ASP（アプリケーション・サービス・プロバイダー）事業など新たなビジネスモデルの構築と展開も注目されてきています。しかしながら，建設関連企業の多くが，その資金不足，人材の不足などからこれらの IT ビジネスに参画できるわけではありません。一方では，IT 関連産業の積極的なアプローチに対応を誤ると，「建設業が草刈り場になってしまう」との警告も指摘されています。

　「今後の建設業のビジネスモデルに関する提言」[1]では，建設市場の変化の見通しとして，有望な分野として環境，都市再生，防災，高齢化社会への対応をテーマとする市場，建設生産物のストックの増大に伴う維持・修繕，リフォーム市場などの分野があげられています。一方，ハード面ばかりでなくソフト面でも，PFI やコンサルティングなどのフィービジネス，不動産証券化市場等も有望な市場としてあげています。環境ビジネスは，環境評価，予測，大気汚染，土壌汚染，エネルギ，リサイクル，ヒートアイランド等建設企業も進出を進めている分野です。また，リフォーム市場は 5 年後には 30 兆円市場となり，PFI では，教育と文化，健康と環境分野が期待されています。特に，サービス分野として期待されるフィービジネスは，建設企業が十分展開可能な分野として期待されます。ここでは，詳細は省きますが，キーワードだけでも覚えておいてください。

第1章　土木分野における情報収集と活用

フィービジネスとして期待されるサービス事業として，顧客に代わって行う工事マネジメント（CM）・資産管理（アセットマネジメント），不動産の運営管理（プロパティマネジメント），施設等の経営面でのサポート（ファシリティマネジメント）があげられます。これらのあらたな変化に対応するためには，土木技術者は従来の建設プロセスにかかわる情報だけでなく，他分野，他産業，住民，市場経済等あらゆる情報基盤とその活用技術が求められるようになります。対象も発注者だけでなく，利用者，コンシューマに対しても真摯なサービスと専門家としての易しい技術的な説明責任が求められる時代が想定されます（図1.1.2）。

図 1.1.2　多様化する土木情報の利用場面

今まではプロジェクトや企業ごとに，情報の利活用によって，それぞれの場面（現場）の最適値を求めていましたが，今後は，企業，産業としての最適値を求めるために情報が収集，活用される時代へと変わっていきます。そこで，土木分野でも全く新しい土木情報ビジネスが生まれる可能性は十分に考えられます。設計者・開発者・施工者等と利用者・コンシューマが直結され，

中間の流通サービスをとりこんだサービスも可能性はありますが，現状ではそこまで急激な変化は難しいかもしれません．しかしながら，情報開示とより質の高いサービスを求められる時代では，これまでの請負形態の組織でのビジネスのやり方が変わる可能性があると大いに期待しています．一方，少子高齢化時代，大量退職の時期を迎え，建設業でも熟練技術者の不足による従来の知識やノウハウの伝承が十分になされないことが問題となっています．これらのいわゆる暗黙値を形式値（情報）に置き換え，利用可能な形で提供することも土木情報の重要な役割です．しかしながら，人手による処理や目による判断などが不可欠である部分があり，ある程度までは形式値への転換が進むと期待されるものの，膨大な費用と時間がかかってしまうことが予想されます．ここでも情報技術・計測技術によるあたらしい発想の情報収集と提供ビジネスが考えられます．従来，建設では管理というくくりでサービスを評価しない（お金にしない）風潮があり，あらたな民間サービス事業（顧客にサービス・情報を提供する対価として手数料を受け取るビジネスなど）を阻んでいたのではないかと思われます．あらゆる規模の企業で，土木情報の収集と活用によるあらたなビジネスの創生の一助に本書がなることを期待してやみません．

【参考文献】
1）（財）建設経済研究所：今後の建設業のビジネスモデルに関する提言，2006年8月

1.2　土木情報の現状と課題

1.2.1　土木情報の現状

　土木分野における情報収集と活用の現状について概観してみます。

　土木構造物は企画，調査，設計，施工という建設プロセスを経て構築し供用されます。その後は保守点検，補修・補強が施され維持されていきます。したがって，土木分野の情報は建設時には建設プロセスの上流から下流に向けて受け渡されていき，供用時には維持管理のために参照・更新されるという特長があります。企画・調査・設計においては，測量や地質調査などの情報を入手し，荷重や材料強度などの設計条件を組み合せて検討し，設計図として表現します。施工では設計図書や現地調査などに基づき施工方法を検討し，施工計画書を作成します。工事が始まると関係する機関や企業間の打合せ，検査，安全管理，近隣対応等で種々の情報交換がなされます。工事が竣工して構造物が供用されると維持管理の段階になります。点検，調査・計測，健全度評価，更新・補修などのために情報を参照・更新します。

　このような土木分野における情報の流通過程において，情報の扱い方はどのように変わってきたでしょうか。IT（Information Technology）という言葉がでてからのこの10年ほどの変化を簡単に振り返ってみます。

(1)　紙データから電子データへ

　設計情報や施工情報はこれまでほとんど紙やマイクロフィルムなどの媒体に記録されてきました。この10年で情報の電子化が進み，これらの情報は電子データで長期にわたり保管することが可能になりました。例えば，平面図を作成する場合，以前は平板測量を用いて紙に直接作図していましたが，トータルステーションという測量機器を用いて観測点の測量結果を座標で取得し，そのままコンピュータ上で図面を作成するようになりました。デジタル測量機器が出現し，コンピュータと直接つながるようになったからです。設計図面や施工図面は，以前は手書きであったものが，いまはCAD（Computer Aided Design）のソフトウエアを利用して作成して編集することが当たり前になりました。工事写真管理はフィルムを現像して焼き付けた写真を手作業で整理して写真帳を作成していましたが，デジタルカメラで撮影したデジタル写真を写真管理ソフトウエアで効率的に整理できるようになりました。業務用の各種書類作成もほとんど電子化されています。

　紙という媒体に情報を記録し参照するということは，新聞，書籍，地図の利用を考えれば分かるように非常に手軽で効率的で便利です。しかし，紙に記載されている情報をデータとしてコンピュータで利用しようとすると内容をいちいち読み取って電子化しなければなりません。また，紙に記載されている情報を関係者で共有しようとするとコピーをとって配布しなければなりません。すなわち，紙という媒体ではデータの再利用や共有がしにくいという欠点があります。最初から情報が電子データとして作成されていれば再利用や共有が容易になります。このような理由から紙データから電子データへ急速に移行した結果，土木分野でも現在では主な情報はほとんど電子化されたと考えてよいでしょう。

(2) 土木情報の標準化

　各種の土木情報が電子データとして保存することにより，データの共有，流通，再利用を促す基盤ができてきました。ただし，電子化されていてもデータ形式が使用する機器やソフトウエアによって異なったままでは，誰もが共通に使える環境にはなりません。そこで土木分野でもデータの標準化を図るさまざまなプロジェクトが進められてきました。データ交換の標準化で使われているのがXML（eXtensible Markup Language）という技術です[1]。XMLは情報の流通・蓄積・提供のために1998年にW3C（World Wide Web Consortium）によって制定されました。XMLを利用するとファイルの共通的な記述ルールが定められデータの書き方を定義することができます。CAD製図基準（案），デジタル写真管理情報基準（案），各種の電子納品要領でXMLを利用しています。また，地理情報システム（GIS：Geographic Information System）データの標準的な表現手法として地理情報標準がXMLを用いて定められています。

(3) 情報収集環境の向上

　現在では情報を検索する手段として多くの人々がインターネットを利用するようになっています。従来は土木分野においても各種資料を収集するため，図書館や公文書館に出向く必要がありましたが，現在ではインターネットを経由して必要な文書や技術情報を入手できる環境が整いました。

　さらに，より専門的な情報収集源として各種の情報サービス機関が提供するデータベースの利用があります。気象情報など時々刻々変わっていく情報を活きた情報といい，平均気温など過去の事実であるデータを累積情報と呼びます。活きた情報も累積情報もデータベースを利用して入手しやすい環境が整備されてきました。例えば，気象情報は工事を行う上で非常に重要な情報ですが，10年前にはリアルタイムに当該地点の気象情報を入手することは困難でした。現在はインターネットで簡単に参照できるようになっています。また気象履歴を調査する際には気象台に直接問い合わせをしたりして大変な作業だったのですが，現在では容易にデータベースにアクセスして取得できるようになりました。

　情報収集と活用に必要な技術として，ユビキタスネットワークという情報通信基盤が急速に進展しています。誰でもいつでも場所に関係なく簡単に情報を取り出し，互いに通信しあうことができる環境に近づきつつあるということです。ユビキタスネットワークとしてはADSL（Asymmetric Digital Subscriber Line）や光ファイバーなどのブロードバンドネットワークや携帯電話などのモバイルネットワークがあります。

(4) 空間情報取得技術の高度化

　土木情報の中でも一次的なデータ，たとえば，地物の形や性質，位置等の空間情報を時系列的に取得する技術があります[2]。土木事業は時間的・空間的に大きな広がりをもっていますので，情報として重要な項目になります。近年のエレクトロニクス技術の進展に伴い，さまざまな空間情報データ取得技術が実用化されてきました。形や位置を測る技術としてはGPS（Global Positioning System），デジタル写真解析，3次元レーザースキャナ等があります。地物の性質を測る技術としてはリモートセンシング，物理探査，非破壊検査等があります。いずれもデジタル処理の技術であり，高解像度化，高精度化が進んでいます。

第1章　土木分野における情報収集と活用

(5) センシング技術の普及とネットワーク基盤の整備

施工の建設プロセスにおいては各種の計測機器や画像装置が手軽に使えるようになりました。例えば，デジタルカメラを用いた工事写真管理は今は当たり前ですし，Web カメラを使って工事現場内をモニタリングするシステムも一般的に導入されています。また，IC タグを活用した労務管理が現場で導入されるようになりました。さらに GPS による情報化施工システムは大規模土工事の管理には欠かせないシステムとなっています。また，土工事ではトータルステーションによる出来形検査システムが試験的に導入されるようになっています。維持点検業務では，モバイル機器を利用した点検作業が行われるようになっています。

これらのデータを通信して共有するネットワーク環境も整備されてきました。これまで現場で用いられてきた無線や携帯電話に加えて，有線 LAN，無線 LAN が導入されるようになり，センシング機器による計測データを容易に通信してパソコンに取り込み処理できるようになりました。最近ではセンサネットワークと呼ばれる技術もでてきており，土木構造物の監視・計測に応用されています。

こうした技術の進展とシステムの普及により，事務所にいながら施工現場の情報をリアルタイムに把握することが可能になってきています。現場の状況を定量的にかつ視覚的につかむことができるため，より効率的な施工にフィードバックさせる情報化施工の基盤が整備されてきたといえるでしょう。

(6) CALS/EC の進展

CALS/EC は継続的な調達とライフサイクルのサポート（CALS：Continuous Acquisition and Life cycle Support），と電子商取引（EC：Electronic Commerce）の略であり，公共事業支援統合情報システムと呼ばれています[3]。企画，調査，設計，施工，維持管理というライフサイクル全般にわたり技術情報や取引情報を電子化し，ネットワークを介して交換・連携・共有・再利用することによってコスト縮減，工期短縮，品質確保等を図ろうとするものです。

旧建設省では，1996 年に「建設 CALS 整備基本構想」を，1997 年には「建設 CALS/EC アクションプログラム」を策定しました。2001 年には国土交通省発足に合わせ，旧建設省の建設 CALS/EC，旧運輸省の港湾 CALS および空港施設 CALS が統合されました。さらに 2005 年には「国土交通省 CALS/EC アクションプログラム 2005」を策定されました[4]。この中で，さらなるコスト縮減，品質確保，および事業執行の効率化を図るために，これまでの取組みの中心であった各種情報の電子化から，「情報共有・連携」および「業務プロセスの改善」に重点的に取り組むことが述べられています。

CALS/EC の具体的な展開としては，電子入札，電子納品，受発注者間での情報共有等があげられます。電子入札インターネット上で調達情報を公開し，インターネット上で入札ができるようにするシステムです。電子入札は 2001 年 10 月より国土交通省直轄事業を対象にスタートし，2003 年 4 月からはすべての事業で実施されています。電子納品は成果品を電子データで納品することです。従来の紙の成果品に比べて，省資源，省スペースであり，資料の検索や閲覧に要する時間の短縮，事業の情報の共有化を実現します。国土交通省では 2001 年 4 月より一部の事業を対象に電子納品が開始され，2004 年 4 月からは全工事で実施されるようになりました。一方，受発注者間で電子データとネットワーク環境を利用して業務の情報交換や共有が進められています。電子

メールや情報共有システムが用いられ，常に最新の情報を共有することで円滑で効率的な業務展開が図られています。

このように CALS/EC の展開を通じて，情報を電子化し，交換・共有していく，建設プロセスの上流から下流に情報を円滑に伝達して活用していく，という理念は広く浸透してきたと考えられます。

1.2.2　土木情報の課題

土木技術者個人として考えた場合，情報の入手や活用が非常に便利になった反面，情報の扱いにはこれまで以上に留意しなければならなくなっています。情報そのものの理解を深めて的確に対応できる能力を身につける必要があります。身近な例では，コンピュータ機器の故障や操作ミスによって情報が失われる可能性を考えて，定期的に複製（バックアップ）をしておくこと，自分の操作するコンピュータに対して不正なアクセスはないか，改ざんなどがなされていないかをチェックして自分の情報を護ることなどがあります。こうした情報セキュリティに関する法律や制度についても把握しておくことが望まれます。また，情報セキュリティ技術として，個人識別・暗号に関する技術，ネットワークセキュリティ技術などはぜひ理解しておきたいものです。

さらに，インターネットなどでの公開情報の利用に関しては，著作権など知的財産権に関する理解と対応が求められます。また，工業所有権についても特許・商標に関する理解に加えて，特許取得までの流れや特許情報の収集と活用方法を理解しておくことが望まれます。

一方，土木分野での情報利用のあり方を考えると電子化の進展によって CALS/EC を展開する土台はできたと考えられます。次のステップとして，電子情報の利活用の目的をより明確にした上で，必要な電子情報を効率的に蓄積して，それらを活用し業務の効率化につなげる実践的な取り組みが求められています。

【参考文献】
1) 土木学会土木情報ガイドブック制作特別小委員会編：土木情報ガイドブック，建通新聞社，pp.26-27，2005 年
2) 土木学会土木情報ガイドブック制作特別小委員会編：土木情報ガイドブック，建通新聞社，pp.20-25，2005 年
3) 土木学会土木情報ガイドブック制作特別小委員会編：土木情報ガイドブック，建通新聞社，pp.33-34，2005 年
4) 国土交通省：http://www.mlit.go.jp/kisha/kisha06/13/130315_.html

第1章　土木分野における情報収集と活用

1.3　期待される土木情報の展望

1.3.1　データから情報へ，そして共有財産としての知識へ

広辞苑によれば，データ，情報，および知識は，以下のように定義されています。

データ：立論・計算の基礎となる，既知のあるいは認容された事実・数値。コンピュータで処理する情報。

情　報：ある事柄についての知らせ。判断を下したり行動を起こしたりするために必要な，種々の媒介を通しての知識。

知　識：ある事項について知っていること，またはその内容。知られている内容。認識によって得られた成果。厳密な意味では，原理的・統一的に組織付けられ，客観的妥当性を要求しうる判断の体系。

分かったような，分からないような説明です。慶應義塾大学の清水康さんの総合講座－「データベース，データマイニング，知識発見」－によれば，これらの三つは，さらに，以下のように定義されています。

データ：現実世界の事象に対する客観的な事実を表現し，潜在的な価値のみを持っている。

情　報：データの潜在的価値が，受け手の意識や関心に影響を与え，受け手の価値観を変化させ

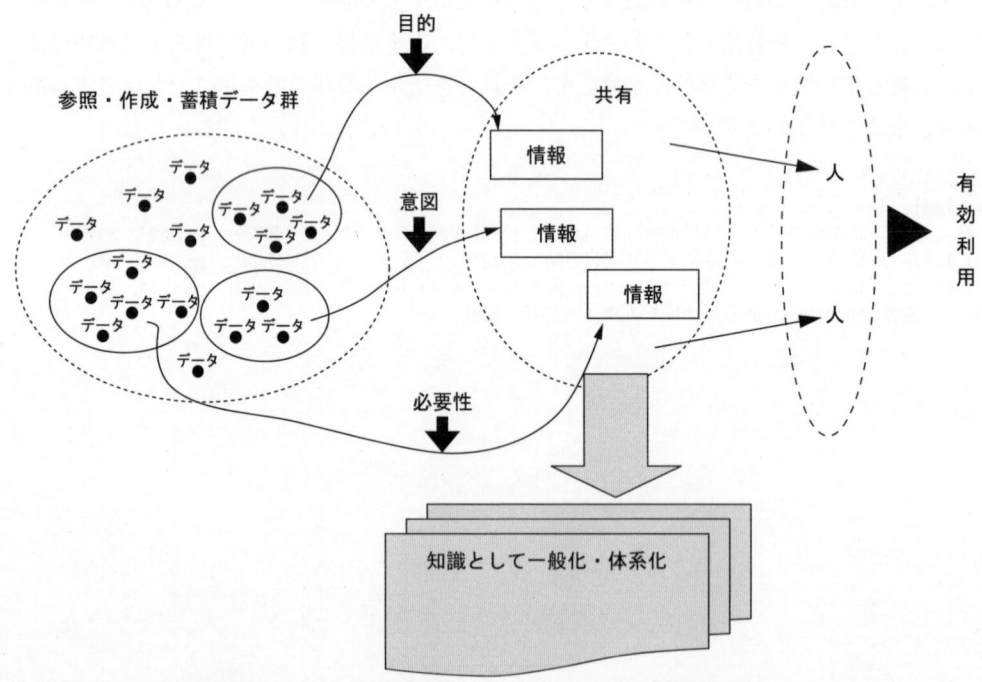

出典：建設情報標準化委員会：工事施工中における受発注者間の情報共有「情報共有のあるべき姿」(案)，2006年11月

図 1.3.1　データ，情報の共有，そして知識の生成

ると情報になる。

知　識：特定の問題解決に役立つ情報の集まり。情報を一般化あるいは抽象化することによって得られる。

　例えば，ある県の県道に架かる老朽化した橋梁の鉄筋コンクリート床版を検査したところ，亀甲状のひび割れが密に発生しているのが発見されたとします。この場合，このひび割れ性状そのものはデータです。この結果から，「この床版は相当劣化しているから，大型車の交通を制限する」となれば，受け手である利用者は，「そうか，あの橋は大分いかれているんだな。トラックを運転するときは気をつけよう」となって，「受け手の価値観を変化」させることになります。データが情報に変化したことになります。さらに，長年の既存橋梁の検査や維持管理の結果，「亀甲状のひび割れ密度が $5m/m^2$ 以上であれば，この床版は末期状態であるので，すみやかに取替えが必要である。ひび割れ密度が 2 から $5m/m^2$ の範囲であれば中程度の劣化であり・・・」という判断が可能となって床版の劣化という問題の解決に役立つ情報となって，知識と呼ばれることになります。

　土木分野では，さまざまなデータが発生し，それから多くの情報が得られ，その一般化されたものとしてきわめて多くの知識が生成されています。土木分野の構造物は単品受注生産であるため，きわめて多様な情報が発生しますが，それらを有効に活用して知識として未来に受け継ぐことは，土木技術者の大きな使命です。情報から知識へと昇華するためには，膨大な情報の蓄積とその活用による更なる情報の生成が必要となります。

1.3.2　電子納品が活かされるために

　CALS/EC における先行的な実績としては，電子入札と電子納品が上げられます。電子入札は，インターネット環境を利用して電子的に入札を行うものですが，そのメリットとして入札会場へ足を運ばなくても入札に参加できる，したがって海外に拠点を持つ企業にも入札の機会が等しく与えられる，入札への参加動向が明らかとならないなどがあり，その利用範囲は拡大しつつあります。電子入札になったからといって談合などの不正がまったくなくなるわけではありませんが，大きなデメリットはないといえます。

　一方，電子納品はどうでしょうか。現在，国土交通省直轄の工事および業務などの成果品は，基本的には全て電子納品されています。電子納品される成果品は，上記の定義によれば，データであるといえます。この膨大なデータ群が情報となって「受け手の価値観を変化させる」ことができ，さらには，「ある問題を解決するために役立つ」知識にまで一般化されれば，これらのデータ群は有効に活用されたことになります。

　しかし，現実はどうなっているのでしょうか。残念ながら，例えば，設計で生成されたデータの多くは紙情報として引き継がれ，電子的にその後の工程に引き継がれることはありません。電子的に引き継がれなければ，データ群から情報あるいは知識を抽出することは容易なことではありません。

　また，工事期間において生成された情報は発注者に電子納品されていますが，それの有効活用はほとんどなされていないのが実態です。電子納品のデータ群は CD-ROM に保管され，倉庫に眠り，しばらくすると廃棄されるのでしょうか。これでは，一時的な保管スペースの削減以外には，メリットはないように思えます。

第1章　土木分野における情報収集と活用

　このような反省に立って，維持管理段階で電子納品データを有効に使ったり，工事中に生成されたデータを蓄積し，それを自動的に電子納品データとするなどについてさまざまな検討がなされていますが，いまだ先は見えてきません。公共的な仕事が多くの割合を占める土木分野においては生成される膨大な電子データが，効果的に活用されることで情報となり，さらに情報が知識へと一般化されて，それが社会に広く共有される必要があります。

　この場合にデータ群を情報へ，そして知識へと昇華することができる人間はどのような人でしょうか。それは，基本的には，その問題に関する過去の知識体系を熟知している経験豊富な土木技術者でしょう。そして，発注者，設計者，施工者，維持管理者のそれぞれが，自らの能力，所持する知識体系・経験を最大限に生かして，新しく生成されているデータを情報，知識へ変化させることが，今強く求められているのではないでしょうか。

1.3.3　真の情報共有は対等な関係から生まれる

　「(財)日本建設情報総合センター（JACIC）」が2006年11月にまとめた，「工事施工中の情報共有のあるべき姿」においては，CALS/ECにおける情報および情報共有を以下のように定義しています。

情　　報：関係者間の伝達や事業実施上の作業，判断を円滑に行うために，事業の各段階およびライフサイクルを通じて参照・作成・蓄積されたデータを目的，意図や必要性から集合整備されたもの。

情報共有：関係者が，上記で作成された情報を一元的に管理し，複数で共有すること。

　工事施工中の情報共有の場合を例にとれば，「複数」とは，発注者と受注者が含まれ，発注者側には総括監督員，発注担当課，主任監督員等が含まれ，受注者には現場代理人，管理技術者，協力会社の技術者等が含まれます。これらのなかの複数の人々が，情報を共有しようとするとき，おのおのの役割や立場，その上下関係は大きな影響を及ぼします。例えば，大学の教員と学生の場合を例にとってみます。大学3年生までは通常，学生は授業の受け手であり，教員はそれの提供者です。教員は授業を通して学生に提供するべきものを定め，それを提供し，その結果を元に試験をして学生を評価します。この段階では，教員と学生は明確に評価者と被評価者という関係であり，情報共有が成立することはありません。ところが，4年生になり，あるいは大学院生になって研究をする段階では，この関係に変化が現れます。初期の段階では，教員はやはり評価者であり，研究をするために必要な事項を教えますが，段階が進むと，教員と学生は一種の共同体を形成するようになります。この段階では両者の関係にある種の対等性が生まれます。それは，研究が新しい道を探すために知識と共に知恵を結集しなければできないことと関係します。知恵を出し合う場合には，上下の関係は不必要なものといえます。そこには年齢差も関係なく，立場の区別も必要ないといえます。

　さて，それでは土木の工事や業務の場合にはどうでしょうか。残念ながら大多数の現場では，発注者と受注者の関係が対等であることはないのではないでしょうか。対等でないとすれば，本来の意味の情報共有は成立しないのではないでしょうか。建設マネジメントの分野では，発注者と受注者という二者構造を，これに技術者集団を加えた三者構造とすることが有効といわれています。このような，建設工事の執行形態の変更がなされることで，情報の共有性もまた高まって

1.3 期待される土木情報の展望

くると考えます．すなわち，わが国の建設業法第18条，建設工事の請負契約の原則では"「建設工事の請負契約の当事者は，おのおのの対等な立場における合意に基づいて公正な契約を締結し，信義に従って誠実にこれを履行しなければならない」"と述べられています．この"信義"に基づいて工事を実施するとき，発注者と受注者は，"互いに信頼して，途中経過に口をはさまない"ということになります．情報共有はCALS/ECの理想的な姿として，その当初から謳われていますが，そもそも，建設にかかわる執行のあり方にも深くかかわる課題といえます．電子化したインターネットがあれば情報共有という簡単な話ではなさそうです．電子化した情報を活用する技術とともに，このような検討と改革がすすみ，近い将来，真に国民にとって望ましい事業の執行がなされることを望みます．

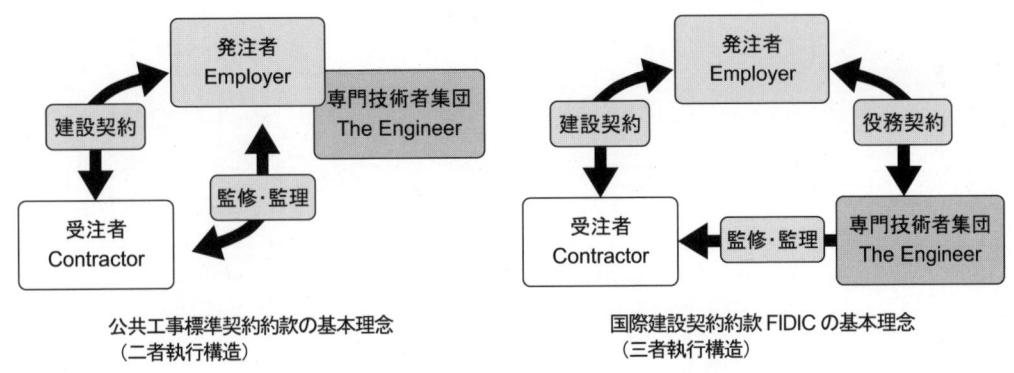

図 1.3.2 建設契約約款の相違と情報共有（総合研究開発機構HPより）

第2章　業務に役立つ情報収集と活用の基本

　現在，建設事業でコンピュータがなくても作業できる工程はほとんどないといえます。IT（情報技術）は測量データの図化から設計におけるCADの利用，施工計画の立案支援，各種技術ドキュメントの蓄積・閲覧など多肢にわたります。ITは社会基盤施設の建設や維持・管理を合理化，効率化するために盛んに使用されています。第2章ではこれら各フェーズについてITをうまく使い，必要な情報を効率よく取得，効果的に活用するための基本事項を述べることとします。

第2章　業務に役立つ情報収集と活用の基本

土木構造物は社会のインフラストラクチャとなる公共的な施設が多いこと，また，それらの施設は永く供用されることが大きな特徴です。道路や鉄道，空港は交通の動脈であり，発電所や燃料備蓄施設は産業の動力となるエネルギーを供給します。生活になくてはならない水を給排水する上下水道や国土を災害から守る河川や海岸の護岸も土木構造物です。

土木構造物は企画・調査・設計，施工の建設プロセスを経て構築され供用に付されます。その後，歳月が経過するにつれ変形や劣化が生じるため点検が実施され，必要であれば補修や補強など供用を持続するための保守・維持管理が実施されます。

また，これらの建設プロセスには発注者をはじめとした多くの組織，企業がかかわります。これら関係機関の間ではスムーズな情報の受け渡し，あるいはコンカレント（同時並行的）に事業を推進していく必要があります。

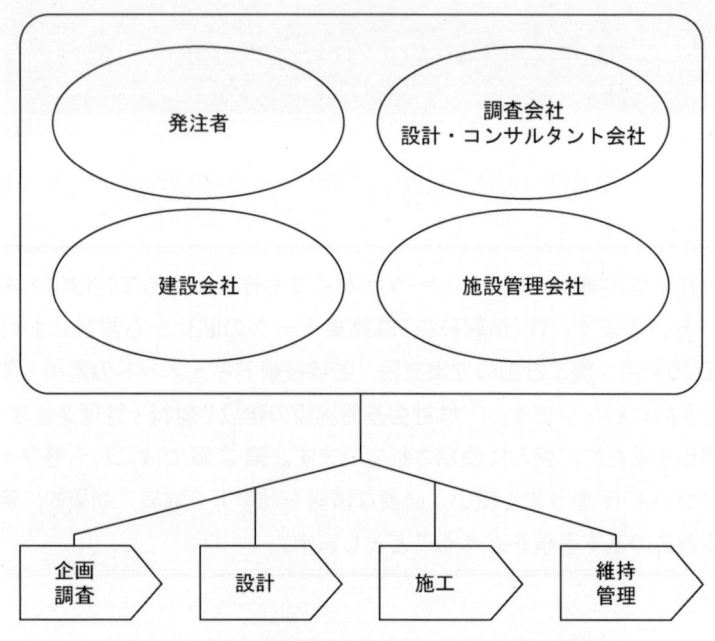

図 2.1.1　土木構造物の建設プロセスと関係機関

このように建設事業は大きな使命と特徴のある産業ですが，21世紀に入り，日本における建設事業は大きな変革を求められています。建設資本ストックは着実に増加している反面，少子高齢化，人口減少による税収減のため，公共建設投資の縮小は避けられない状況となっています。このため，より効果的な建設予算の執行が求められ，必要な土木構造物は高品質で，また社会変化スピードの高速化に対応した供用が求められています。そこで，国土交通省の前身である建設省は1995年，「ITを使ったチャレンジ」として建設CALS研究会を立ち上げ調査・研究をスタートさせました。現在，研究段階から実行段階，成果をあげる段階となっています。

このように社会の重要なインフラストラクチャとなる土木構造物の構築，供用維持に対し，現在，社会は「より良いものをより安くより早く」供給することを要請しています。この章ではこの要請に対し，企画から維持管理までの各建設プロセスでいかにうまく情報を収集し活用すればよいかを述べます。

2.1　情報を業務に有効活用するための基盤

2.1.1　土木情報の特色

　前述の土木構造物の特徴により，土木分野で扱われる情報には，他産業には見られないいくつかの特色があります。

　まず，第一に個々の土木構造物あるいは建設プロジェクトを軸に情報が扱われることです。一般の製造業は製品の種別で情報の区分けがされることが多いのに対し，土木構造物では構造物ごとに図面や図書などの多形態，多項目の情報が発生し，繰り返し利用がされにくい特色があります。ただし，自然環境や規模，形態の類似した土木構造物の技術的な情報は，新規の土木構造物を構築する技術的な検討場面で参照することができます。

　次に，一般の製造業では生産から納品，販売までの一連の情報管理が個別の企業，組織内で完結しますが，土木分野の情報は建設プロセスを通じて複数の企業，組織に引き継がれる必要があります。

　つまり，各建設プロセスから受け渡された土木構造物の情報を更新し，他のプロセスに伝達するという情報処理が行われるのです。また，土木構造物が供用されている間は，保守・維持管理することを考えて，関連する情報を更新し保管する必要が生じます。

　したがって，土木分野で情報を利用する形態は二つに大別されます。特定の技術者が限られた期間に関与する個別の土木構造物を構築するための情報利用と，不特定多数の技術者が長期にわたって再利用する可能性のある類似する土木構造物の情報照会とがあります。

　前者の利用形態では，土木構造物に関する大量，多様な情報を迅速かつ効率的に伝達する必要があり，電子的な媒体やデータ通信を用いるために，データ形式や通信手順を標準化，統一化する課題があります。

　後者の利用形態では，大量の情報から再利用する価値と可能性がある情報項目を選別，抜粋し，引き出しやすい分類で再構成し蓄積しておくことが肝心となります。

　以上の特色を踏まえ，次に情報を収集・活用する際，重要となる基盤的要素となる「情報源」と「情報リテラシー」について述べます。

2.1.2　さまざまな情報源

　誰でも情報を必要としています。上司に報告書を書かなければならない，あるいは会議用にプレゼンテーション資料を準備する技術者も，プロジェクトを計画している行政に携わる人も，誰もが情報を必要としています。

　しかし，情報は必ずしも誰にでも開かれているわけではありません。例えば国公立の各種機関，大学等も含まれますが，研究者しか情報にアクセスできない分野は結構多く存在します。しかし，そうはいっても，まったく手の届かないということではありません。情報は案外，あちこちに散在しています。

　以下にその代表的な情報源について，自分が求める情報をいかにうまく収集し，活用するかを

述べます。

(1) インターネット

インターネットの母体は，1969年に米国防省の資金援助により，学術研究者が情報交換するための研究用ネットワークとして開発がはじまったARPAネット（Advanced Research Projects Agency network）です。1990年代に商用の用途にも使えるようになり，世界中に散在する大小のネットワークが相互に接続する巨大なネットワークに発達しました。現在，確かに使える情報源として情報を欲する者にとっては無くてはならない存在となっています。

しかし，ひとつ注意しなければならない点があります。インターネット上に現れる情報は，紙に書かれたものに比べ玉石混淆である点です。その情報にしっかりした根拠があるのかどうか見極める「目」を養う必要があります。

蛇足ですが今，学校では「インターネットを使えるように」という教育が盛んに行われていますが，どれが信頼に値するのか，それを何によって確かめればよいのか，といった教育も同時に必要だと考えます。

(2) 出版物

① 新聞

新聞は最新の情報を記事にして，速く，安く，継続して提供する有用な情報媒体です。国内の日刊新聞の発行部数は7千万部を超えており，企業，個人に広く利用されています。企業では産業，業界の動向や，ライバル企業の活動を察知したり，市場のニーズを把握するための情報源として活用されています。購読している新聞から関連記事を切り抜き，回覧や掲示している企業も多くみられます。

新聞の制作工程が電子写植システムにより電子化されているので，新聞記事を副産物として集積する記事データベースが増加しました。主要な新聞の記事なら，インターネットなどを媒介にして，オンラインで検索できます。また，特定のテーマを扱った記事にアンテナを張っておきたいなら，SDI（selective dissemination of information）サービスが利用できます。キーワードを登録しておけば，記事データベースに該当する記事の登録や更新があると，自動的にリストを編集し提供してくれます。SDIサービスやオンライン検索を利用すれば，有料ですが，切り抜きやファイリングの煩わしさから開放されます。見落としがなければ，ファイルに入れたはずの記事が行方不明になることもありません。

問題意識をもって新聞を読めば，小さな記事にも目がとどまります。テーマを時系列で整理すると社会や業界の動きが見えるようになります。分析する手腕があれば，新聞から独自の調査レポートが作成できます。論文や研究報告などと組み合わせれば，利用価値がさらに高まります。

② 雑誌，図書

企業，学校は業界誌や学会誌，専門誌などの定期刊行物を購読しています。論文集や研究報告，レポートなど学術的，技術的な図書も所蔵しています。こうした雑誌，図書は，新聞と比べると鮮度は劣りますが，内容が掘り下げられており，情報量も豊富です。話題性のあるテーマが特集になることも多く，知識をまとめて吸収できます。論文の執筆で文末に引用文献や参考文献を記すのが慣習となっているように，研究成果を公表するために欠かせない情報源です。ただし，記述の内容には著作者の考えや編集者の意向が反映することがあるので心すべきでしょう。

雑誌，図書にはブラウジングという固有の機能があります。ブラウジングの語源は，牛が草原の牧草を舐めるように食べていくようであり，雑誌や図書をめくりながら情報を探索すると，意図していない有益な情報に巡り合えるという利点があります。インターネットの表示ツールであるブラウザの語源も同じです。

雑誌や図書は貯まるとかさばります。発行の種類が多く，手元にない雑誌や図書に求める情報が掲載されていることもあります。そこで，商用データベースのサービスが開始された初期の頃から，雑誌，図書の抄録や著者，発行者などの案内情報を提供する文献データベースが存在しています。多くの文献データベースはオンラインで検索できます。しかし，案内情報は二次的な情報であり，本文を読むには原資料を入手する必要があります。

雑誌や図書の現物が大量に所蔵されているのは，企業や学校，公共機関などの図書館です。多くの図書館には図書データベースがあり，閲覧したい蔵書を使用者が自分で検索し求めることができます。しかし，図書データベースの登録作業はタイムラグが生じるので，新刊書は書店で探すほうが手っ取り早いことがあります。出版にも新聞と同様に電子写植システムが導入されたので，辞書や辞典，名簿類などの全文データベースが増えています。全文データベースなら文献データベースや図書データベースの助けは不要となります。

(3) 人為的な媒体
① 対話

どんなデータベースでも情報が入力されなければ役に立ちません。コンピュータがなくても，適切な人物とコンタクトがとれると，ホットな情報が入ることがあります。人間には情報を選別し組み換える能力があるので，人づての情報は正確さが欠けたり，誇張されたりしますが，うまくあてはまるとジャストな情報に化けることがあり，対話は誰にでも利用できる情報ツールであるといえます。

しかし，信頼がないと相手が口を開いてくれません。面識がなければコンタクトもとれません。日頃から企業，組織の内外に人脈のネットワークを広げておく必要があります。情報を必要とするときに，コンタクトをとる相手を誰にするかは自分で判断します。そして，人からもらった情報は，自分の責任で活用しなければなりません。

最近では，市販ソフトを利用して，相手の連絡先や趣味などをパソコンに入力し，個人データベースにすることができます。また，対話で見つけたヒントを忘れないうちに携帯端末にさり気なくメモしている人もいます。確かに，コンピュータは便利な情報ツールです。しかし，人間はコンピュータの支配者であり，頭脳は臨機応変に機転をきかす最上のコンピュータです。くれぐれもコンピュータの下僕とならないよう肝に命じておく必要があります。

② 講演会，講習会，展示会

人を募る催しが連日，各所で開催されています。講演会では有識者や研究者が講師となり，時宜にあったテーマや研究成果などの最新情報が聴衆に発信されます。講習会では業務や日常生活で役立つ事象の取り扱い方やノウハウなどが伝授され，展示会は書物や広告では表現しきれない実物に触れることができます。情報を肌で体験，体得するために人は集い，そこで人との交流が芽生え新たな人脈が形成されるケースもあります。

土木学会は，全国大会を学術講演の年中行事にしています。各委員会が主催するシンポジウム

第2章　業務に役立つ情報収集と活用の基本

や研修会，セミナーなどは，学術研究者や企業人が専門分野の先端情報や実用例を知る絶好の機会となっています。会合や委員会活動は特定のメンバが情報を作りだすところですが，その過程で参加者から通常のルートでは聞くことのできない情報を入手できることがあります。

　催しには主催する側の狙いがあります。それが参加者のニーズに合致しないと無駄足となることもあります。目的や問題意識をもたない参加者には，折角の催しが休息の場となってしまいます。情報活用の基本はニーズの実現にあります。ニーズが伴わない情報はノイズとして利用者を通過します。面白そうだから，皆が行くから，習慣になっているからなどと曖昧な理由で参加するのではなく，ニーズを持って催しに参加することが肝要です。

(4)　データベース利用
① 情報提供機関

　公的な情報提供機関は，国策，公共事業の情報を提供しています。しかし，公益性，公平性を期すため一般公開に慎重な情報項目があることに留意しておかなければなりません。歴史ある商用データベースを保有している民間の情報提供機関は信頼性が高く，会員数や利用件数の多い機関，情報検索サービス，価格面が好評な機関も信頼できます。

　データベースから外部情報を入手する場合，収録基準を確かめておく必要があります。文献データベースを例にすると，収録するまでに2段階のふるいがかけられています。まず，対象とする雑誌，論文集等の種類が決められ，これがコアジャーナル（核）となります。次にそこに掲載された文献から，どれを収録するかを判定する採択基準があります。いつから収録を開始したかという遡及性も重要です。期間により採択基準に違いがある場合もあります。また，最新の文献を収録するまでのタイムラグも忘れてはなりません。これらのルールから外れた文献は収録されていないので検索できないことも認識しておく必要があります。

　商用データベースは，不特定多数の利用者に提供する情報を専業で収集しているので，広範囲の情報を検索の対象にできます。しかし，ヒットした情報でも選別すれば必要な情報の割合は少ないことがあります。企業，学校等が保有する組織内データベースは，建設企業の工事実績データベースのように，業務や教育活動を通じて発生する情報であり，量では劣るものの，すべてが必要な情報となっています。組織で独自の基準やルールを設け運用されるので，事前に確認を要します。

② 情報の発生と集積

　次に情報の発生と集積について焦点を当ててみます。気象情報は時々刻々と変わっていく生情報であり，新しい情報ほど精度が高くなります。これが平均気温になると，過去30年間の事実であり固定した値です。前者を活きた情報，後者を累積情報ということがあります。建設中の工事で，日々発生するデータや伝達事項は活きた情報であり，工事実績としてデータベースに集約された情報は累積情報となります。

　活きた情報は量や形態が一定でなく，利用する人数と期間が限られています。工事なら，建設期間中，工事関係者の間でやり取りされる情報です。関係者といっても，発注者やコンサルタント会社，施工会社などの組織間，組織内のスタッフ部門などを含めれば広がりはありますが，建設分野の全体からすればかなり特定できます。活きた情報を活用するには，最新のデータに置き換えるタイミングと，情報を受け渡すための媒体や，伝達方法，データ形式を組織間で調整して

おく必要があります。

　累積情報はデータベースなどに集積されます。形態，形式が定められており，値も確定しています。工事実績データベースの元となる情報が施工中の工事であるように，活きた情報のエッセンスを凝集して集積する場合が多いです。累積情報は過去の情報ですが，不特定多数がさまざまな目的で，継続して利用される情報であり，活用いかんで将来に新たな視点を与えてくれます。しかし，広範囲のニーズを包含しようとして情報項目の手を広げ過ぎると，利用のたびにヒット情報の吟味や加工に手間がかかり，かえって使いにくいものになります。データベースへの収録は1回ですが，有用な情報は何回も照会されます。累積情報は質と量のバランスが大切です。再利用の可能性が高い情報項目に絞り込み，きちんと分類，整理し，累積しておかなければなりません。

　累積情報は，人事情報など一部を除き，共有化ができます。しかし，活きた情報には，戦略，戦術の立案にかかわるトップ情報，未発表の研究データ，裏付けされていない営業情報など，利用を限定したい情報項目があります。企業，学校の情報活用では，共有化と同時に，極秘情報の機密保持にも気配りする必要があります。ただ，極秘情報は時間の経過で，機密性が薄れていくものが多くなる傾向があります。

2.1.3　基盤としての情報リテラシー
(1)　情報技術の活用
　通信ネットワークやパソコンは，土木の技術的な仕事や学問を便利に支援してくれます。現代人は電話で話したり，ファクシミリで情報を受発信するのに違和感がありません。さまざまな情報技術を利用する情報活用もかくあるべしといえます。パソコンが思ったとおりに動かなかったり，操作が分からなくなったり，通信ネットワークで情報が文字化けしたり行方不明になったりするのは，ツールか使用者のどちらかに問題があります。改善の余地があるツールに出会うことはよくあることですが，土木技術者は最低限以下の内容のレベルでさまざまな情報技術を利活用できる能力が求められています。

・企業で標準に使用する市販ソフトで文書作成や表計算，グラフ作成などができる。
・業務で必要な情報を，企業の情報システムに対応した形式で受け渡しができる。
・企業のコミュニケーションツールでスケジュール管理やメールのやりとりができる。
・大切なデータは複製を作り，万一の事故に備えることができる。
・ツールにトラブルが発生した時，問題箇所を自身で把握した上，専門家に状況を説明し，支援をあおぐことができる。
・知的財産権を理解し，ソフトや情報の違法コピーや不正使用を行わない。
・なによりも，本業は土木で情報技術の活用はその手段であるということを認識している。

(2)　情報自体の活用
　企業内や企業間で情報システムの整備が進行し，さらにさまざまな情報技術を使ったツールが次から次へと生みだされる現状から，コンビニエンスストアのように気軽で便利に情報を活用できる環境が提供されるという安易な期待が見受けられます。しかし，その恩恵に浴するために，土木技術者は情報に振り回されず，情報を有効に活用できる情報リテラシー（基礎的能力，情報

の読み書き算盤）を身に付ける必要があります。

　文部科学省は情報化に対応した教育を実現するため，IT戦略本部が策定した「e-Japan重点計画」に基づき，「2005年度までに，すべての小中高等学校等が各学級の授業においてコンピュータを活用できる環境を整備する」ことを目標に学習指導要領を改訂しました。その具体的な目標として「情報活用能力」を挙げ，以下の3項目を柱としています。

- 情報活用の実践力
  課題や目的に応じて情報手段を適切に活用することを含めて，必要な情報を主体的に収集，判断，表現，処理，創造し，受け手の状況などを踏まえて発信，伝達できる能力。
- 情報の科学的な理解
  情報活用の基礎となる情報手段の特性の理解と，情報を適切に扱ったり，自らの情報活用の評価，改善するための基礎的な理論や方法の理解。
- 情報社会に参画する態度
  社会生活の中で情報や情報技術が果たしている役割や及ぼしている影響を理解し，情報モラルの必要性や情報に対する責任について考え，望ましい情報社会の創造に参画しようとする態度。

　これらは，コンピュータの利用を前提にしていたこれまでのコンピュータ教育ではあまり重要視されずにいた情報の意味と役割を教える情報教育です。ここには，これからのネットワーク社会に求められる異文化との創造的なコミュニケーション技術を醸成するために，知識詰め込み型の教育を見直し，創造型の教育へ転換させるという認識があります。

　企業，組織にすでに属している土木技術者にも，社会人の一員として，情報活用のために情報そのものの理解を深める必要があります。市販のソフトウェアツールや既存の情報システムを利用し情報を受発信するコミュニケーションの場面はますます増加していきます。土木分野の一員として土木技術者に求められる主な情報活用の役割を以下に挙げます。

- 業務に必要な情報源と情報を入手する手段を保有し，収集した情報を吟味し，業務に利用できる形式に加工する。
- 情報システムに集積する情報の基礎データは生産の場から発生することが多い。業務で作成したデータを整理し，効率よく情報システムに提供する。
- 情報システムの可能性と限界を理解し，改善に役立つ情報ニーズや活用方法を提案する。
- 建設プロセスに関連する情報を受発信し，企業内，企業間の情報コミュニケーションの円滑化に努める。
- 土木技術を伝承していく情報を発信し，土木技術の高度化に貢献する。
- 機器の故障や操作ミスによる情報喪失を防止するための複製を保持したり，不法な利用や改ざんなどがされていないかを点検し，自分の情報は自分で護る。
- 情報の著作権や知的財産権を確認し，有料ソフトウェアの違法コピーをしない，させない，など情報活用の基本的なマナーとルールを遵守する。
- 社会的に知る権利があると認められる情報は積極的に公開を求める。
- 体力や資金面にハンデがある情報弱者を不当に差別しない。

上記の項目には，土木技術者の一員として仕事するための情報活用と，社会人として情報化社会で生活していくための義務と権利とが混在しています。ここに企業，組織の活動が現代社会との協調を基盤としなくては成立しないことが確認できます。

(3) 必要な情報のリテラシー

情報を活用するために，情報そのものをいかに処理し，活用へと結び付けていくかの能力が求められているのです。以下に土木技術者が兼ね備えておくべき基盤となる要素を述べます。

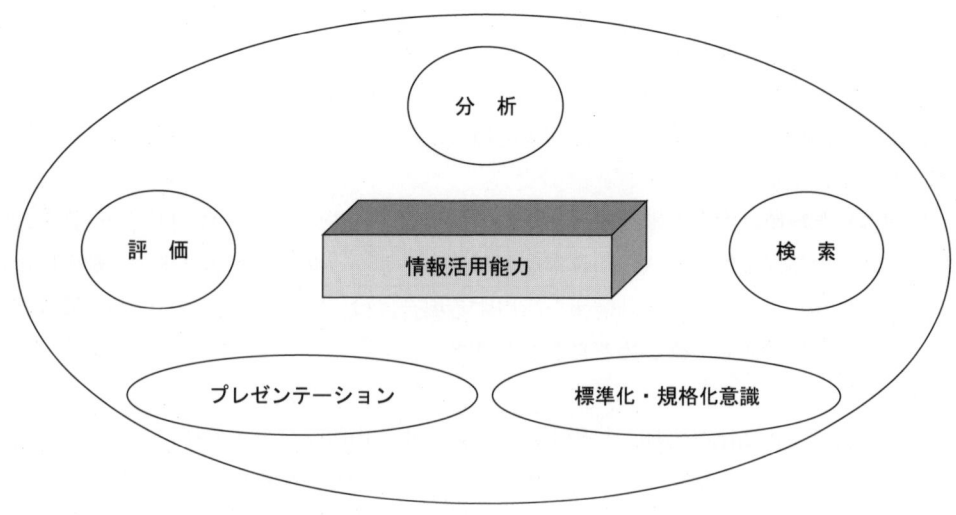

図 2.1.2 必要な情報リテラシー

① 情報の評価

自然を相手に社会基盤を整備する土木技術者はさまざまな情報を扱うことになります。入手した情報が常に正しいとは限りません。新聞やテレビなどマスコミの報道を例にすると，この業界には虚報や誤報という用語があります。コンピュータが出力した結果は信用してしまうといった風潮もあります。誤ったデータから作成された報告書は，業務を混乱させ，損害を引き起こす可能性もあります。そこで，業務で情報活用するにあたり，情報の収集から分析，加工，蓄積，伝達までの過程で，適宜，情報を評価する必要があります。業務で情報を活用する場合，信頼度，正確度，有用度が主要な評価尺度となります。

信頼度は，情報源に対する評価であり，情報提供機関，データベース，情報の収集を担当する人間の能力などが評価項目となります。

正確度は，情報自体の中身の妥当性の評価です。信頼できる情報源から入手した情報がすべて正確であるとは限りません。そこで，受け取った情報を鵜呑みにしないで，常に妥当性を確認する習慣を身に付けることが必要となります。常識から逸脱している情報は意外と目にとどまるものです。疑問を感じたら，別の情報源から裏付け情報が得られるか確認する，過去のデータや関連情報があれば矛盾していないか対比する，そのような姿勢が必要となります。

有用度は，情報が業務にどれだけ役立つかの評価です。業務に寄与しない情報は雑音です。しかし，役に立たない情報も使い方によって有用な情報となることもあります。

第2章　業務に役立つ情報収集と活用の基本

　次に統計情報を評価する際，注意すべき内容を述べます。観測や実験から得られた数値データは，使用機器と方法が適切なら客観的に事実を表現しています。国勢調査のような全件調査も問題はありません。しかし，サンプルを選んでアンケートやヒアリングを行った場合，調査データを統計した数値情報は自然に存在しない抽象的な値です。サンプル調査は，時間と費用の都合からよく行われる調査方法ですが，この調査方法には誤差が発生しやすい要素を含んでいます。まず，サンプルの選び方が難しいのです。例えば，ある事柄について一般家庭に意見を求めるために，電話帳からサンプルを抽出するとします。電話帳は母集団は多いですが，最近は電話番号を公表しない家庭も増えています。電話帳に掲載している家庭と，していない家庭の間には，考え方や生活になんらかの相違があると推測できるので，この段階で一般家庭という想定には，すでに偏りが生じています。また，人間には見栄や体裁を繕う性質があり，回答に影響することがあります。また，質問の内容によっては，回答を拒否する人たちがおり，この層の意見がデータから欠落してしまいます。

　統計処理された数値は内容を端的に表わすので，引用されやすいのです。口頭で伝えられていく過程で，調査の前提条件や方法，回収率などが消えてしまうケースがあります。数値に尾ひれが付いて一人歩きしてしまう。統計情報を活用する場合には，数値がどのようにして導きだされたのか，原典などを参照して確かめる必要があります。

② 情報の分析

　数値情報は文章情報に比べて加工しやすいといえます。市販ソフトで簡単にグラフ化ができ，棒グラフや円グラフ，折れ線グラフなどにすると，見た目で傾向や推移を読み取れます。統計や多変量解析などの手法を用いれば，科学的に分析できます。統計では算術平均，度数分布，分散，標準偏差等の手法がよく用いられます。多変量解析では，重回帰分析，判別分析，数量化等いくつかの手法があり，分析する目的により使い分けられています。

　文書情報には新聞や雑誌の記事，口述された話などがあり，業務のヒントや手助けとなる事柄が含まれています。しかし，長さや用語も一定せず，数値情報のようには分析手法が体系化されていません。文章情報の分析は，扱う人間の問題意識や直感が個人差となって反映されます。とはいえ，よい分析を行うためには，基本となる作業があります。その一つは分類です。分類には，あらかじめ分類枠を決めておき個々の情報をそこに仕分ける方法と，似た情報をグループ化し枠組みを発見する方法があります。川喜田二郎氏が提唱したKJ法は後者の例であり，既存の情報から新しい発想を得る手法としてよく使用されています。グループ間に相関関係や因果関係があれば，キーワードでフロー図や関連樹木図を作ったり，区分けした領域の適当な位置に各キーワードを配置したりすれば，分析結果が視覚化できます。専門的になると，内容分析，ビブリオメトリックス（図書やその他のコミュニケーションメディアへの数学的及び統計的方法の適用）等文章情報を定量化する手法があります。

　土や水などの自然を相手に技術を適用する土木技術者として，この分析能力は重要な能力といえます。

③ 情報の検索

　よいデータベースには長年にわたる広範な情報が大量に集積されています。キーワードの出現頻度を時系列で検索すると，傾向が定量的に把握できます。

2.1 情報を業務に有効活用するための基盤

データベース検索は，情報ニーズを検索式に組み換えて，検索式による集合演算により情報を引き出します。検索式はキーワードや分類コード，項目の数値の幅などを組み合わせて作りますが，あくまでも情報ニーズを近似したものなので，検索結果に不備が生じることがあります。情報ニーズに合致する情報を適合情報とすると，検索条件を厳しくしたためヒットしそこなった適合情報が検索漏れとなります。逆に，安全を見込んで条件をゆるくしたためヒットしてしまった不適合な情報はノイズとなります。具体的には，検索式に AND 条件を多用すればフィットした情報が増えて，ノイズが減ります。OR 条件なら逆の結果になります。これには背反する関係にあるので，数件でもいいからフィットした情報を探したい場合は前者，漏れなく関連情報を収集したい場合は後者というように，情報ニーズに応じて使い分ける必要があります。また，本当に網羅的な検索をしたいなら，同種の複数のデータベースを併用して検索する必要があります。

上手な検索式を作るには，データベースの内容に熟知し，情報ニーズに対応する場数も踏まなければなりません。こうしたデータベース検索の専門家をサーチャと呼びます。サーチャは利用者とデータベースの橋渡しをしてくれる人材であり，商用データベースサービスばかりでなく，企業，大学のインハウスデータベースの情報提供でも，サーチャ的な人材の育成が求められています。

④ 情報のプレゼンテーション

パソコンで画像や映像を使ってビジュアルなプレゼンテーション資料を制作し，カラープロジェクタで映写できる市販ソフトが普及し，会議や営業，研究発表などの場で，OHP やスライド，VTR などのツールに代わり使用されています。しかし，相手にこちらの情報を伝達し，理解してもらうというプレゼンテーションの基本的なスタンスには，ツールによる違いはありません。むしろ，市販のプレゼンテーションソフトはカラフルな資料を手軽に制作できるので，使う人のセンスが悪いと，インパクトが強すぎ逆効果となることも認識しておく必要があります。また，プレゼンテーション自体の見栄えの方に過重な労力をかけるは本末転倒であることも十分認識しておく必要があるでしょう。

⑤ 標準化，規格化の意識

情報リテラシーの範疇にこの事柄を含めるのはいくらかの抵抗がありますが，重要な事項なのであえて含めることとします。ソフトウェアは情報をデータとして処理します。初期には，ソフトウェアとデータは一体のものであり，ソフトウェアごとにデータが作成されていました。企業，大学にデータの重複とデータ間の矛盾が蔓延し，情報活用の障害となっていました。企業，大学に通信ネットワークが敷設されると，組織内の共通するデータを受け渡し，業務や研究の精度や効率を高めようとする標準化の取り組みが行われ出しました。この標準化の原則は，データベースをメインのツールに据え，そこに格納するデータの構造と関連を形式化することです。業務や研究で使用する基本データはデータベースで一元管理し，必要の都度，利用者のソフトに取り込んで分析，加工し情報活用するという方式であり，クライアント・サーバの原形となりました。

通信ネットワークが広域化すると，組織間でもデータをやり取りするようになり，その範囲はさらに国際間に拡大し，組織ごとに別々の基準で標準化されたデータの差を埋めるため，国際的な規格が検討され，適用されるようになってきました。

土木分野は計画，設計から施工，供用までの過程を複数の企業，組織が分担します。また，他

第2章　業務に役立つ情報収集と活用の基本

産業に増して，企業，組織間でデータを受け渡すための規格が求められているのです。

　CALS/EC は時代により，分野により概念を変えてきましたが，CALS/EC の本質は土木分野のデータ規格化，データ交換による情報の有効活用にあります。業界の規格化に，今日のコンピュータや通信ネットワークなど技術面の進化は追い風となっていますが，それだけで実現できるといった安易なものではありません。土木分野に携わる一人一人が，組織の利害に固執せず，土木分野全体のために，自発的に自身の業務にこの標準化の流れを取り入れていかねばなりません。その先に CALS/EC の実像が見えてくるのです。

【参考文献】
(社)土木学会土木情報システム委員会：情報活用・教育小委員会（三嶋　全弘小委員長）1996年6月，作成研究報告書「土木で求められる情報活用」p.9〜16

2.2　企画・調査・設計

本節では，公共事業の事業段階のうち，企画，調査，設計についての実施項目を整理し，各実施項目の入出力情報の説明とその収集と活用について解説します。また，情報収集と活用の事例を示し，さらに，今後の情報収集と活用のあり方について述べます。

2.2.1　企画・調査・設計における情報収集と活用

公共事業は，社会基盤となるものを構築し，維持管理していく重要な役割を担っており，その執行は，企画⇒調査・計画⇒設計⇒施工⇒維持管理の流れ（ライフサイクル）で行われます。公共事業の執行にあたり，必要な品質・透明性・公正性を確保し，安全性を向上し，コストを縮減し，効率的な事業運営をするためには，ICT（Information and Communication Technology；情報通信技術）を活用することが不可欠です。

企画・調査・設計の事業段階は，公共事業の上流過程であることから，特にこれらのニーズに対応する必要性が高まっているとともに，測量や地質調査などの一次情報（対象物から直接データを取得した情報）を作成し，後続の各ライフサイクルに活用できる形で引き渡すことが重要です。

設計図は，荷重や材料強度などの設計条件と一次情報を組み合わせて，検討・計算した結果により，計画した構造物などを図示した情報なので，設計段階までは一次情報を編集・加工した情報であるといえますが，工事竣工後は既設構造物をあらわす一次情報として取り扱われることになります。

したがって，本項では，上記の一次情報に対し，二次情報を観測データや設計図データを編集・加工したデータベースやWebコンテンツあるいは書籍などを意味するものとします。

現時点で，一次情報は，その対象に関する委託業務などを実施する場合にのみ収集（入手）することができ，公開情報として収集できるのは，国土地理院が提供する地図情報などに限られます。二次情報は，発注者WebサイトやWebサイトなどから任意に収集できる技術基準，事業説明資料，研究活動成果等があります。

委託業務などにおいて発注者から貸与される既存業務成果は，紙から電子納品要領に従った電子データへの移行が進んできていると考えられます[1]。電子納品要領に従った電子データの利活用については，関連する図書・資料が多数発行されていますので，本節では，公開情報として利活用する情報を中心に解説します。

なお，業務成果を当該業務以外に利用する際は，守秘義務・著作権の関係から発注者などの許諾が必要となります。

(1)　企画，調査・計画，設計段階の事業執行プロセス

公共事業は，企画段階で事業計画（道路事業の場合は，道路網整備計画）を策定し，調査・計画段階で事業化決定（同，都市計画決定）がなされ，設計段階で工事発注に必要な図面，数量の作成および積算を行います。

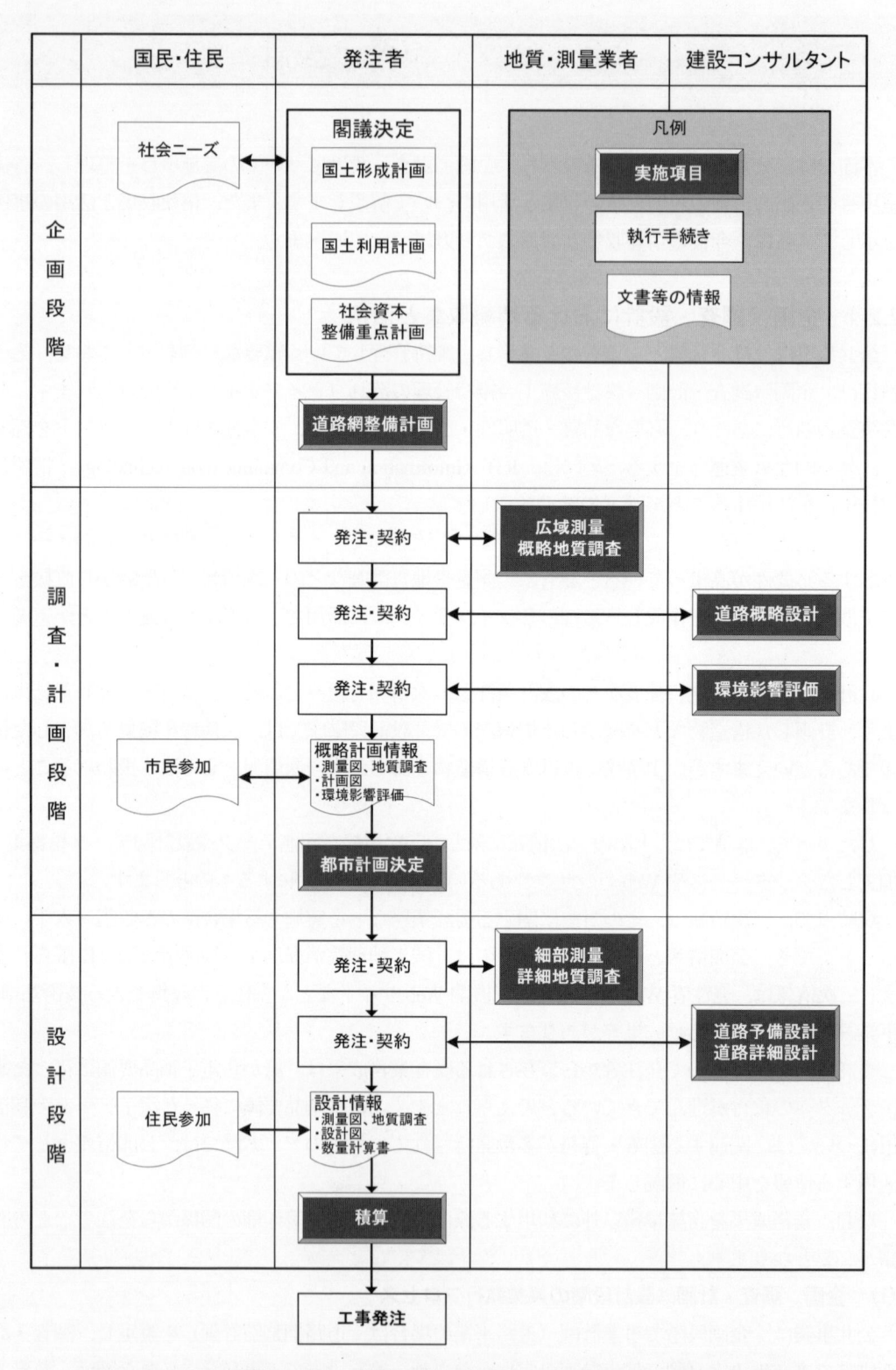

第2章　業務に役立つ情報収集と活用の基本

	国民・住民	発注者	地質・測量業者	建設コンサルタント
企画段階	社会ニーズ ↔	閣議決定 国土形成計画 国土利用計画 社会資本整備重点計画 ↓ 道路網整備計画	凡例 実施項目 執行手続き 文書等の情報	
調査・計画段階		発注・契約 ↔ 発注・契約 ↔ 発注・契約 ↔ 概略計画情報 ・測量図、地質調査 ・計画図 ・環境影響評価 ↓ 都市計画決定	広域測量 概略地質調査	道路概略設計 環境影響評価
	市民参加 ↔			
設計段階		発注・契約 ↔ 発注・契約 ↔ 設計情報 ・測量図、地質調査 ・設計図 ・数量計算書 ↓ 積算	細部測量 詳細地質調査	道路予備設計 道路詳細設計
	住民参加 ↔			
		工事発注		

図 2.2.1 企画，調査・計画，設計段階の事業執行プロセス（道路事業の場合）

2.2 企画・調査・設計

(2) 企画段階の実施項目と入出力情報

公共事業における企画段階は，閣議決定される「国土形成計画」，「国土利用計画」，「社会資本重点計画」等とこれらに基づき事業分野ごとに作成される長期計画の策定が実施項目となります。閣議決定される計画策定は，国土交通大臣が案を作成するため，民間の土木技術者が直接的に携わるものではありませんが，担当する具体事業の意義，位置づけを示す企画段階の内容を知ることは，社会資本整備に貢献する者として重要なことです。

道路（一般国道）事業を例にとれば，企画段階で「社会資本重点計画」に基づき，道路事業の長期計画である「道路網整備計画」を策定し，道路法・政令により路線の指定がなされます。

表 2.2.1 道路事業における企画段階の実施項目と入出力情報

実施項目	主な入力情報（←）・出力情報（→）
国土形成計画	← 国土交通大臣が作成する案★1
	(→ 閣議決定)
国土利用計画	(← 国土交通大臣が作成する案)
	→ 閣議決定★2
社会資本重点計画	← 国土交通大臣が作成する案★3
	(→ 閣議決定)
道路網整備計画	← 全国道路交通情勢調査（道路交通センサス）★4
	→ 道路法・制令による路線の指定

企画段階の実施内容である国土形成計画は，「国土の将来ビジョン」であり，おおむね10～15年の期間にわたる長期的な国土づくりの指針を示すものです。この策定過程において，透明性，公正性を確保するため，パブリックコメント（規制の設定または改廃などにあたり，政省令などの案を公表し，この案に対して国民から提出された意見・情報を考慮して意思決定を行う手続）などを経ることで社会ニーズに対応することが必要となります。一例として，国土交通省国土計画局では，Webサイト★★を設け，誰もが意見交換できる電子会議室を開設しています。

(3) 調査・計画段階の実施項目と入出力情報

調査・計画段階は，長期計画に基づきの事業決定を行うまでの段階で，公共事業の構想段階ともいわれています。構想段階とは，事業の公益性および必要性を検討するとともに，当該事業により整備する施設の概ねの位置，配置および規模などの基本的な諸元について，事業の目標に照

表 2.2.2 各事業の構想段階の例（国土交通省資料[2]より）

事業種別	対象計画等
河 川 事 業	河川整備計画（河川法第16条の2に基づく計画）の検討段階
道 路 事 業	概略計画（概ねルートの位置や基本的な道路構造等を決定する段階）
港湾整備事業	港湾計画の策定にさきがけ検討する長期構想
空港整備事業	整備計画（幅広い選択肢から滑走路の概ねの位置，方位等基本的な諸元に関する一つの候補地を選定する段階）
鉄道整備事業	事業基本計画の検討段階
面整備事業	まちづくり基本調査（事業区域の範囲や計画の概略の方向）

第2章　業務に役立つ情報収集と活用の基本

らして検討を加えることにより，ひとつの案に決定する段階をいいます[2]。

　道路事業の場合は，複数の路線案を比較検討するため，「広域測量」，「概略地質調査」，「道路概略設計」を契約に基づく業務委託により民間業者が実施し，選定した概略計画について「環境影響評価」を実施した後，「都市計画決定」が行われます。

表 2.2.3　道路事業における調査・計画段階の実施項目と入出力情報

実 施 項 目	主な入力情報（←）・出力情報（→）
契　　　約	← 測量業務共通仕様書（案）★1 ← 地質・土質調査業務共通仕様書（案）★1 ← 設計業務共通仕様書（案）★1 ← 土木設計業務等の電子納品要領（案）★2
	→ （業務委託成果）
広 域 測 量	← 公共測量作業規程 ← 測量成果電子納品要領（案）★2 ← 国土地理院 地形図（1:25,000）等★3
	→ （測量業務成果） 　　地形図（1:5,000，1:2,500）等
概 略 地 質 調 査	← ボーリング柱状図作成要領（案）解説書 ← 地質・土質調査成果電子納品要領（案）★2
	→ （地質・土質調査業務成果） 　　ボーリング柱状図等
道 路 概 略 設 計	← 道路構造令★4-1 ← 地形図（1:5,000 または 1:2,500）等 ← （地質・土質調査業務成果）
	→ （道路概略設計業務成果）最適路線の選定 　　平面図（1:5,000 または 1:2,500）等，概算工事費
環 境 影 響 評 価	← 環境影響評価法，主務省令★4-2
	→ 環境影響評価報告書等

　調査・計画段階（構想段階）では上記の実施項目と並行して，市民参加プロセス（PI：Public Involvement）が実施されます。市民参加プロセスは，構想段階における計画プロセスの透明性，客観性，合理性，公正性を高めること，およびよりよい計画づくりに資することを目的として，住民などへの情報提供，市民等からの意見把握，計画への反映を行う手続きです。これらの手続きは，「国土交通省所管の公共事業の構想段階における住民参加手続きガイドライン」に示され，具体的内容については，各事業のガイドラインが策定されています。

(4)　設計段階の実施項目と入出力情報

　設計段階は，調査・計画段階（構想段階）で複数案を比較検討して事業決定した案について，工事に必要な詳細構造を経済的かつ合理的に設計し，工事発注に必要な図面を作成し，積算を行います。

　道路事業の場合は，「細部測量」，「詳細地質調査」，「予備設計」，「詳細設計」を契約に基づく業務委託により民間業者が実施し，これらの業務成果などからなる設計情報に基づいて，発注者が

工事発注に必要な積算を行います。このほか，用地取得や工事の円滑な実施に向けて，設計段階では下記の実施項目と並行して住民説明が行われます。発注者は，住民などの合意形成や理解・協力を図るため，事業説明会の実施や事業説明のWebサイトを開設しています。

表 2.2.4 道路事業における設計段階の実施項目と入出力情報

実施項目	主な入力情報（←）・出力情報（→）
契約	← 測量業務共通仕様書（案）★1 ← 地質・土質調査業務共通仕様書（案）★1 ← 設計業務共通仕様書（案）★1 ← 土木設計業務等の電子納品要領（案）★2
	→ （業務委託契約書）
細部測量 （実測路線測量）	← 公共測量作業規程 ← 測量成果電子納品要領（案）★2 ← 道路概略設計成果の平面図（1:5,000 または 1:2,500）等
	→ （測量業務成果） 実測図（1:1,000 または 1:500）等
詳細地質調査	← ボーリング柱状図作成要領（案）解説書 ← 地質・土質調査成果電子納品要領（案）★2 ← 実測平面図（1:2,500～500）
	→ （地質・土質調査業務成果） ボーリング柱状図等
道路予備設計	← 道路構造令★4-1 ← 実測平面図（1:1,000 または 1:500）等 ← （地質・土質調査業務成果）
	→ （道路予備設計業務成果）ルートの中心線，幅杭の決定 平面図（1:1,000）等，概算工事費
道路詳細設計	← 道路構造令★4-1 ← 実測平面図（1:1,000 または 1:500），横断図（1:100 または 1:200）等 ← （地質・土質調査業務成果）
	→ （道路詳細設計業務成果）細部検討，詳細構造の決定 平面図（1:1,000 または 1:500）等，数量計算書
積算	← （道路詳細設計業務成果） 道路詳細設計図，数量計算書
	→ 発注工事の予定価格

2.2.2 企画・調査・設計における情報収集と活用の事例
(1) 情報収集と活用の10年前との比較

　情報収集と活用という視点でみた場合，インターネット普及当時（1995年）と現在とでは格段の差があります。約10年の歳月を振り返って，企画・調査・設計における1995年と現時点（2006年）での情報収集と活用方法の違いを，要素技術に着目して比較します。

　計画→調査→設計→施工→維持管理の各段階で求められる情報は同じではありません。上流側，例えば調査だけをとってみても，設計や施工とは異なる課題と技術体系があります。

　これまでの調査はこの流れの中で，「計画→調査→設計」の対応に重点が置かれるため，設計のための調査でした。

第 2 章　業務に役立つ情報収集と活用の基本

　長期的な視点では，これらの設計事例，施工事例等を通じた技術的な成功や失敗の事例を蓄積した情報は知識の抽出・生成のサイクルを経て多数の事例を積み上げていくことで，将来にわたって利用できるように心がけることが望ましいと考えられます。

　設計以降のサイクルではプロダクトモデルとして情報を整理して 3 次元設計を行う試みがありますが，プロジェクトの各段階が別々の事業者で行うという公共事業の性格からか，まだ一般に

表 2.2.5　企画・調査・設計における 1995 年と 2006 年の情報収集と活用の比較

	1995 年	2006 年
インターネット	まだ普及の一歩手前で，コンテンツの数も少なく，情報収集での利用はできなかった。本，雑誌，論文集，専門書からの引用しか方法がなかった。市販されていない文書は入手が大変困難。 この後，1997 年頃から爆発的に利用者が増え，サーバの数も増加する。	資料の収集で，図書館や公文書館などへ行く代わりに，インターネット経由で必要な文書を入手できる環境が一気に整った。論文の検索・閲覧もほとんどがインターネットから可能である。市販の本は内容の引用はできないが，報告書や論文などは可能になってきている。
LAN 情報共有	社内 LAN が普及し始めたのは 1997 年頃からで，それまでは電子媒体での情報共有，共有書庫等でまかなっていた。	LAN が整備されたおかげで，プロジェクトごとにサーバを立てる，あるいは共有フォルダで関係者間の情報を共有するといったことが日常的に行われている。
E-mail	連絡は FAX あるいは電話が主で，委員会など多数のメンバ間の連絡には不向き（アドレスを持っていない人がいる）。	ほとんどの人が E-mail アドレスを保有し，連絡はすべてメールで行うようになる（記録も残る）。転送機能と無線 LAN などにより，外出先からでも連絡をみることが可能になる。
CAD	図面の CAD 化は 80％以上進んでいたが，ソフトが異なれば交換できる状態にはなかった。DXF 形式での交換が主。この後，CAD データ交換（SXF）の取り組みが始まる。	図面はほぼ 100％が CAD での描画となっている。SXF でのデータ交換も進み，異なる CAD ソフト間でも読み描きできるようになった。
GIS	1990 年代後半から一気に自治体を始めとする管理機関に普及するも，導入しただけで有効利用されずに放置されているケースもある。地図データの更新に時間と費用がかかる。	Google Maps のように API を公開することで，地図上に必要な情報を貼り付けることが可能となった。地図の更新もサーバサイドでやってくれるため費用がかからない。今後，費用のかかる（第 1 次）GIS からの移行が進む可能性がある。
構造解析	独立した解析ソフトでの使用が主。格子計算，平面（立体）骨組計算，断面決定等で，断面力はファイル出力可能あるいは紙出力から下流の解析でのインプットへは手入力となるケースが大半。	複雑な構造物が増えていることもあり，モデル化の煩雑さに対しては，解析ソフトの性能向上などで対処している。自動設計（設計，解析，図面，数量が連動している）ソフトの数は多くはないので，個別でモデル化して解析，断面決定を行うこと多い。3 次元化が進めば自動設計への連動が一気に加速する可能性もある。
数量計算	鋼橋のように自動設計ならば設計，解析，図面，数量が連動しているので，一気に流すことができる。しかし，それ以外では手入力あるいは自作のマクロなどを活用していた。	汎用の設計プログラムでは設計，解析，図面，数量が連動しており，その数も増えてはいるが，汎用プログラムに載らない非定型の構造物設計も多くあり，数量計算は別途手入力あるいは自作のマクロなどで行うことになる。

普及してはいません。

(2) 企画段階の情報収集と活用の事例

表 2.2.1～表 2.2.4 に示す資料は下記 URL をご覧下さい。

★1 国土交通省｜国土計画局｜国土審議会計画部会中間とりまとめ（国土計画）
http://www.mlit.go.jp/kisha/kisha06/02/021116_.html

★2 国土交通省｜国土計画局｜国土利用計画のご案内（国土計画）
http://www.mlit.go.jp/kokudokeikaku/kokudoriyou/index.html

★3 国土交通省｜国土計画局｜閣議決定にかかる社会資本整備長期計画に関する取り組みの状況
http://www.mlit.go.jp/kokudokeikaku/choukeihia/h17/index.htm

★4 国土交通省道路局｜道路 IR｜道路整備効果事例集／道路関連データ
http://www.mlit.go.jp/road/ir/ir-data/ir-data.html

★4' 国会図書館｜テーマ別調べ方案内｜タイトル：道路交通センサス
http://www.ndl.go.jp/jp/data/theme/theme_honbun_102056.html

★★ 国土交通省｜国土計画局｜インターネットでつくる国土計画
http://www.kokudokeikaku.go.jp/

(3) 調査・計画，設計段階の情報収集と活用の事例

★1 国土交通省 関東地方整備局｜建設業者の方へ（入札・技術他）｜技術情報｜工事・業務等の各種共通仕様書に関わる項目｜各，業務共通仕様書
http://www.ktr.mlit.go.jp/kyoku/tech/index3.htm

★2 国土交通省｜電子納品に関する要領・基準
http://www.cals-ed.jp/

★3 国土交通省国土地理院
http://www.gsi.go.jp/

★4 国土交通省｜政策＞所管法令等一覧
http://www.mlit.go.jp/hourei/hourei.html

★4-1 国土交通省｜政策＞所管法令等一覧｜道路構造令
http://law.e-gov.go.jp/htmldata/S45/S45SE320.html

★4-2 国土交通省｜政策＞所管法令等一覧｜環境影響評価法
http://law.e-gov.go.jp/htmldata/H09/H09HO081.html

道路事業にかかわる環境影響評価の項目ならびに当該項目にかかわる調査，予測および評価を合理的に行なうための手法を選定するための指針，環境の保全のための措置に関する指針等を定める省令
http://law.e-gov.go.jp/htmldata/H10/H10F04201000010.html

2.2.3　今後の情報収集と活用のあり方

(1) 空間情報データベースの活用

近年の急速な情報ネットワーク技術の進歩に伴い，ネットワークを介した空間情報に関するデータの入手も容易になりつつあります。実際には多くの機関において，さまざまな空間情報の

第2章　業務に役立つ情報収集と活用の基本

提供がなされており，必要とする情報を探すことも容易ではありません。このような空間情報の所在情報を一元的に管理しようとするのが「クリアリングハウス（Clearing house）」です。国内のクリアリングハウスとしては，地理情報に関係する省庁の連携の下，国土地理院が中心として開発を進めている「地理情報クリアリングハウス」（http://zgate.gsi.go.jp/）があります。クリアリングハウスでは，どのような空間情報がどのような形式で，どのようにすれば使えるのかといった情報を管理しており，ユーザは空間情報の取得のために必要な情報を得ることができるとともに，データの相互利用を促進することを目指しています。クリアリングハウスには，空間情報本体とは別に「情報を利用するために必要な情報」を記述したメタデータが登録され，この情報にもとづいてユーザが必要な情報を探し出す仕組みとなっています。

　また，これらの空間情報を処理するにあたっては，地理情報を扱う専用のソフトウェアが必要であり，一般のユーザの利用は必ずしも容易ではない状況にありました。しかしながら，近年はWeb技術の普及とその発展により，Webブラウザ上でユーザが空間情報を利用し，さらにそれを独自に加工し，さらには独自のソフトウェアを構築することも可能になってきました。代表的なものとして，「Google Maps/Earth」，国土地理院の「電子国土」等が挙げられます。これらはAjax（Asynchronous JavaScript +XML）という手法を用い，サーバ側で処理した情報を動的かつ高速に表示することを可能とするとともに，ユーザ側にもWeb上でのプログラミングのためのインターフェースを提供しています。今後は，空間的な解析機能を含めた高度な空間情報処理が，高価なアプリケーションを用いることなく，このようなシステムの進歩により実現できると期待され，同時にこのような新しい技術に対応したアプリケーション開発力も求められると考えます。

(2)　過去のデータを活かす

　これまでわが国では膨大な量のインフラ施設が構築されており，土木構造物に限っても関連する資料は，設計データから施設による社会的な影響まで含めると天文学的な量となります。しかし，これまでは，過去の設計情報は紙やマイクロフィルムなどの媒体により保存されており，その利用については，時間や物理的な制約により大きな制限がありました。しかし，近年のCALS/ECの進展に伴い，電子納品が進み，情報は電子情報として長期にわたって保管することが可能となってきました。これらの記録媒体変換の進展により，情報がシステム上から利用可能な環境が構築されつつあり，時間や物理的な制約は解消しつつあります。

　このようにデータ利用環境が整備された場合，どのように過去の貴重なデータを利用するかが問題となります。これに対する例としては，昨今，導入が盛んである品質の維持・向上および継続的な業務改善管理手法であるPDCAサイクルでの活用が挙げられます。PDCAサイクルは，手法として導入はされるものの重要な効果であるスパイラル的な品質の向上サイクルを構築することが難しいとの声が聞かれます。この一因としてC（評価）とA（改善）の段階での問題把握が不十分で，ステップアップするためのP（計画）を立案できていない事例が多いとの指摘があります。これは，CとAの段階での活動を十分意味のあるものとするためには，P（計画）とD（実行）における情報を十分収集しておくことが肝要と考えられています。特に土木構造物は，使用期間および耐用年数が長期にわたることから，当然，PDCAサイクルもそれに同調するものとなります。このため，土木構造物のデータには過去の結果ではありますが，利用される時点は，相当の未来となることを念頭に置くことが必要となります。

過去のデータを利用する動機としては，現在抱えている問題を過去から導き出そうすることが多いと考えられます。過去と現在のデータを比較する場合は，望むべきは過去と現在のデータ構造が同一であることが望まれますが，一般的にはあまり期待できません。このため，興味対象である現時点でのデータと比較し，足りない部分を過去データに対して補う必要が生じます。該当するデータに対し，個別に必要な項目を追加する作業は，容易でない場合が多いです。しかし，本来の目的を吟味し，適切な精度を設定すれば，不揃いデータでも複数（複数年など）データを合成することにより，目的の結果を得られるケースも多いです。このような膨大なデータを多様な視点で簡易に利用分析するツールとして，データウェアハウスや BI (Business Intelligence) ツールといったものが市販されており，これらを活用することも有効ではないかと考えられます。

　情報化が進展する以前のデータについては，利用に際して何らかの作業が必要となることは，譲歩せざるを得ませんが，今後においては極力軽減されることが望ましいです。この観点から，将来，必要となるデータを現時点でどのように確保していくかが問題となります。今後のデータ蓄積は，何らかのシステムを介して蓄積されることから，言い換えれば現時点のシステム設計の中でどのように担保していくかが重要となります。

　システムを構築する上では，何らかの業務の中で使用されるのが普通であり，システムも業務の内容や仕方に強く影響を受けるのが現実です。しかし，業務の内容や仕方・考え方は，時代とともに変化するものであり，これに強く依存した内容でデータを蓄積すること，将来における利用へ負の遺産を残すこととなります。変化に強く，残すべき適切なデータを現時点でどのように決めればよいのかという問いに応える必要があり，これに対する 100%の答えは存在しないと考えられますが，将来的な負荷を軽減することは可能と考えられます。それは，データ構造を決定する段階で，業務対象となる事象の本質的な構造（意味的な関係）を捉えたデータ構造とすることです。これにより，業務の内容や仕方・考え方といった変化する要因からの影響を少なくすることが可能です。土木構造物でいえば，いったん，構築されたものはそのままですが，管理の仕方や補修の仕方などは，技術的な進展や考え方が当然変化していくものです。

　このように将来にわたって，データの活用性を担保する方策の一つである対象事象の本質的な意味的関係（構造）を構築するものである後述のプロダクトモデルやデータモデルなどを利用したデータ蓄積がなされれば，今後の過去データの活用における一層の利便性向上が期待されます。

(3)　インターネットの有効活用

　空間情報データベースの活用とも関連しますが，インターネット上に存在するデータが爆発的に増加していることから，必要なデータを入手できる可能性が昔に比べて大きくなってきています。これは国や大学の研究機関などが報告書や資料などを電子化し，サーバ上で公開するようになってきたこととも関連します。背景には Google をはじめとする検索技術の向上が大きく寄与しています。また，テキストだけでなく画像や動画なども公開されつつあり，より幅広い情報収集がインターネットで可能となってきています。

　ブロードバンド化に伴い，ソフトウェアもインターネット経由で配布されることが多くなってきています。ソフトウェアのアップデートもほとんどがインターネット経由での配信です。ワープロや表計算などのソフトもインターネット経由で個人のパソコンにダウンロードし，起動する事例も増加しています（インターネット上でドキュメントを管理，共有する Google Docs &

第2章　業務に役立つ情報収集と活用の基本

Spreadsheets や ThinkFree てがるオフィスなど）。よりインターネットへの接続環境の重要性（ブロードバンド化，セキュリティ）が高まっているといえます。

　Google は 2006 年 10 月 11 日，オンラインのワードプロセッサアプリケーションと表計算プログラムを組み合わせた「Google Docs & Spreadsheets」のベータ版を提供開始しました。ユーザはこの無償プログラムを利用して，ドキュメントやスプレッドシートをウェブ上で作成，管理，共有することができるようです。同プログラムでは，複数のユーザが同一のデータを同時にオンラインで編集できるほか，さまざまなファイル形式でデータをインポートしたり，エクスポートしたりすることが可能になっています。また，ドキュメントやスプレッドシートをウェブページやブログなどで公開することもできます。デスクトップ製品に搭載されるような先進的な機能に欠けている面もあるものの，これまで製品版を個人のパソコンにインストールしなければ使えなかったのが，ブラウザさえあれば利用できるようになったことは大きな進歩です。

　よく似た動きも日本で起きています。2007 年 5 月 14 日から「ThinkFree てがるオフィス」の公開がスタートしました。ブラウザさえあれば無料で Microsoft Office の文書ファイル（Word, Excel, PowerPoint 形式に対応）を作成，編集，共有することができるようになります。プログラムをインストールする必要はなく，1GB の無料保存容量を確保していることも特徴です。

【参考文献】
1)（社）建設コンサルタンツ協会情報部会，2006 年度電子納品における実態調査：CALS/EC 委員会
2) 公共事業の構想段階における計画策定プロセス研究会（第 1 回）資料 4，国土交通省
　　http://www.mlit.go.jp/tec/kanri/process/index.html「技術調査関係」

2.3 施　工

施工とは，設計図面をもとに工事を行い，構造物を構築することです。

構造物を構築するためには，まず工事の施工に先立ち，品質・工期・経済性・安全等を考慮し，工程計画・品質管理計画・施工法の選定・実施方法・仮設計画・安全計画等について記載した施工計画書を作成しなければなりません。この施工計画書を作成するにあたり，各基準類（JIS・共通仕様書・積算基準書等）や材料・重機のカタログ，さらには現場付近の地形図や気象情報，地元住民からの特殊な情報などを収集しなければなりません。

また，工事が開始すれば現場を効率よく進めていくためさまざまな管理を行う必要があります。その中でも重要項目として施工管理の四要素（品質管理・原価管理・工程管理・安全管理）と呼ばれているものがあります。現場を運営していくためには，若手や主任，所長クラスに関係なく，これらを確実に管理していくことが必要不可欠となります。

さらに，最近では電子入札・電子納品や電子商取引も実施されており，施工分野における IT 化はどんどん進んできています。現場で発生する情報を的確に収集し，それらを上手に活用することで，今まで以上に効率よく現場運営を行えることも可能になってきています。

2.3.1　施工における業務項目と情報

施工を開始するためには，仕様書・設計図書・契約条件や現地調査などに基づき施工方法や施工順序，機械・設備等の選定・検討を行い，工事計画を立てるために工程計画や予算立案のもととなる施工計画書を作成する必要があります。

この施工計画書には，工事概要や工程表，安全管理，施工方法，交通管理，環境対策等工事に関するあらゆる項目について，それぞれを記載する必要があります。施工計画書を作成するにあたり，参考となる仕様書や設計図書，機械・材料メーカー等のカタログは比較的容易に収集することができますが，現場付近の地形図や気象情報，地元住民からの特殊な情報等はある程度時間をかけて収集しなければなりません。

例えば，降雨時の沢筋における水の流れ方や雨水の走り方，過去の地すべりや崩落箇所は地元住民から聞いて施工計画を立案するときに利用します。また，水田地帯では，春先の農業用水の配水・取水開始日から夏過ぎの配水・取水停止までの期間，いろいろと工事に制約を受けるので地元関係者との話し合いは非常に重要な情報源となります。

このように，施工計画書ひとつ作成するのに書籍，インターネット，地元住民等さまざまな情報源から必要な情報を収集しなければなりません。

また，施工計画書の作成が終了し現場で工事が開始されると，関係官庁との打ち合わせや住民説明会，安全・検査書類の作成，各検査対応，工事写真撮影，安全管理，近隣対策等施工以外にも実施しなければならない項目は多種多様となっています。工事写真については，デジタルカメラの普及によりフィルムを現像して整理するという手間はなくなりましたが，撮影する枚数は数百枚～数千枚と膨大な枚数になるため，手作業による写真整理は非常に効率が悪いです。そのた

第2章 業務に役立つ情報収集と活用の基本

め，最近では写真管理ソフトを利用して，撮影した写真をより効率的に整理・管理することが当たり前になってきています。しかし，例えば安全管理については，数十人～数百人規模の作業員を管理しなければなりませんが，便利なITツールが存在しないため時間と労力をかけて日々管理しているのが実状です。

安全書類や図面の作成等事務所内での業務については，パソコンの普及に伴い書類作成業務の効率化は進んできましたが作成される書類や図面が多く，「最新版はどれか？」，「どこに格納されているのか？」などの問題が発生してきています。また，「パソコンが故障してデータが消失した」など，データの電子化により今までにない問題も発生してきています。しかし，これらの問題を回避するためには，「情報共有」，「バックアップ」を行うことで，より安全に効率化を図ることが可能となります。

ここで施工現場に目を移してみると，事務所にいながら施工現場の情報をリアルタイムで把握することが可能となり，現場と離れていても現場の情報を収集することが容易にできます。これは，ここ数年における「情報基盤」が非常に速いスピードで整備されてきているためです。そのため，例えば，重機にGPSを設置すればパソコン上で稼働状況が把握可能となり，現場にWebカメラを設置すれば現場の動画をパソコンで閲覧可能となります。また，収集した情報を現場へフィードバックすることで，より効率的に現場運営を図ることが可能になってきています。いわゆる，「情報化施工」というもので，最近では監督者の意思決定支援ツールとして利用されてきています。

以上のように，施工では各種さまざまな情報を取り扱わなければならなく，これらを効率よく行うことで現場の運営を進めていく必要があります。その手助けとなるのがITツールです。次項では施工で有効と思われるITツールをいくつか紹介します。

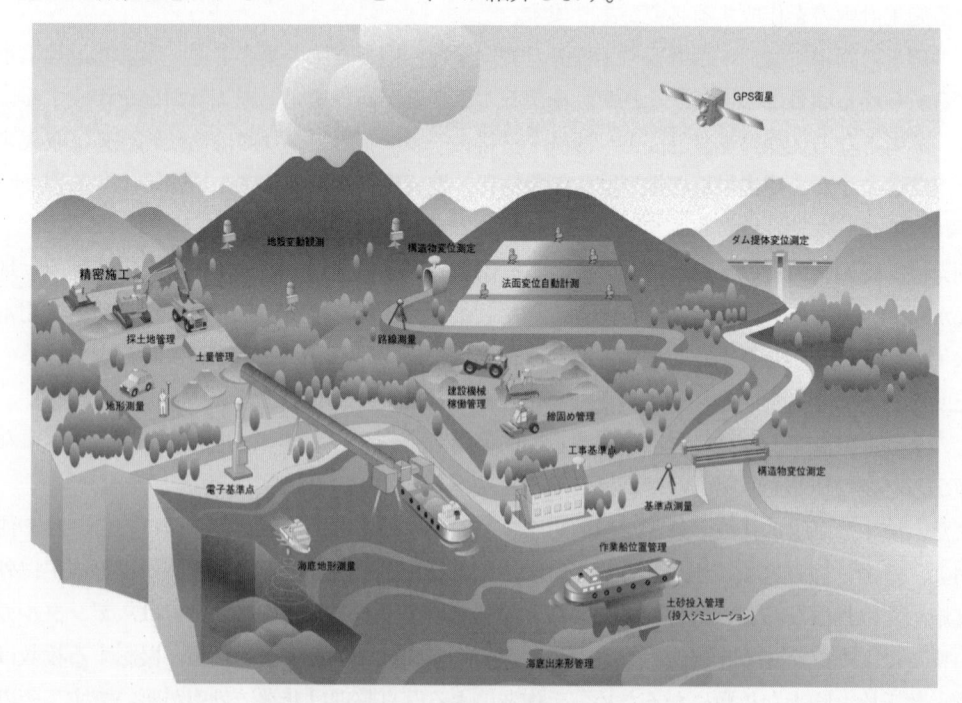

図 2.3.1 GPSを活用した情報化施工の一例

2.3 施 工

2.3.2 情報収集と活用

施工計画書作成だけではなく，より効率的に現場運営を進めていくため，インターネットを活用して情報収集することができます。その中でも有効なサイトをいくつか紹介します。

(1) 過去の気象情報

過去の気象情報については，気象庁のホームページで主要な観測所ごとに観測開始からの毎月の値と年の値（気温や降雨量など）を参照することができます。現場周辺の気象状況を過去に遡って把握できるため，現場に乗り込む際に事前に調査することも可能です。

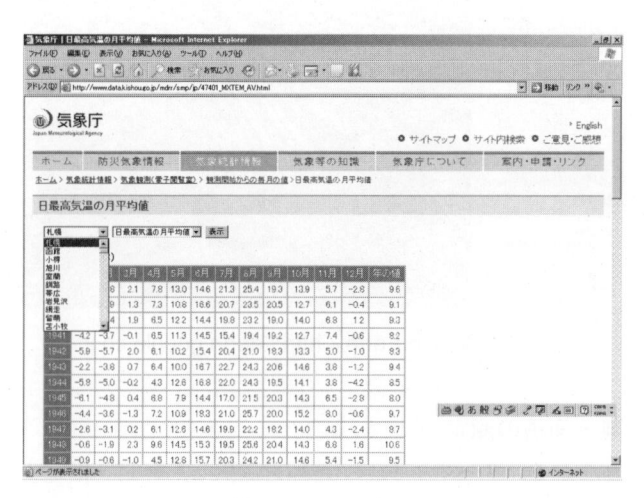

図 2.3.2 気象観測（電子閲覧室）／http://www.jma.go.jp/jma/index.html

(2) 東京周辺の降雨状況

東京都下水道局が提供する降雨情報システム「東京アメッシュ」は，東京周辺の降雨状況をリアルタイムで把握でき，また過去120分まで遡ることも可能です。携帯電話版も提供しているため，現場での使用も可能となっています。

図 2.3.3 東京周辺の降雨状況／http://tokyo-ame.jwa.or.jp/

第2章　業務に役立つ情報収集と活用の基本

(3)　航空写真

現在では航空写真を簡単に収集することができるようになりました。地形や建物を 3D 表示できるだけではなく，レンガやガラスなどの建築素材をリアルに再現することができます。

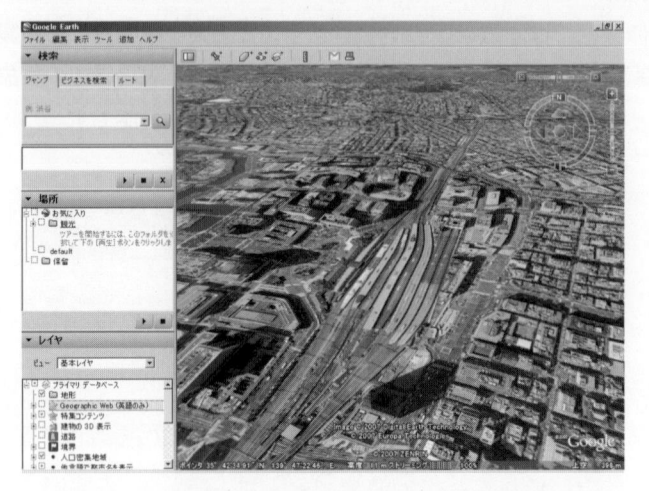

図 2.3.4　Google Earth／http://earth.google.co.jp/

(4)　地図上での距離と面積の測定

現場へ足を運ぶことなくインターネット上で地図を選択し，経路を指定するだけで実際の距離を計測することができます。また，同様に場所を指定すればその面積を把握することも可能となっています。

図 2.3.5　キョリ測β／http://www.mapion.co.jp/route/

次に，施工でも応用できる IT ツールを紹介します。最近では，これらのツールを安く導入することができ，応用次第では非常に有効なツールとなります。

2.3 施 工

(5) ASP

ASP（Application Service Provider）とはアプリケーションサービスプロバイダのことで，「レンタルサーバ」の機能もあります。例えば，ソフトウェアを利用する場合，今まではソフトウェアを購入して所有しなければなりませんでしたが，ASPであればサーバにソフトウェアが組み込まれているため，必要なときに必要なソフトウェアを使用することができます。また，サーバをレンタルすることにもなりますので，データのバックアップ用として利用することも可能です。常にバックアップをしておくことでパソコンが故障してもデータが消失することはありません。さらに，サーバへの接続はインターネット回線で行うので，現場事務所のみならず企業者や協力会社，メーカー等と情報共有することが可能です。

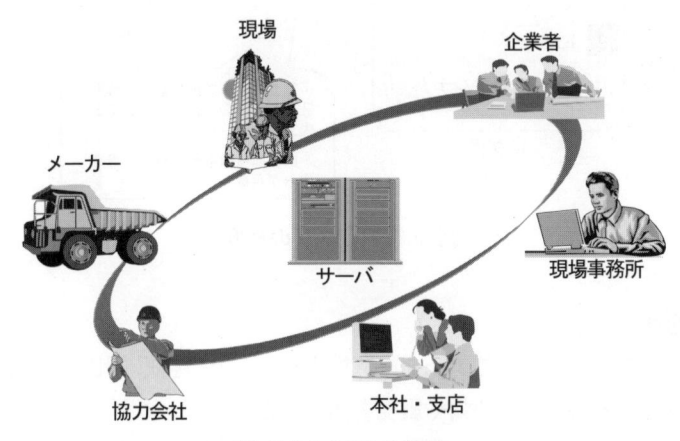

図 2.3.6 ASP の概要

(6) Web カメラ

Webカメラとは，インターネット回線を利用してカメラで撮影した映像をパソコンなどで見ることができるシステムです。離れたところでリアルタイムの動画を見ることができるため，現場と事務所が遠い場合や複数の現場を同時に管理する場合などには非常に有効です。また，パソコンからカメラのズーム機能や旋回機能を操作できますので，現場の隅々まで見ることが可能です。

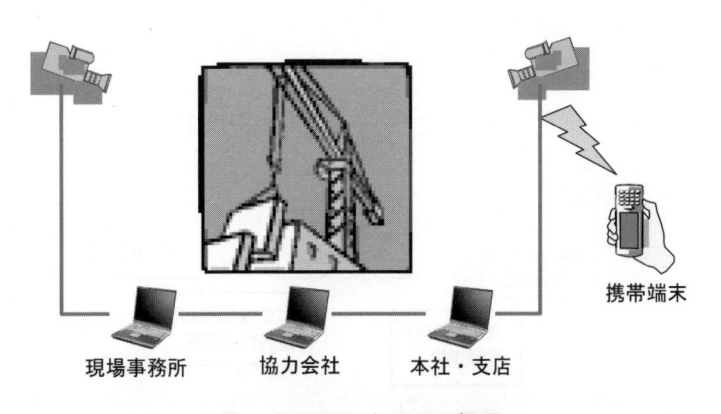

図 2.3.7 Web カメラの概要

第2章 業務に役立つ情報収集と活用の基本

(7) ICタグ

　情報を登録できるICチップと小型のアンテナで構成されていて，専用の読み取り機を使ってICチップの情報を読み書きすることができる技術のことです。電波を使って情報のやり取りを行うため，ICタグと読み取り機が数cm〜数m離れていても大丈夫です。また，同時に複数の情報を読み書きできるためバーコードより優れている点が多いのも特徴です。最近では，一度に多くの情報を簡単に読み書きできるため，主にアパレル業界や流通業界においての在庫管理に使用されています。

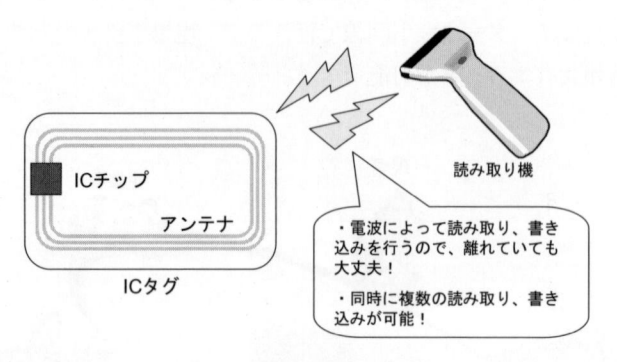

図 2.3.8 ICタグの概要

(8) 緊急地震速報

　地震発生直後に地震計で観測したデータを解析することで，震源や地震の規模（マグニチュード）を推定し，各地での地震到達時刻や震度を知らせるシステムです。この情報を利用することで，地震が来る前に危険を回避したり避難行動をとることができるので，被害を軽減することが

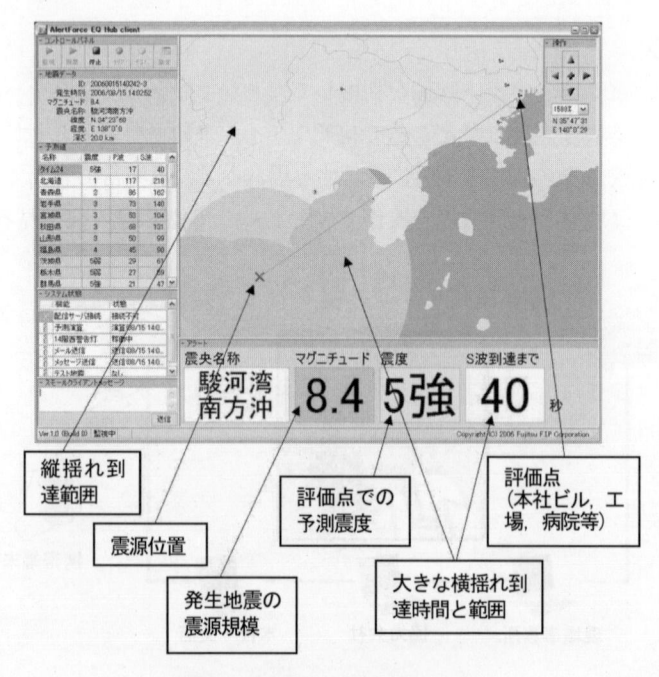

図 2.3.9 緊急地震速報の一例

期待できます。

(5)～(8)にあげた各種ITツールを活用することで，効率化が期待できる業務項目は表2.3.1に示すとおりとなります。

表 2.3.1 効率化が期待できる業務項目と各種ITツール

業務項目	ASP	Webカメラ	ICタグ	緊急地震速報
情報共有	◎	○	−	−
安全管理	−	◎	○	◎
労務管理	−	○	◎	

2.3.3 情報収集と活用の事例

ITを活用して現場で発生する情報を的確に収集し，それらを上手に活用することで，今まで以上に効率よく現場運営を行える「情報化施工」が主流となりつつあります。無線LAN，GPS，GIS，サーバ，光ケーブル，イントラネット等さまざまなITを応用することで，情報をリアルタイムに把握できまた共有することが可能となっています。

ここでは，実際に行われた情報収集と活用の事例をいくつか紹介します。

(1) 現場内ネットワークを活用した情報化施工

広大な重機土工現場において，敷地を3次元的に立方体区分けとするとともに，施工情報をリアルタイムで取得してその立方体の3次元位置を関連付けて管理することで，時間的・空間的な情報管理の問題点を解決するものです。

まず，埋立用土砂の採掘～出荷を行う現場において，敷地を一辺10m（1,000立方m）のキューブに振り分け，そのキューブに発破に関する情報（装薬量，発破係数，穿孔深さ等）や地質区分，ブロック位置等を登録します。次にGPSや無線LANを使って掘削機械や運搬機械等の重機の稼動情報（位置情報，運搬量等）をリアルタイムで取得することで，どの重機がどのエリアでどの

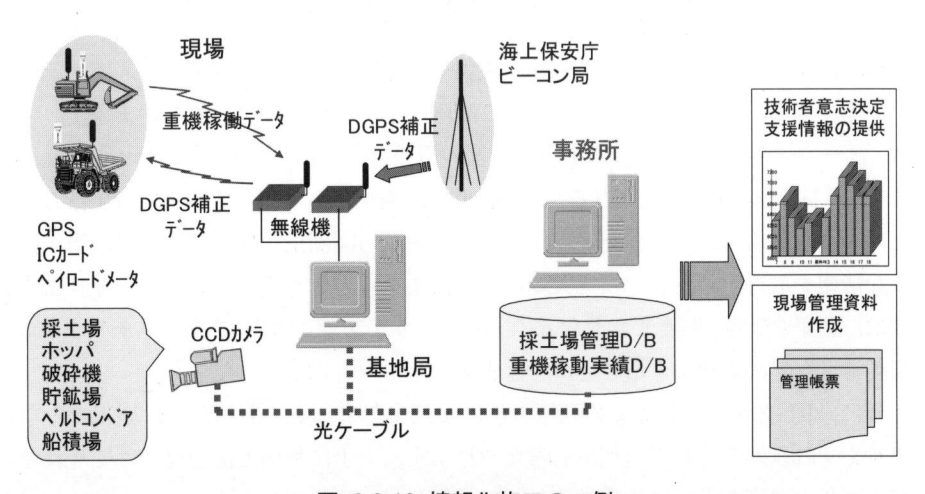

図 2.3.10 情報化施工の一例

ような運搬物(土砂，硬岩，軟岩等)をどのルートで運搬しているのかが把握できます。

さらに，現場内に敷設した光ケーブルを使って，破砕設備や運搬設備（ベルトコンベヤ）の稼動状況の動画をリアルタイムで事務所へ送信します。

事務所では，これらの情報が総合的かつ一元的に管理されているので，担当者はこの情報をもとに判断を行い，現場へ指示すなわちフィードバックすることでより効率的に採掘，出荷を行うことが可能となっています。

(2) ICタグを利用した現場の効率化

ICタグの特徴は，ICチップの情報を離れていても読み書きできることです。この特徴を活かして，建設業では作業員の労務管理として活用されてきています。ICタグを活用することで，手作業で時間をかけて行っていた労務管理を自動的かつ短時間に行うことが可能となります。

具体的には，作業員のヘルメットにICタグを装備し，現場出入口にゲート式の読み取り機を設置すれば，作業員がそのゲートを通過するだけで入退場管理を行うことができます。データはすべてパソコンに保存されていますので，必要に応じて作業日報や労務管理表等の帳票を簡単に作成することができます。

図 2.3.11 ICタグを利用した労務管理の一例

最近では，作業員の入れ替わりが多い建設現場や，リアルタイムに作業員の入坑状況の把握が必要なトンネル現場，立入禁止区域への出入り制限などでの利用が行われています。

例えば，メーカーや型番，施工日や担当者などの情報を書き込んだICタグをビルの壁面に埋め込み，読み取り機をICタグに近づけるだけで「壁」に関するあらゆる情報を取得することができます。このような応用は，リニューアル時などに倉庫から図面集を探し出して，該当する図面を見て必要な情報を取得する，といった大変手間な作業を省力化することが可能となります。

さらには，温度や湿度，照度センサなどの各種センサが装着されたICタグもありますので，生コンの温度管理などにも適用することができます。

このように，ICタグは建設業での利用方法はまだまだ未知数であるため，施工のみならずリニューアルやそれ以外の分野での利用も考えられます。上手に利用方法を見つけてそれを実行することで，現在の業務を大幅に改善することに貢献してくれるでしょう。

2.3 施　工

(3) イントラネットを利用した情報の活用

　現在，各建設会社のイントラネットや各機関のホームページなどでは，施工上の問題解決，災害防止，コスト縮減，トラブル防止等を目的として，現場などで実施された事例や創意工夫事例，改善事例などが数多く紹介されています。

　これらの情報は非常に有用ですが，実際にはインターネット上に散在していたり，個人がひとつの経験として持っていたりするため，「必要とする情報が得られない」，「得られたとしても多大な時間と労力を要する」などの問題があります。

　しかし，市販の文書検索システムを活用し，有用な情報を迅速に抽出できる検索ポータルを構築すれば，キーワードを入力することで社内外の創意工夫事例や改善事例を横断的に一括検索が可能となります。必要な情報を短時間で入手することができ，現場の業務改善に大いに役立ちます。

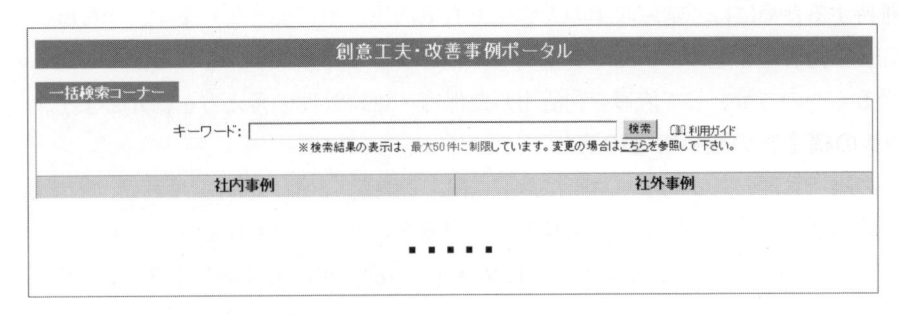

図 2.3.12　検索ポータルの一例

　図 2.3.12 は検索ポータルの一例ですが，「キーワード」欄にキーワードを入力するだけで，「Web」という大きなデータベースから創意工夫事例，改善事例を簡単に抽出できます。検索結果は Google や Yahoo!Japan と同じように一覧として表示され，個々のタイトルをクリックし詳細が閲覧できるようになっています。

2.3.4　今後の情報収集と活用のあり方

　「IT」という言葉が当たり前になり，あまり使われなくなってから間もないですが，情報源のひとつに「インターネット」が加わりました。そして，書籍などの紙が情報源だった一昔とは比べ物にならないくらいの大量な情報を即座に収集することが可能になりました。

　また，高速インフラや GPS，Web カメラなど安価に導入することができるようになったため，現場と離れていてもリアルタイムで現場の情報を収集することが可能となっています。

　このように，私たちの周りにはさまざまな情報が溢れていて，それらを収集することも不可能ではありません。欲しい情報を欲しいときに収集できるということはすばらしいことです。しかし，最近では収集した「情報が正しいのか」を識別する必要も出てきました。同時に情報の「信憑性」も確保しなければなりませんし，情報の紛失・流出などの事故にも気を付けなければなりません。

　本当に必要な情報を収集し，それらを上手に活用することで，今まで以上に業務の効率化を図ることができるでしょう。

2.4 保守・維持管理

2.4.1 保守・維持管理における業務項目と情報

20世紀は，次々と生み出された新材料・新工法を用いて構造物を造り続けた「開発と建設の時代」でした。これに対して21世紀は，構造物を建設するだけでなく，どのように維持するか，「持続可能な発展」が要求される時代となってきています。社会資本ストックは，更新期を迎え始めており，2030年頃には更新・維持管理コストが現在より倍増するとの推定もなされています。

このように保守・維持管理がますます重要となる中，それを支える技術者は少子高齢化により不足することは明らかであり，国際競争力を保持し，安心安全で快適な生活を保障する社会資本水準を維持するためには，情報収集の効率化と有効活用が不可欠となります。今後はいかに効率的に保守・維持管理を進めていくかが重要な課題となっていきます。ここでは，これらの課題を解決し得る1つの方策として情報を利活用した保守・維持管理の考え方を紹介します。

(1) 現状の構造物の維持管理の流れ

構造物の維持管理の基本的なフローは，①点検，②調査・計測，③健全度評価，④更新・補修・利用制限等の意思決定，⑤施工，利用制限等の実施という一連の流れとなります。この流れは，図2.4.1のフローチャートに示すように，上流から一方的な流れではありません。⑤施工，利用制限等の実施が終了しても，再劣化が進む可能性がある以上，再び①点検を始める必要があります。また，①点検，②調査・計測，⑤施工，利用制限等の実施されたデータが，設備台帳にデータベースとして集められ，③健全度評価，④更新・補修・利用制限等の意思決定の支援ツールとして利用されます。

また，維持管理の業務は，ひとくくりとして維持管理の一言だけでは表すことができません。

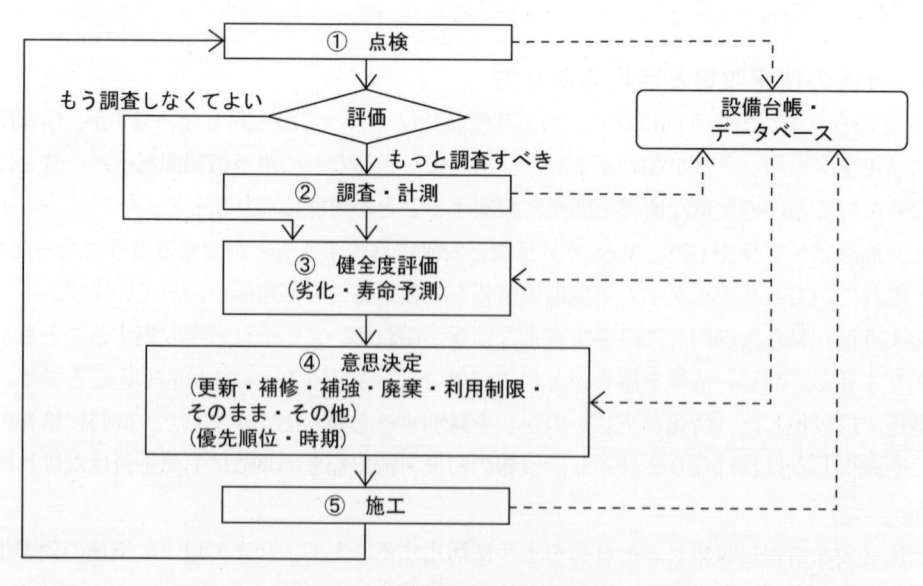

図 2.4.1 維持管理全体のフロー

2.4 保守・維持管理

維持管理の中には，点検時に，異常が発見された場合，新設構造物を構築するのと同様に，計画・設計・施工等の業務が生じてきます。そのため新設構造物以上に業務の手間，工数は膨大な量となります。業務を効率よく進めるためには，情報化が不可欠となります。

(2) 構造物の維持管理の課題

かつてコンクリート構造物は，メンテナンスフリーと思われていましたが，建設された構造物の中にも，耐久性不足が大きな問題となってきています。既設の構造物でも，当時の技術レベルの低さ（劣化機構が解明されていなかったなど）から，やむを得ず劣化しているものもあります。ここでのコンクリートの耐久性とは，劣化に対する抵抗性であり，コンクリート構造物の劣化のメカニズムは，中性化，塩害，凍害，アルカリ骨材反応，化学的浸食，疲労等が挙げられます。耐久性に富む多くのコンクリート構造物においても，経年劣化は進んでいきます。

そのような状況の中，現在の維持管理は，定期的な巡視点検を実施し，異常が発見された場合は，口頭で事務所に伝達するとともに点検用紙に記録して保管する方法が一般的です。表 2.4.1 に橋梁の維持管理種別の例を示します。一つの橋に対して非常に多くの点検項目があり，多くの

表 2.4.1 橋梁維持管理種別

	点検等の種別	点検頻度	概　　要
日常的に実施する点検	通常点検（巡回）	毎日〜1回／週	損傷の早期発見を図るために，道路の通常巡回として実施するもので，道路パトロールカー内からの**目視を主体とした点検**をいう。
定期的に実施する点検	定期点検	1回／5年程度	橋梁の損傷状況を把握し損傷の判定を行うために，頻度を定めて定期的に実施するもので，**近接目視を基本としながら目的に応じて必要な点検機械・器具を用いて実施する詳細な点検**をいう。
	中間点検	1回／3年程度	定期点検を補うために，定期点検の中間年に実施するもので，**既設の点検設備や路上・路下からの目視を基本とした点検**をいう。
	特定点検	必要時	**塩害等の特定の事象を対象に，予め頻度を定めて実施する点検**をいう。なお，塩害については，定期点検時にも点検を実施する。
	詳細調査	必要時	補修等の必要性の判定や補修等の方法を決定に際して，損傷原因や損傷の程度を，**より詳細に把握するために実施する調査**をいう。
	追跡調査	必要時	詳細調査等により把握した損傷に対してその進行状況を把握するために，損傷に応じて頻度を定めて**継続的に実施する調査**をいう。
異常時に実施する点検	異常時点検	災害時等	地震，台風，集中豪雨，豪雪等の災害や大きな事故が発生した場合，**橋梁に予期していなかった異常が発見された場合などに行う点検**をいう。
維持・補修等	維　持	毎　日	既設橋の機能を保持するため，**一般に日常計画的に反復して行われる措置**をいう。
	補　修	必要時	既設橋に生じた損傷を直し，**もとの機能を回復させる**ことを目的とした措置をいう。
	補　強	必要時	既設橋に生じた損傷の補修にあたって**もとの機能以上の機能向上を図る**こと，または，特に損傷がなくても積極的に既設橋の機能向上を図ることを目的とした措置をいう。

出典：(財)海洋架橋・橋梁調査会：道路橋マネジメントの手引き，2004年8月

費用，多くの人材，そして多くの情報が必要であることが想定されます。

維持管理の情報は非常に長い期間にわたって引き継いでいかなければなりません。そのためには，情報を体系的に整理するとともに，必要な時にいつでもとりだせる状態としておくことが重要となります。このような課題を解決するために，情報化によるさまざまな取り組みが行われています。

(3) 情報化を進める上での土木技術者の役割

保守・維持管理業務は，計画・設計・施工・分析等も含んでおり，新設構造物に比べ多岐にわたります。そのため，機械的に，情報化を進めるだけでは，適切な保守・維持管理を進めていくことはできません。

特に構造物の診断においては，コンクリート診断士や技術士などの土木技術者による判断が必須となります。例えば，コンクリート診断士の定義は，「コンクリートおよび鉄筋などの診断における計画，調査・測定，管理，指導および判定，ならびにそれらの品質劣化に関する予測および対策などを実施する能力のある技術者」となっています。また診断する行為には，偏りのない公正さが要求され，高い技術のみならず，技術者倫理として高いモラルも同時に求められます。そのような土木技術者が，保守・維持管理フローのキーポイントで判断を下すことにより，正しい，適切な維持管理を進めることが可能となります。

一方，定期点検作業で計測機器を用いて測定する業務などについては，構造物にセンサを設置し，自動化することで業務を効率化することができます。異常が検出された場合の処置については，当然，土木技術者が判断します。自動計測が可能な作業はセンサなどの情報化技術を最大限に利用し，判断を必要とする作業については土木技術者が実施するような役割分担が必要となります。

土木技術者が判断する作業は，今後情報化が進められてもゼロになることはありません。したがって，情報化を進めていく上においては，土木技術者が迅速に意思決定を実行するための支援ツールとしての仕組みを構築していくことが重要となります。

2.4.2 情報収集と活用

(1) 基本情報

保守・維持管理を開始する際には，管理対象物の基本情報（種別や位置などの諸元や附図）を整備することが必要となります。現状の多くの現場では，保守・維持管理の段階で改めて調査や測量を行うことにより基本情報を整備していますが，本来，これらの情報の多くは設計や施工段階で確定されるため，設計や施工時の成果（報告書や図面類）から把握すべきものです。しかしながら，これまでの成果品の多くは紙をベースとした資料であり，検索性や再利用性が低く，効率的に活用することが困難です。

国や多くの地方公共団体で電子納品が開始されたことから，今後は，設計や施工時の成果品が電子データで蓄積されるようになり，比較的容易に利活用することが可能となります。更に，国土交通省が運用を開始した道路工事完成図など作成要領のように，保守・維持管理で直接利用することを意識した形式で電子納品することができれば，将来的には，システム的に必要な情報を収集・作成することは可能となります。現状の一般的な電子納品では保守・維持管理を特に意識

した形式となっていないため，必要な情報を定型的に抽出することは困難です。

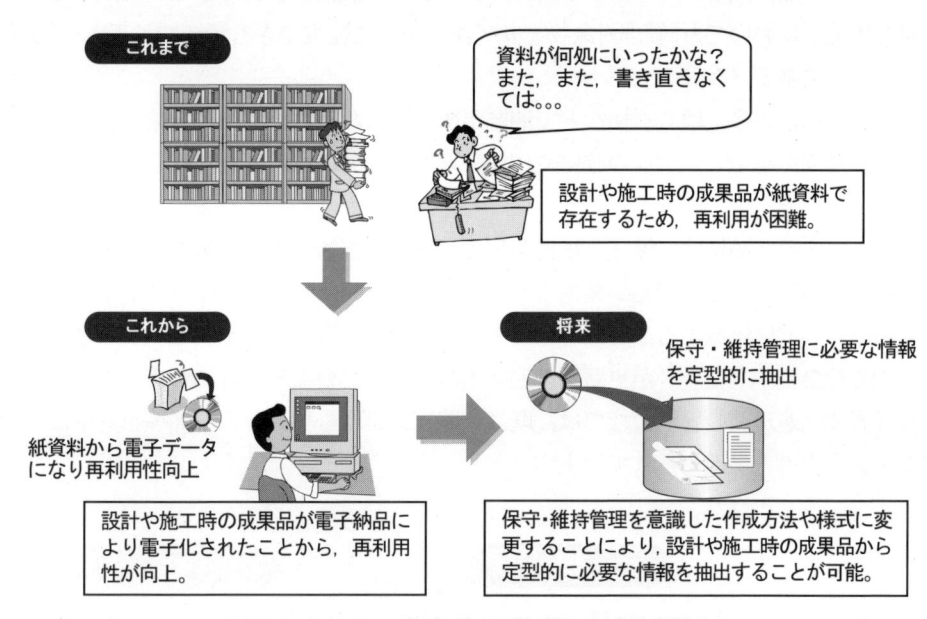

図 2.4.2 保守・維持管理を開始の基本情報の収集

（2） 管理対象物の状況把握

現状の保守・維持管理では，パトロールや点検を実施し，人間の目で管理対象物の状況を把握することが一般的です。この方法は定期的な監視を行う手段としては有効ですが，リアルタイムに監視できないため，災害時や事故時などに際して，迅速に対応することができない課題があります。

近年の技術進歩により信頼性の高いセンサ類が安価に提供されるようになってきたことから，これらを活用することにより，リアルタイムに管理対象物の状況を監視することができるようになっています。

例えば，河川管理においては，光ファイバを用いて水位，堤体の変形，越流の事前検知等をリアルタイムに計測する技術が確立されており，一部の現場では導入され始めています。

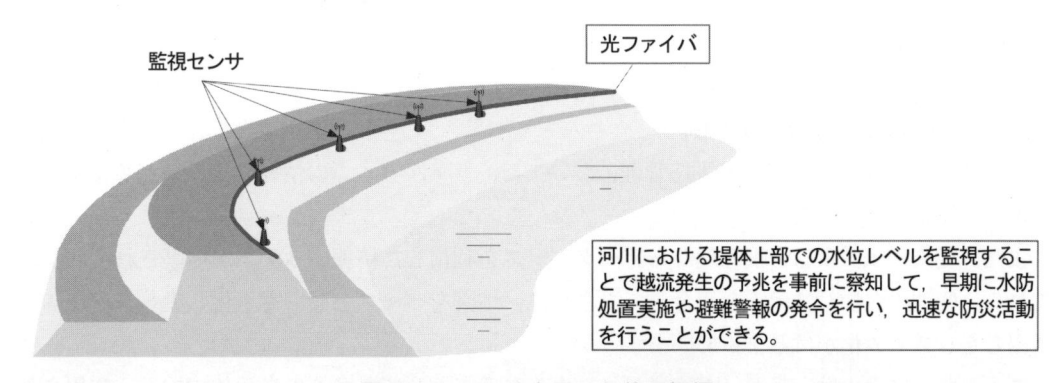

図 2.4.3 センサを用いた状況把握

さらに今後は，超小型のICタグやセンサが開発され，また，それらを用いた無線通信技術が発展していることから，光ファイバネットワーク網などの通信網を設置できない地域や通信網の整備が困難な環境下においても，管理対象物をリアルタイムに監視できる可能性が高まっています。

(3) アセットマネジメント

現状の補修や補強の多くは，点検などで問題が明らかになった際に対応を図っていますが，この場合，更新時期が集中し，予算の確保や住民の理解を十分に得ることが難しくなることがあります。

これらを解決するためには，保守・維持管理で収集した情報に基づき劣化分析・予測を行い，安全性の確保は当然のこと，問題が発生する以前にライフサイクル全体のコストを最小限にするための対策を計画的に実施することが有効です。このような取り組みをアセットマネジメントといい，全国の社会資本ストックが更新期を迎える時代には必要な考え方です。

国土交通省や高速道路の管理会社では，既に道路（橋梁含む）分野の一部等を対象に，アセットマネジメントの導入が進められています。

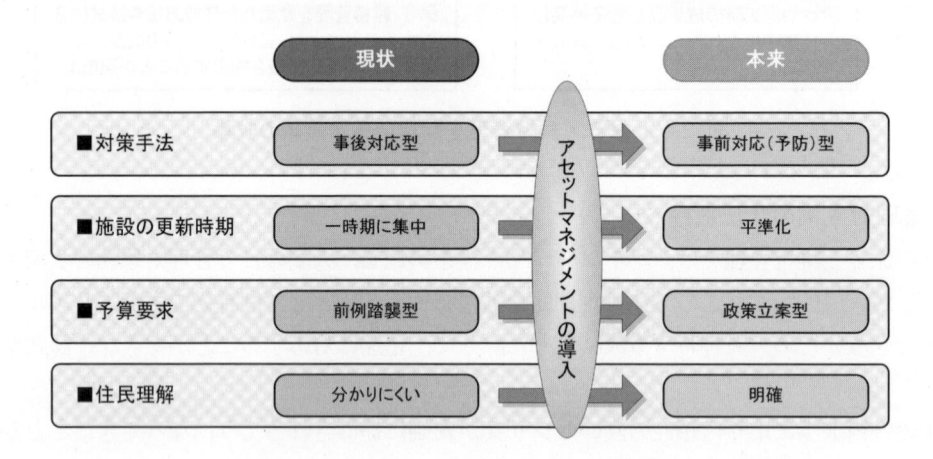

	現状	アセットマネジメントの導入	本来
■対策手法	事後対応型	→	事前対応(予防)型
■施設の更新時期	一時期に集中	→	平準化
■予算要求	前例踏襲型	→	政策立案型
■住民理解	分かりにくい	→	明確

図 2.4.4 アセットマネジメントの必要性

アセットマネジメントを実施するためには，まず，情報管理を適切に行う必要があります。そのためには，基本情報や点検・センサなどで把握した情報を必要な時に利用できるように一元的に管理しておくことや，データ収集や分析時の効率性と品質確保のためにデータの標準化を行うことが有効です。

2.4.3 情報収集と活用の事例

2.4.2で述べたように，保守・維持管理においては，リアルタイムの情報収集，リアルタイムの監視が可能となっています。

また，従来の紙による台帳管理からデータベースを利用した情報システムが構築されており，これら，個別の台帳システムを統合して，さらに，地図をベースとして電子化しデータベースを活用したシステム化がはじまっています。

こうしたシステムは，アセットマネジメントシステムとして，多くの自治体で検討・採用され

ています。
　インターネット上で，検索されるアセットマネジメント計画，アセットマネジメントシステムの一例を表 2.4.2 に示します。

表 2.4.2 アセットマネジメントシステム

体　名	計画・システム名	年度	対　象
大阪府土木部	「21 世紀の都市を支えるために～土木部維持管理計画（案）～」	2000	道路・河川・下水道・公園・港湾
横浜市道路局	「橋梁長期保全更新計画」	2003	橋梁
静岡県土木部	「土木施設長寿命化行動方針」	2003	橋梁・舗装・トンネル
青森県県土整備部	「青森県橋梁アセットマネジメントアクションプラン」	2005	橋梁
	橋梁アセットマネジメント		
東京都建設局	道路アセットマネジメント		
東京都下水道局	下水道台帳情報システム		
大建設局	道路橋梁総合管理システム		道路・橋梁
	橋梁管理システム		
国土交通省中部地方整備局	構造物等重点管理システム	2003	鋼橋
名古屋市	道路情報管理システム	2005	
阪神高速道路	道路資産管理システム	2005	
茨城県土木部水戸土木事務所	舗装管理システム		舗装
高速道路総合技術研究所	橋梁マネジメントシステム（BMS）		橋梁
愛媛県	道路管理情報システム	2002	
JR 東日本コンサルタント	アセットキーパー		鉄道

　これらの事例として，東京都下水道局の下水道台帳情報システムと JR 東日本コンサルタントのアセットキーパーを紹介します。

(1)　東京都下水道局「下水道台帳情報システム」

　東京都下水道局では，管理している 1 万 5 千 km の管渠をはじめ，膨大な下水道施設の情報管理を的確に行い，施設の維持管理業務などの支援や，利用者サービス向上のため，下水道台帳情報システム（SEMIS）を構築し，運用しています。
SEMIS 導入による効果は以下のとおりです。
・利用者による自動閲覧やインターネットからの閲覧が可能となり住民サービスが向上
・区別集計機能や検索機能により，陥没などの緊急対応時にもすみやかな対応が可能
・各管理事務所・出張所ごとに機能するため，災害時には，ほかの管理事務所のバックアップが可能

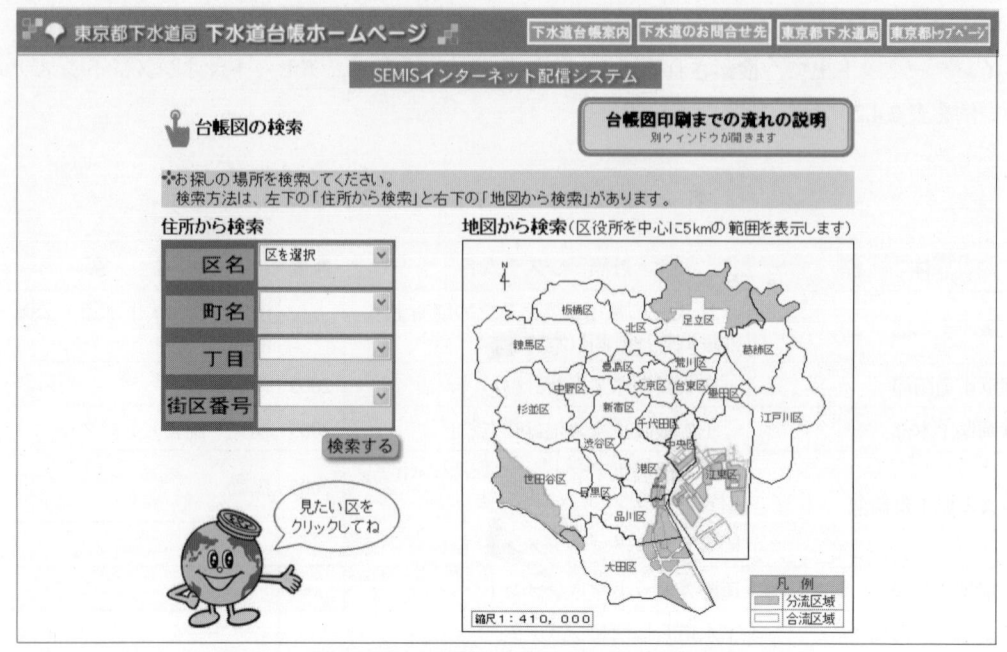

第2章 業務に役立つ情報収集と活用の基本

http://www.gesuijoho.metro.tokyo.jp/semiswebsystem/index.html

図 2.4.5 SEMIS 検索画面

表 2.4.3 SEMIS の主な機能

図面検索システム	ファイリングシステム
工事件名簿システム	定型出図システム
条件出図システム	検索・集計システム
WEB版検索システム	

(2) JR東日本コンサルタント「アセットキーパー」

　JR東日本コンサルタントでは，これまでのJR東日本の図面のデジタル化を進め，電子地図（線路平面図）を鉄道GISとして構築し，施設保守・点検台帳と融合したアセットキーパーシステムを作成し，鉄道現場での活用方法やGPSやITSとの連携を通じて「道路分野との融合」について提案しています。

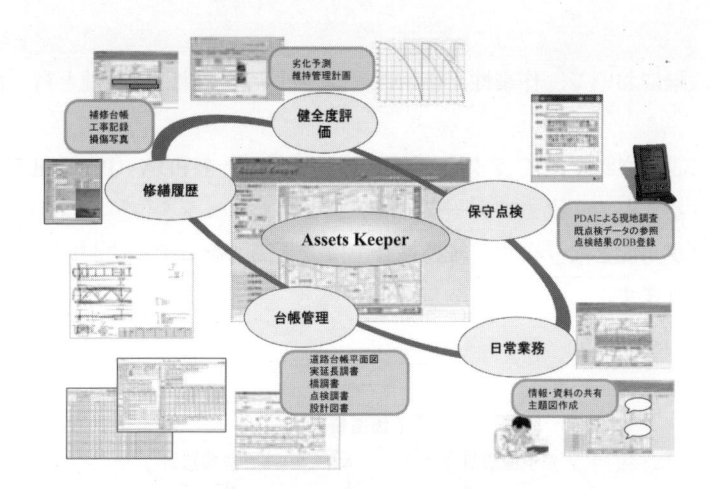

図 2.4.6 アセットキーパー

2.4.4 今後の情報収集と活用のあり方

先に述べたとおり，財政制約の中，維持管理の効果的，効率的な実施の重要性はますます高まってきています。ライフサイクルコストの大部分を占める維持管理段階で，今後の情報収集やその活用方法については，大きな期待が寄せられるとともに，それらの課題解決は必要不可欠な要素でもあります。

また，ライフサイクルコストの管理，すなわちアセットマネジメントとつながり，さらに事業継続計画などの将来計画の策定などにも役立つことはいうまでもありません。

維持管理における情報収集においても，ITの発展により高度な収集方法や活用方法が可能となりました。すべての情報をすべての段階で，すべての必要とする人に共有を図ることを目的としてさまざまな保守・維持管理システムが検討されています。

それらが，従来土木技術者が行ってきたさまざまな作業をサポートしてくれるようになってきており，これによってわれわれ土木技術者にとって，合理化・効率化が図られ，もっと別の，人間にしかできないようなサービスにも力を入れることができるようになります。

(1) 要素技術の開発

情報化の波に乗って，さまざまな保守・維持管理システムが開発されてきています。例えば，作業員がその都度その場に行って確認しなければならないといった課題ですが，センサネットワークや自動化の手法によって解決できます。

例えば，作業員の安全性を高めるために，点検ロボットを導入することなどが一例としてあります。また定期点検をリアルタイム点検にすることで，例えば，橋梁などの挙動を逐次モニタリングして，異常値に即座に対応した行動を取ることができるようになるなど，防災面などでの効果が期待されます。

(2) プロダクトモデルの活用

プロダクトモデルとは，計画，設計から施工，維持管理までの構造物のライフサイクルにわたって，構造物の全体から部品や部材などの形状や材料，使用，振る舞い，部材間の連携などを，オブジェクト指向の考え方に基づいて，汎用的なフォーマットで表現する一般的なデータモデルで

第2章 業務に役立つ情報収集と活用の基本

す。

それらは，各段階において，作業性，使用性，安全性，経済性，環境性と行った観点から整理されます。

例えば，現場に設置された，ICタグとプロダクトモデルとをPDA（Personal Digital Assistant）などでリンクさせることで，過去のデータへのアクセス，データを位置やほかの部材と関連づけて貯蔵させることが可能となります。維持補修では変更箇所をモデルにおいて変更するだけで変更作業は終了となります。

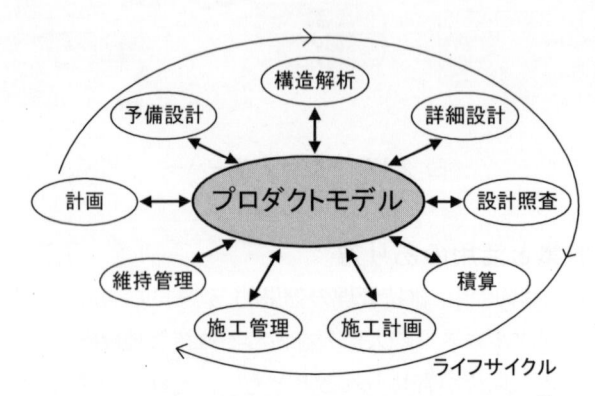

図 2.4.7 プロダクトモデルとライフサイクル[1]

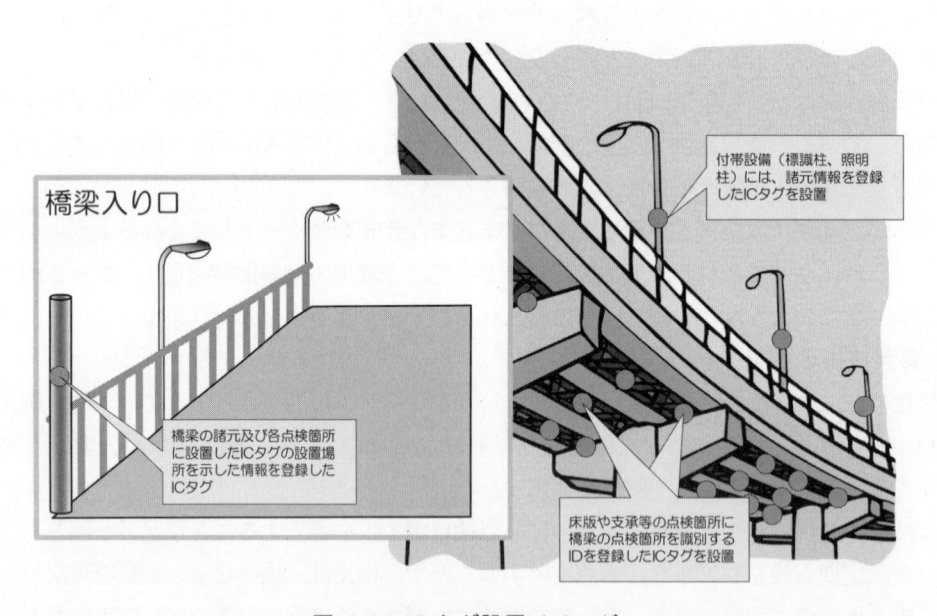

図 2.4.8 ICタグ設置イメージ

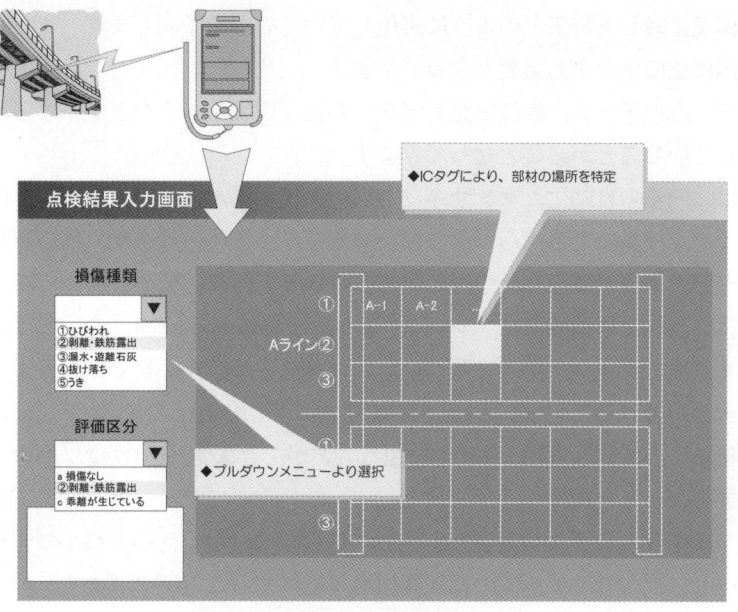

図 2.4.9 点検結果登録イメージ

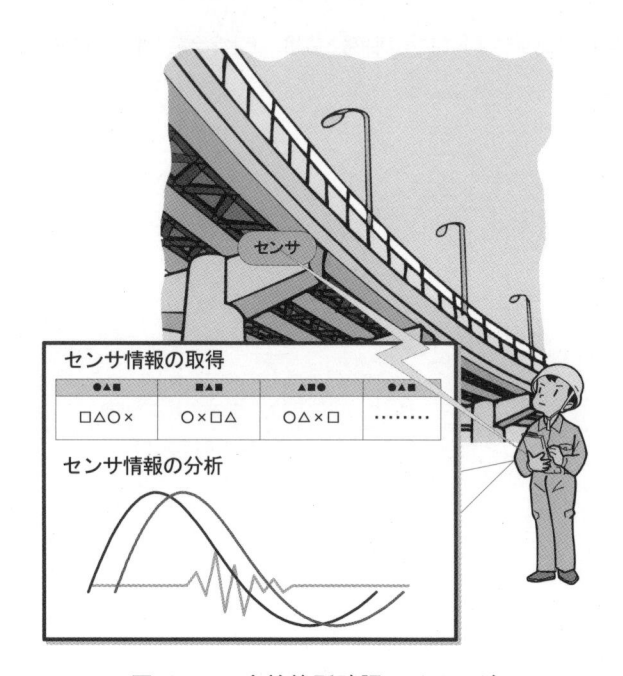

図 2.4.10 点検箇所確認のイメージ

出典　図2.4.8〜図2.4.10　平成16年度ICタグの建設分野での活用に関する研究会活動
　　　報告書　平成17年4月　ICタグの建設分野での活用に関する研究会 財団法人
　　　日本建設情報総合センター

(3) アセットマネジメントシステムでのプロダクトモデルの活用

　アセットマネジメントを行うためには，現状の構造物や構造部材の健全度をできる限り正確に

第2章 業務に役立つ情報収集と活用の基本

評価し,ある環境に対して将来どのように劣化していくのかを予測します。また,それら維持補修に関する費用便益のデータも必要となってきます。

構造物データ,点検データ,補修履歴データ,および環境データなどが挙げられますが,それらを今後整備していくことが必要となってきます。

点検データは,いくら自動化,センサネットワーク化が進んだといえども,目視による健全度の評価が重要で,点検員によるばらつきのない評価基準が求められます。補修履歴データは構造物のどの部分をどのように補修したのかが明確に分かるように,要素レベルで記述されている必要があります。こうした構造要素にブレークダウンした細かいデータについては,従来のデータベースではなく,オブジェクト指向に基づいたプロダクトモデルが有効となります。

プロダクトモデルでは,アプリケーションソフトウェアに依存しない,オブジェクト指向のデータモデルの構築によって相互運用,共有化を図ることができます。そのため,標準インターフェースの開発が重要となってきます。

また,それらは単一のモデルで表現しようとするものではなく,いくつかのデータモデルにより全体をカバーし,データモデル間の相互運用も可能にすることが必要です。

【参考文献】
1) 矢吹信喜ら:PC橋梁の3次元プロダクトモデルの開発と応用,土木学会論文集,No.784／VI-66,pp.171-187,2005年

2.4 保守・維持管理

> コラム

セカンドライフとは？

　セカンド・ライフ（Second Life）といっても，ここで紹介するのは，定年後の人生のことではなく，インターネット上のWebサイトの一つで展開されている仮想世界すなわち3次元オンライン・デジタル世界のことです。URLはhttp://www.secondlife.com/で，このWebサイトに訪問し，会員になれば，自分の分身であるアバター（Avatar）を通じて仮想世界を見て歩くことができます。見て歩くだけの会員ならば無料ですが，サイトの運営会社にお金を払うと仮想世界の中で土地を買って，建物を建て，店を開いて訪問するほかの会員に物を売ったり，広告を出したりすることができます。仮想世界のお金はLinden Dollarという通貨ですが，現実の米ドルと交換することができ，これで儲けたという人がいるそうです。

　アバターだとかリンデンダラーだとか3次元仮想世界などというと，何だテレビゲームみたいなものかと思いがちですが，会員数が2007年5月1日現在で600万人を越えており，ほぼ一ヶ月に100万人のペースで増加しているというから驚きです。セカンドライフは，米国のサンフランシスコに本社を置くLinden Lab社が運営しており，基本的には英語の世界ですが，近々日本語化される予定だそうです。この本が発売される頃には既に日本語になっているかも知れません。

　セカンドライフにはいくつもの注目すべき点があります。

　まず，3次元のGIS（地理情報システム）空間に，会員（セカンドライフの住人）がCG技術を使って3次元の家やビルを建て，木や花を植え，自動車などの機械類も作成できるということです。こうした3次元景観CGは，一昔前ならば，高価なマシンでソフトウェア技術者が一生懸命作らなければできない代物でしたが，ここでは，遊びでできてしまうということです。

　次に，会員は仮想空間内を移動しますので，広告を出し，ショールームを作れば，大いに宣伝に使えそうだということです。実際，いくつかの世界的に有名な大企業が宣伝，広告に使用し始めています。広告といえば，インターネットの検索サイトで莫大な利益を上げているGoogleやYahoo! Japanと何か共通するものがあり，セカンドライフも今後大きく成長していく可能性がありそうです。

　インターネットのWebサイトは，サーバにデータを置いて，訪問客に見てもらうものですが，セカンドライフでは，会員が自ら仮想世界内を移動しながら，各地点で情報を収集したり，与えたりします。場所と時刻を予め定めれば，ほかの会員たちとの会議もできますし，授業にも使えそうです。テレビ会議のように実際の映像ではなく，分身であるアバター同士が仮想的な会議室で話し合うのはちょっと奇妙ですが，現実のものになりつつあります。

　セカンドライフに現実に存在する構造物の3次元CGを作り，訪問会員に各種情報を提供したり，会員からも点検情報を提供してもらったり，あるいは有限要素解析のようなシミュレーションソフトを動作させることにより，構造物の維持管理にも役立つような方法がありそうだと思いませんか？

2.5　緊急時の情報収集と運用

　わが国は脆弱な国土の上，頻発する地震，大型台風の来襲，集中豪雨の発生など，多くの自然災害に直面するケースが多いために，種々の機関で減災・防災のためのシステムが構築されています。なかでも，地震防災に関しては，1995年の阪神・淡路大震災以降，高密度地震動モニタリングシステムの構築やリアルタイム被害推定システムの整備が進められており，事業継続計画（BCP：Business Continuity Plan）の観点から，民間企業でも積極的に取り組んでいるケースも見受けられます。

　ここでは，BCPについて概説した後，2005年に土木学会技術開発賞を受賞した東京ガスの地震防災システムを実例として地震対策の基本コンセプトから地震時の情報収集と利用に関する最新の内容を紹介します。

2.5.1　BCPとは？[1]

　社団法人日本建設業団体連合会が2006年7月に発行した「建設BCP」によると，BCPとは，「災害時に，重要業務が中断しないこと，また万一事業活動が中断した場合でも，目標復旧時間内に重要な機能を再開させ，業務中断に伴うリスク（顧客の競合他社への流出や企業評価の低下など）を最低限に抑えるために，平常時から事業継続について戦略的に準備しておく計画のこと」と定義されています。

　ここでいう「計画」には，自社の業務が災害などにより深刻なダメージを受けるという前提で立案されているため，継続しなければならない自社のコア事業を再確認するとともに，ボトルネックの解消に向けて事前対策を実施することがポイントだと指摘されています。

　さらに，BCPの策定は，企業の防災力を高めるとともに，災害時の経済的な損害を軽減する効果が見込まれており，多くの企業が取り組むことで社会全体の防災力が向上することが期待されています。そのため，規模や業種を問わず推進していくべきものであり，建設業においても積極的に取り組んでいく必要があると記載されています。

　内閣府中央防災会議のガイドラインでは「大規模地震による広域被害」を想定することが推奨されており，「建設BCP」においても，建設会社は，復旧工事を通じて，社会経済活動の早期回復に大きな役割を担う自社の業務を継続させるだけでなく，社会全体の復旧活動に積極的かつ効果的に関与していけるものでなくてはならないものと位置づけています。

　なお，事業継続計画（BCP）は策定するだけでなく，企業内に浸透させ，継続的に改善していくことが重要だと考えられています。一般的には，BCP策定から運用・見直しまでのマネジメントシステム全体をBCM（Business Continuity Management）と呼んでいます。

2.5.2　地震対策の基本コンセプト[2]

　東京ガスでは，地震発生時の社会的影響と早期復旧による逸失利益の極小化を目指して，年間約15億円の地震対策費を計上しています。これは総売上の0.1％，年間設備投資の2％を占めて

います．さらに，地震対策を下記の3項目に分類した上で，それぞれに対して目標を設定し，具体的な対策を実施しています．また，各社員が地震時の役割を正しく認識し確実に行動できるよう，積極的に訓練を実施しています．ライフラインを支える企業として，地震対策への重要性を伺うことができます．

(1) 予防対策

【目標】主要設備の耐震化を実施して被害を最小限にとどめる．
対策①：製造設備の耐震設計・施工
対策②：高中圧導管の耐震設計・施工
対策③：低圧導管のポリエチレン化

(2) 緊急対策

【目標】供給ネットワークに甚大な被害がある場合は迅速かつ的確にガス供給を遮断し，二次災害を防ぐ（図2.5.1参照）とともに，被害のない地域へは通常通りガスを供給する．
対策①：被害情報の早期把握（3,800地点の震度，ガス圧などのデータ収集）
対策②：被害想定シミュレーションによる被害概要の推定
対策③：地区ガバナへのSIセンサ設置，感震自動遮断
対策④：マイコンメーター（高機能ガスメーター）による各戸の感震自動遮断

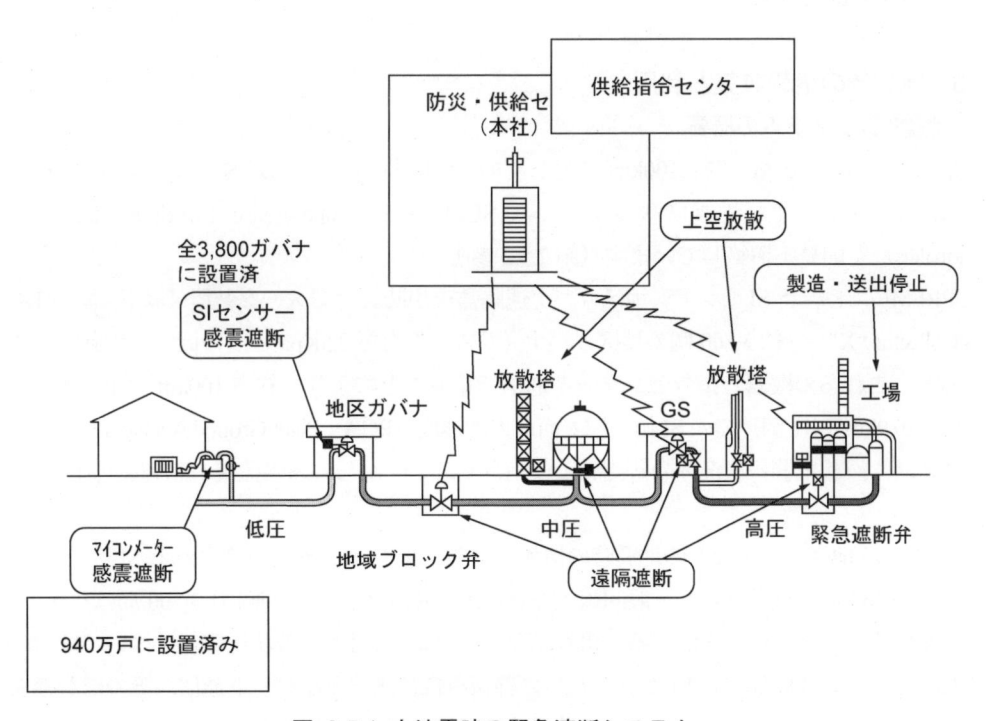

図 2.5.1 大地震時の緊急遮断システム

第 2 章　業務に役立つ情報収集と活用の基本

(3) 復旧対策
【目標】供給停止した地区に対して全力を挙げて早期復旧を図る。
対策①：復旧マニュアルの整備と訓練
対策②：復旧支援シミュレーションシステムの開発
対策③：復旧材料の備蓄
対策④：食糧，水の備蓄
対策⑤：日本ガス協会，他ガス事業者からの支援受入（最大3200人）と前進基地の確保
対策⑥：ガス会社間における移動式ガス発生設備，応援用無線等の相互運用

(4) 訓練
1. 全社総合防災訓練の実施
① 震度7の直下型地震，100万件規模の供給停止を想定した総合的訓練
② 事前準備期間を2ヶ月設け，防災に関しての基準，マニュアルや機器などについて周知・習熟
③ 社員の約7割が参加
④ 年1回実施
2. 供給指令センター内緊急措置訓練および機器操作訓練
① 中圧緊急措置に関しての訓練を指令室内で実施
② 年100回程度実施

2.5.3 地震時の情報収集と利用 [2-4)]

(1) 地震防災システムの概要
東京ガスは，供給区域，約3,100km^{2}に対して約3,800基の地震計（新SIセンサ）を設置することにより，超高密度な地震防災システム（SUPREME：Super-dense Realtime Monitoring of Earthquakes）を開発・構築しています（図2.5.2参照）。

SUPREMEでは，新SIセンサ，地区ガバナ遠隔監視用防災テレメータ装置（以下，防災DCX：Data Collector "X"）を約3,800個の地区ガバナ（ガスの圧力を2.5Kpa程度の低圧に制御する機器）に設置し，これらの機器と指令センターを通信で結ぶことにより，約3,100km^{2}の供給区域の約3,800点（0.9km^{2}に1個）でのSI値，地表面最大加速度（PGA：Peak Ground Acceleration），圧力，ガバナ遮断，液状化警報状況等の観測および指令センターからの遠隔監視・制御を可能としています。

3,800個ある地区ガバナなどの地震時の情報のうち，新SIセンサで測定されるSI値・加速度については約300局の自営無線と一般回線（携帯電話を用いたパケット通信）3,500局はパケット通信のみを使用してデータを送信する仕組みになっています。また，液状化警報については20箇所の液状化センサと300局の新SIセンサからの警報を自営無線とパケット通信，そのほかの3,500局はパケット通信で送信されています。地震時の通信の信頼を考慮すると，すべての情報を自営無線で送信することが望ましいが，コスト面で実現性が乏しい状況にあります。そこで自営無線と一般回線を併用することとしています。当初，一般回線には有線電話の一般公衆回線（災害時有線電話）を利用していましたが，これと同等以上に輻輳に強く，かつ地震時の回線の信頼性が

2.5 緊急時の情報収集と運用

より高い携帯電話のパケット通信へと切り替えました。その結果，従来は 3,800 ヶ所すべての情報を 1 回収集するのに 1 時間程度を要していましたが，パケット通信を用いた新通信方式では 2 分毎に 3,800 ヶ所すべての情報をリアルタイム収集することが可能となり緊急措置レベルが大幅に向上しています。SUPREME のホストシステムは 2001 年 7 月に稼動を開始し，各地区ガバナに設置される新 SI センサは，2005 年度中に配備が完了し，これまでに無い超高密度リアルタイム地震防災システムが完成しています。

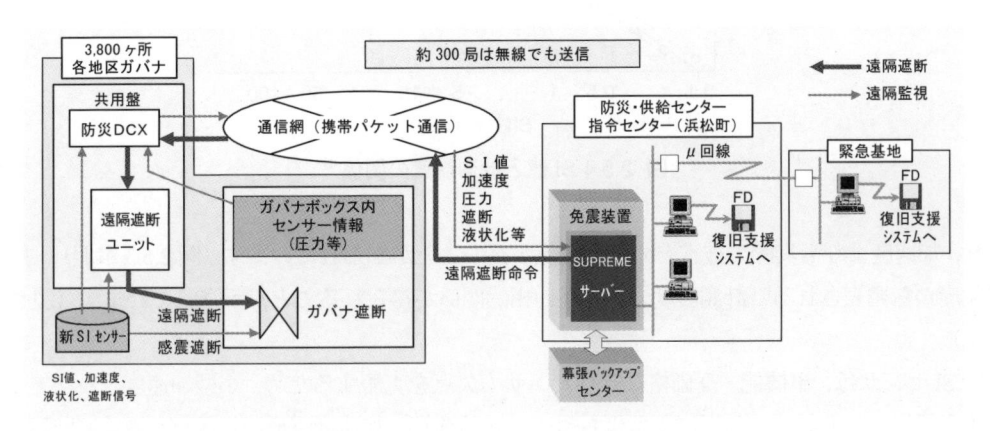

図 2.5.2 超高密度リアルタイム防災システム（SUPREME）の構成

(2) 新 SI センサの特徴

SI（Spectrum Intensity）値は，地震により建物がどれぐらい大きく揺れるかを数値化したもので

$$SI = \frac{1}{2.4}\int_{0.1}^{2.5} Sv \cdot dT (h=0.2)$$

Sv：速度応答スペクトル
T：固有周期（sec）
H：減衰定数

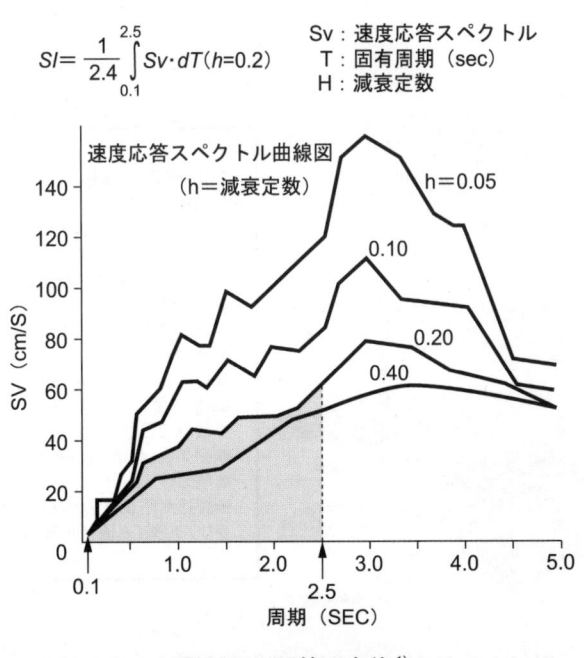

図 2.5.3 SI 値の定義[1]

第2章 業務に役立つ情報収集と活用の基本

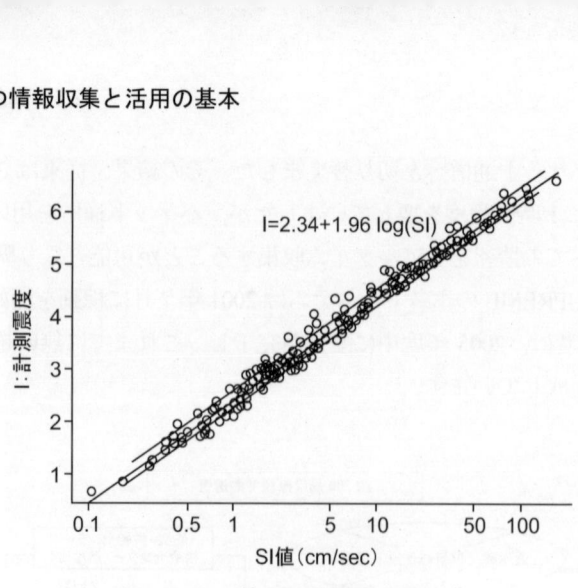

図 2.5.4 SI 値と計測震度の関係[1]

$I = 2.34 + 1.96 \log(SI)$

あり，加速度よりも実際の被害との相関関係が高いことが知られています（図 2.5.3 参照）。また，気象庁から発表される「計測震度」とも高い相関関係が得られることが示されています（図 2.5.4 参照）。

　新 SI センサは，単機能・高価格な既存センサの欠点を克服するため，小型加速度ピックアップ装置を採用し，センサを大幅に小型化しつつ，SI 値演算，加速度波形記録保存，感震遮断信号出力，液状化検知等の多機能を 1 つのセンサに集約するような設計になっています（図 2.5.5 参照）。

　加速度計測範囲はノースリッジ地震や阪神・淡路大震災にも充分対応可能なように±2,000Gal とし，計測精度は±5％以内を確保しています。また，新 SI センサは温度補正された加速度データを 1 波あたり 3 軸，10ms サンプリング，分解能 1/8Gal，SI 最大値を中心に 120 秒の記録として SI 値の大きな順に 10 地震分を内部 SRAM 上に記録保存することが可能です。そのほか，地区

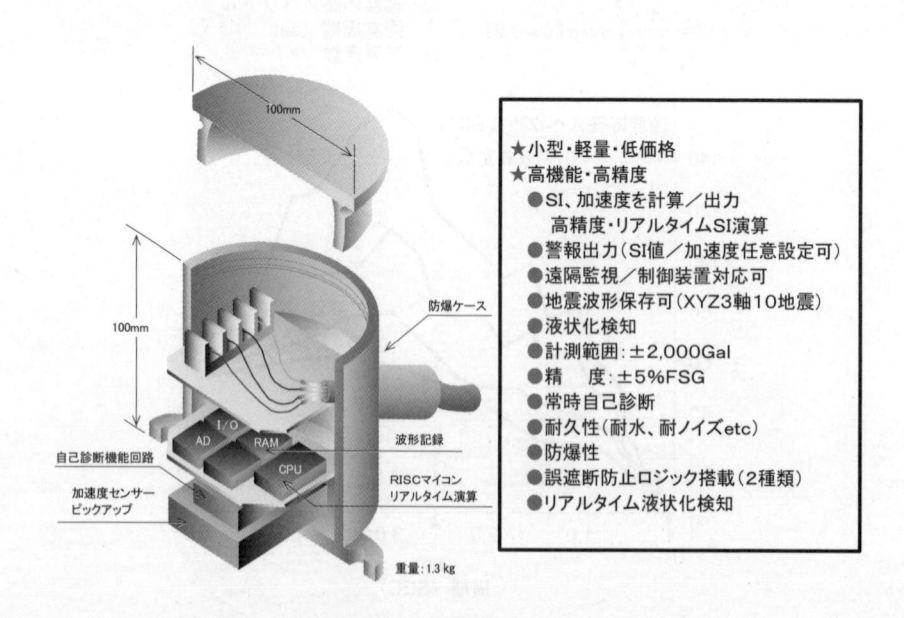

図 2.5.5 新 SI センサ内部構成概要および主な機能

2.5 緊急時の情報収集と運用

ガバナの制御のため無電圧リレー設定出力をもち,制御するためのSI値／加速度／液状化警報の設定を自由に行うことができます。

　従来の計測型地震計では,センサ部と演算部が別ユニットとして構成されていましたが,新SIセンサでは防爆ケース内に小型加速度センサを搭載するとともに制御用出力を含むすべての機能を集約し,小型,低価格化を実現するとともに耐電磁ノイズ性を向上させることができています。また,新SIセンサは加速度波形の変化からリアルタイムに液状化を判定する,アルゴリズムを搭載しており,従来の土木工事を必要とする液状化検知方法と比べて,安価にかつ簡便に液状化発生を把握することを可能としています。

(3) SUPREMEで実現される機能

① ガバナ遠隔遮断機能

　地区ガバナ遠隔遮断を行うことにより人員を地区ガバナに巡回させることなく供給停止を極めて短時間で実施できるため,被害箇所からのガス漏洩を大幅に減少でき二次災害の発生を最小限

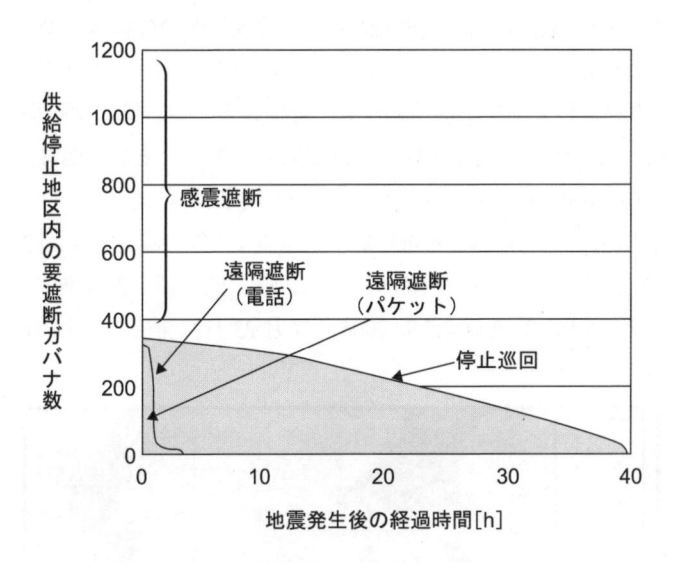

図 2.5.6 供給停止に要する時間の比較

表 2.5.1 危険度シミュレーション結果

	供給停止 完了時間	危険度比
SUPREME稼動以前 （感震遮断のみ）	39時間	1.0
遠隔遮断（電話回線） 遠隔監視含む	1時間	0.03
遠隔遮断（パケット） 遠隔監視含む	15分	0.0075

※1 激震地区の一般回線の断線率を阪神・淡路大震災を参考として5％に設定
※2 動員状況や巡回歩掛かりは,阪神・淡路大震災時の大阪ガス(株)の実績を基に想定

第2章 業務に役立つ情報収集と活用の基本

に抑えることが可能となります。ここでは阪神・淡路大震災のデータに基づいて東京地区でシミュレーションを実施し、遠隔遮断技術を導入することで、どの程度危険度が低下できるかを検証しています。危険度を「供給停止すべき地域（SI値が高く供給停止基準に適した地域）における開ガバナ数と地震発災後の経過時間の積」と定義します。シミュレーションでは供給停止すべき地域に1,200基の地区ガバナが存在し、現状の感震自動遮断システムではそのうち850基が感震自動遮断しますが350基が遮断しないままの状況として残ることになります（図2.5.6参照）。これを参集した人員で地区ガバナの停止巡回を実施した場合に約39時間かかります。一方、遠隔遮断を用いれば10分程度で、通信の断線した箇所などを除いてほぼすべての地区ガバナの閉止が完了するために危険度は99％削減され、大幅な地震防災レベルの向上が図れます（表2.5.1参照）。

② 高精度低圧供給網漏洩推定機能

SUPREMEでは、ほぼリアルタイムに最大3,800点からの地震動（SI値、PGA）および液状化情報が収集されます。これをSUPREMEに即した地理情報システムに蓄積されたデータと組み合わせることで地震動面的分布推定、液状化層厚面的推定、低圧供給網の被害推定を高精度に実施することができます。低圧供給網の被害推定結果は、地震直後の被害全体像の把握および低圧ブロックの供給停止または継続の判断に利用されます。蓄積データベースのうち、供給施設情報として3,800基の地区ガバナおよび中圧供給網は点・線情報として、低圧供給網については50m単位のメッシュに集約して管種・口径毎の延長を整備しています。また、地盤情報として微地形情報や供給エリア内に約70,000本のボーリングデータを収納しています。

一例として、想定地震によるSI値分布推定例（東京直下M7の場合）を図2.5.7、観測情報を用いた液状化層厚分布の計算例（関東地震M7.9）を図2.5.8、低圧管全管種推定被害箇所数のブロック集計（想定立川断層地震M7.0）を図2.5.9、2005年7月23日に発生した小規模地震でSUPREME

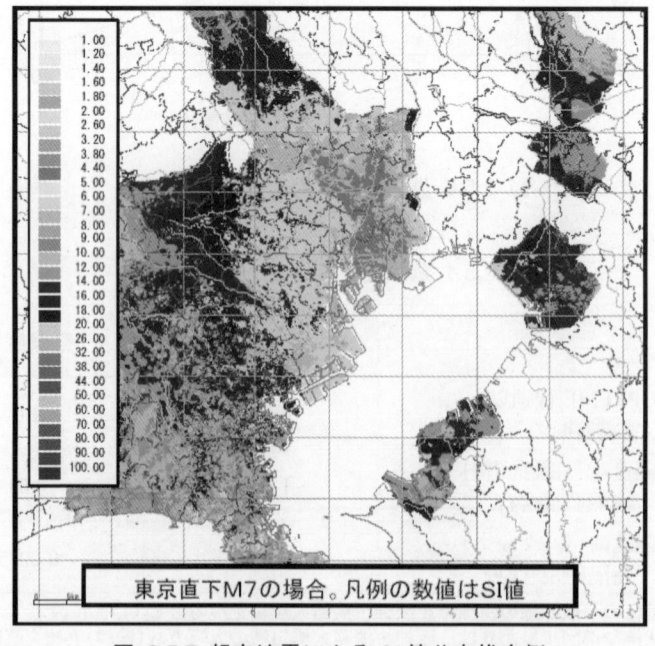

図 2.5.7 想定地震による SI 値分布推定例

2.5 緊急時の情報収集と運用

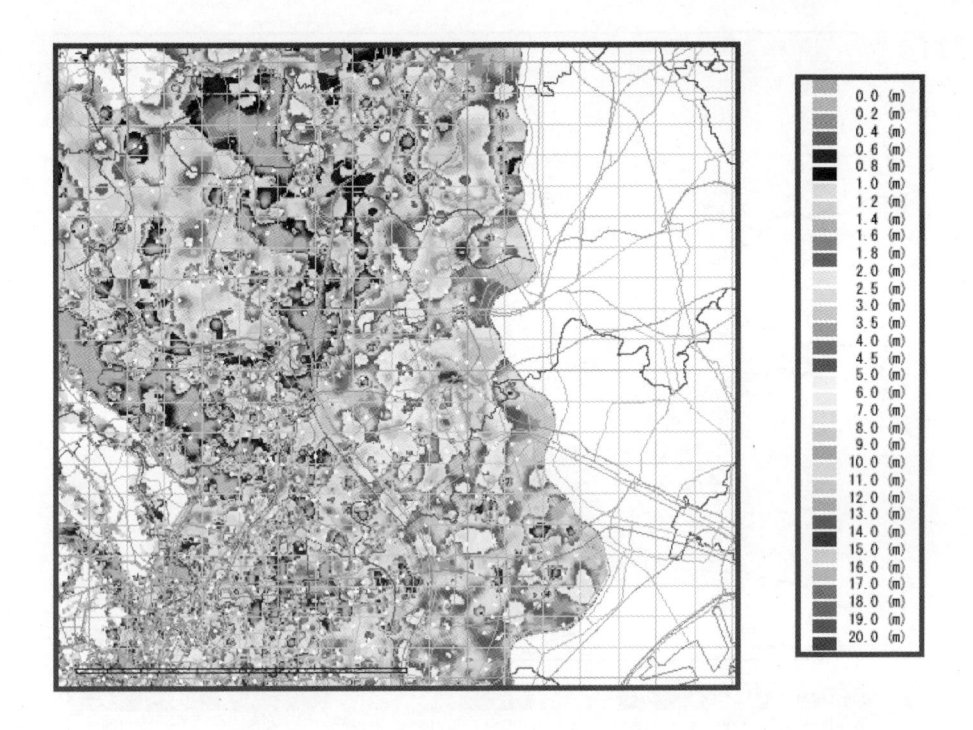

図 2.5.8 観測情報を用いた液状化層厚分布の計算例（関東地震 M7.9）

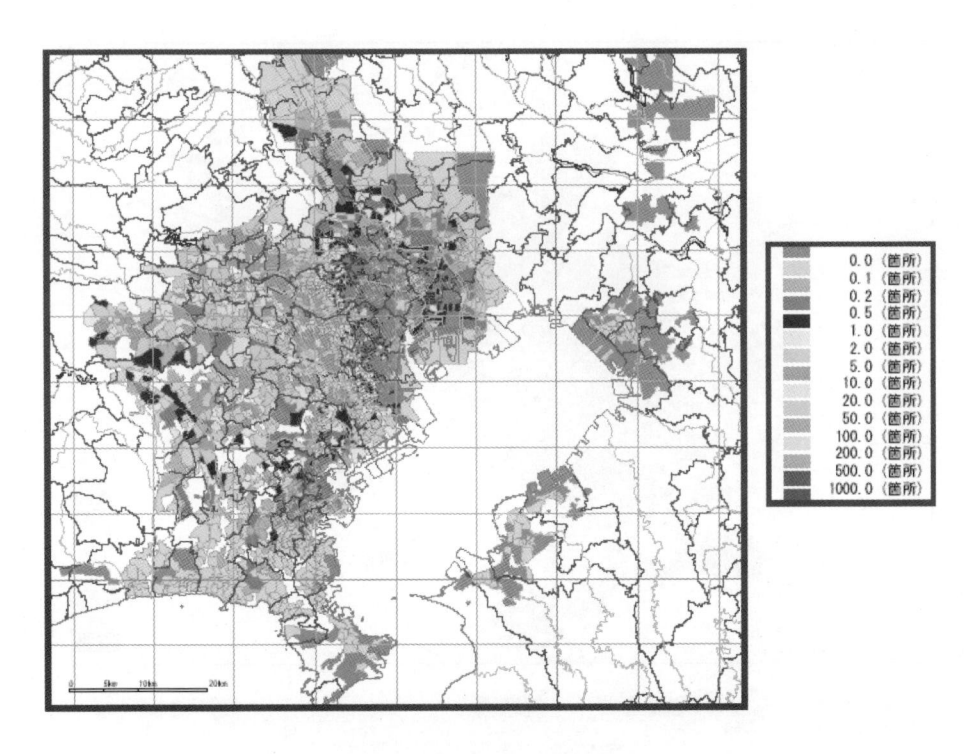

図 2.5.9 低圧管全管種推定被害箇所数のブロック集計
（想定立川断層地震（M7.0））

第 2 章　業務に役立つ情報収集と活用の基本

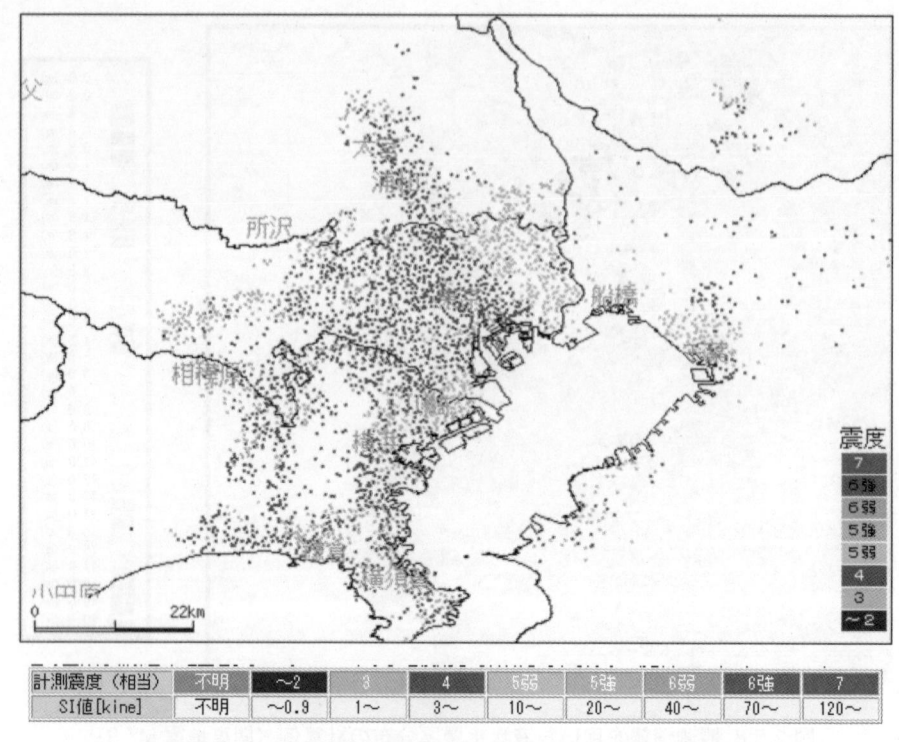

図 2.5.10 SUPREME 実稼働状況（05.07.23 地震 SI 値分布）

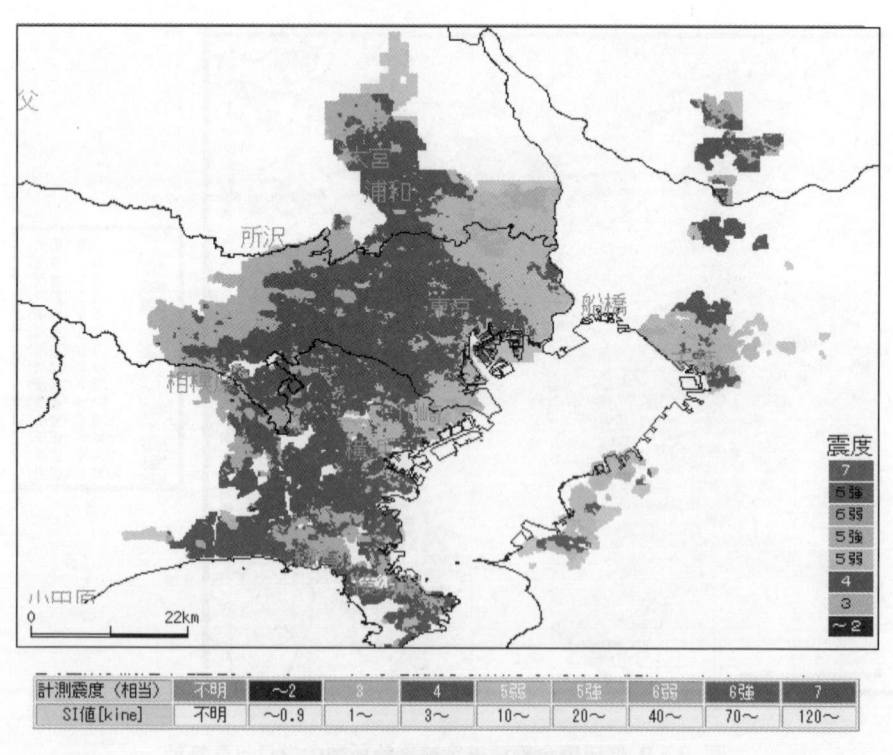

図 2.5.11 SUPREME 実稼働状況
（05.07.23 地震 50m メッシュ単位補間後 SI 値）

が捉えた超高密度 SI 値分布を図 2.5.10，それを 50m メッシュに補間した分布図を図 2.5.11 に示します。

③ 超高密度加速度波形データによる事前防災

SUPREME はリアルタイム緊急措置だけでなく，事前地震防災にも利用が可能です。中小地震時に最大 3,800 点の新 SI センサに蓄積される加速度波形データは，これまでにない超高密度データベースとなり，地盤増幅度の研究，地震動空間補間技術やゾーニング技術の検討に大きく寄与することになります。

2.5.4 情報共有に向けた取り組み [2〜4]

SUPREME の超高密度地震情報を外部でも有効に活用できるように，リアルタイムの地震情報配信サービス（JISHIN-NET：http://jishin.net）が開始されています。契約者は地震計を設置することなく，東京ガスと同レベルの高密度地震情報を利用することが可能です。

2002 年度からは，国の地震時の意志決定を支援するため，内閣府に対して SUPREME の供給停止情報のリアルタイム配信が開始されています。さらに，2005 年からは，東京消防庁に対して同データの配信を開始すると同時に，火災情報の受信をしており，これらの情報を用いてより的確な緊急措置判断ができるようになっています。首都圏の大地震時の防災レベルを大きく向上させるシステムとして非常に重要な位置を占めています（図 2.5.12 参照）。

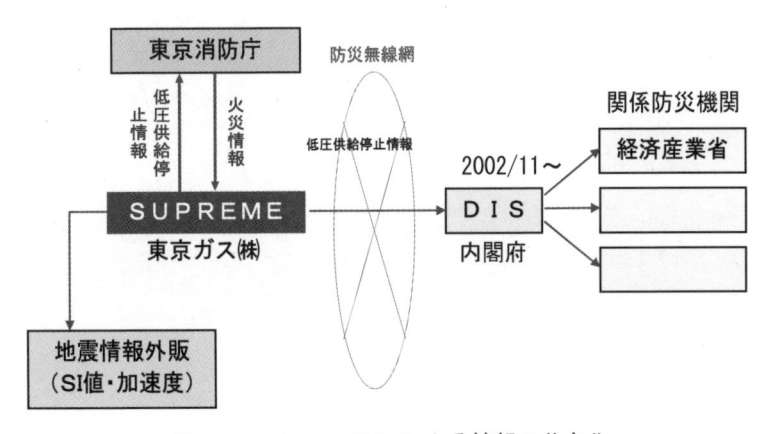

図 2.5.12 SUPREME による情報の共有化

【参考文献】
1) （社）日本建設業団体連合会：建設 BCP ガイドライン
　www.nikkenren.com/publication/pdf/2006_0720.pdf
2) 中山渉：建設 BCP ガイドライン
　http://www.gita-japan.com/14_conf/day2/TokyoGAS%20Nakayama.pdf
3) 中山渉：「都市ガス供給網における超高密度地震防災システム SUPREME の開発」，土木学会ハンドブック，2007 年 5 月（投稿中）
4) 清水善久，石田栄介，磯山龍二，山崎文雄，小金丸健一，中山渉：「都市ガス供給網のリアルタイム地震防災システム構築及び広域地盤情報の整備と分析・活用」，土木学会論文集，No. 738/I-64, pp. 283-296, 2003.7

第 3 章　情報収集と活用に必要な技術と知識

　大変な勢いで発達していく情報通信環境の中で，生み出される情報は日々膨大な量となって，われわれに大きな利便性を与えてくれます。その反面，われわれがこれら情報を的確に収集して活用するには，情報通信の基本的な技術や情報を取り扱うための基礎知識を学んで身につけて，いつでも使えるようにしておく必要があります。
　第 3 章では，少ない労力で有用な情報を得て，それらの情報を活用するためのさまざまなヒントを記述しています。

3.1 情報収集と活用に必要な技術

3.1.1 ユビキタスネットワークという情報通信基盤

「ユビキタス」(Ubiquitous) という言葉は，ラテン語で「いたるところに在る。遍在する。」[1]という意味です。ユビキタスネットワーク社会は，総務省「情報通信白書（2004年版）」によれば，「いつでも，どこでも，何でも，誰でも」ネットワークにつながることにより，さまざまなサービスが提供され，人々の生活をより豊かにする社会です。「いつでも」とは，パソコンで作業するときだけでなく，日常の生活活動の待ち時間や移動時間などあらゆる瞬間においてネットワークに接続できるということであり，「どこでも」とは，パソコンのある机の前だけでなく，屋外や電車・自動車などでの移動中などあらゆる場所においてネットワークに接続できるということで，「何でも，誰でも」とは，パソコン同士だけでなく，人と身近な端末や家電などの事物（モノ）やモノとモノ，あらゆる人とあらゆるモノが自在に接続できるということです。

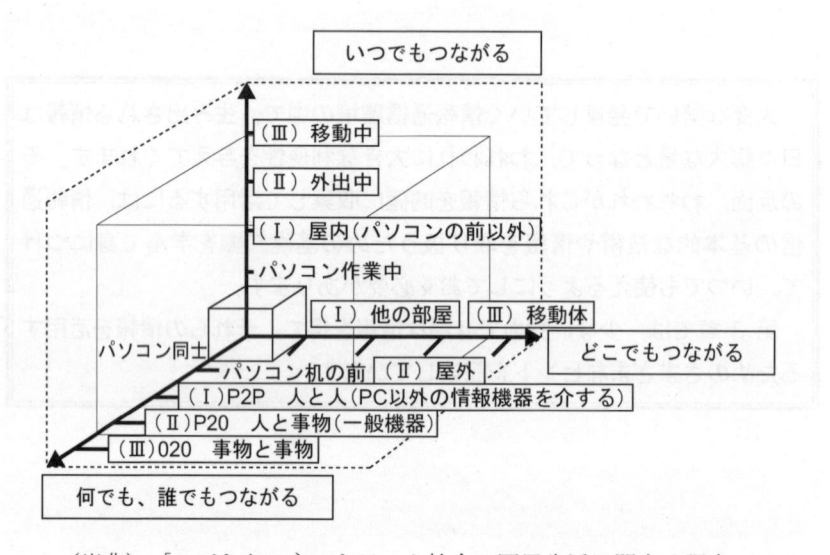

（出典）「ユビキタスネットワーク社会の国民生活に関する調査」

図 3.1.1 ユビキタスネットワーク社会の概念 [1]

ユビキタス自体は，「ユビキタスコンピューティング」と「ユビキタスネットワーク」の両方を意味しており，ユビキタスコンピューティングが「身の回りに存在するコンピュータを利用する環境」であるのに対して，ユビキタスネットワークは「さまざまな端末（ゲーム機器・携帯電話・情報家電等）をネットワーク上で常時接続可能な状態に維持する」という意味で使われています。ユビキタスネットワークが情報通信基盤として本格的に普及したユビキタスネットワーク社会では，誰でも場所を問わず手軽に情報を引き出せ，互いに通信し合うことで生活や経済が円滑に進む社会が想定されます。ユビキタスの特長としては，接続性の飛躍的な向上，固定環境と移動環

境の融合，シームレスで自在なコミュニケーション（可視化，リアルタイム化等）の実現などを挙げることができます。

　このユビキタスネットワーク社会を実現するためには，通信環境と，人やモノが情報にアクセスすることを容易にするユビキタスツール（道具）の発展と普及が必要となります。以下，総務省通信白書（2006年度版）による「通信環境」と「ユビキタスツール」について紹介します。

　通信環境としては，ADSLや光ファイバ（FTTH）などのブロードバンドネットワークや，携帯電話などの無線によるモバイルネットワークが挙げられます。これらによるインターネットの利用人口は2005年で既に8,529万人，世帯利用人口普及率は66.8%に達しています。

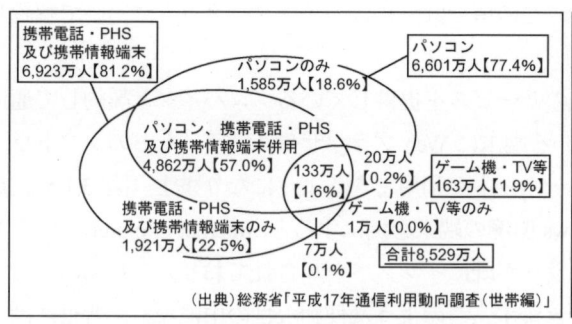

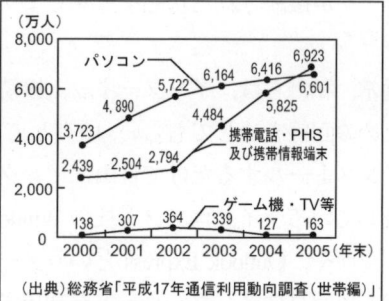

図 3.1.2　インターネット利用端末の種類[1]　　　　図 3.1.3　利用人口推移[3]

　通信環境の特徴としてインターネットのモバイル化が進んでいることが挙げられます。携帯電話などの移動端末による利用者は推計6,923万人となり，パソコンによる利用者数6,601万人を逆転し，携帯電話などによるインターネット利用率は57.0%に達しており，2人に1人以上が携帯電話などモバイルネットワークを通じてインターネットへ接続を行っていることになります。

　一方，公衆無線LANサービスの利用率を見ると，インターネット利用者の6.2%に過ぎず，あまり普及しているとはいえません。主な利用場所では，ホテルなどの宿泊施設（50.1%），空港・駅等の公共空間（39.1%），レストラン・喫茶店等の飲食店（19.2%）であり，今後「WiMAX（ワイマックス）」（米国電気電子学会IEEEで検討されている高速無線データ通信規格IEEE802.16の通称）などの新技術の登場などによる安価で高速なモバイルサービスとして普及が進展することが期待されます。

　ユビキタスツールとしての情報通信機器は，携帯電話など携帯情報通信端末が中核となりつつあります。携帯情報通信端末は，携帯電話をはじめとして，デジタル・オーディオプレーヤ，ノートパソコン，PDA等さまざまな端末があり，現在これらの端末については，次世代の携帯情報通信端末へ向けて，各種機能の集積と融合が進んでいます。スケジュールや住所録といった個人情報を扱い，通信機能と組み合わせて電子メールをやりとりし，パソコンで利用する文書や表計算ソフトのファイルが取り扱えるものも登場しています。

　また，ほかのユビキタスツールとしては，ICタグや情報家電および自動車・オフィス・工事現場等に備えるセンサや通信機などの各種情報機器が挙げられます。特にICタグは，事務所内の備品設備などの管理ばかりでなく屋外での構造物点検管理など幅広い活用が期待されています。

3.1.2 インターネットの標準技術とソフトウェア

近年,さまざまな情報の検索やショッピング,情報を発信する手段として多くの人々がインターネットを利用するようになっています。インターネットは,もともとアメリカの国防総省による国防用分散型ネットワーク研究が発端で,1986年に学術機関を結ぶネットワーク基盤に分割された形で始まりました。1990年代からは,一般の国民向けにも急速に広まりました[2]。

インターネットと呼ばれる用語は,広義の意味で使われる場合（an internet）と狭義の意味で使われる場合（The internet）とがあります。広義のインターネットは,複数のネットワーク同士が国際的な規模でつながった状態のことを意味します。狭義のインターネットは,今日皆さんに最も利用されている用語であり,決められた通信の約束事（通信プロトコル）に従って国際的にネットワークが接続された状態を意味します。この項では,狭義のインターネットについて解説します。

通常,私たちは,インターネット接続のサービスを提供しているプロバイダと契約して通信するための回線を通してもらい,所有している端末にWebブラウザやメーラーなどのソフトウェアをインストールするだけで自由にインターネットが利用できるようになります（図 3.1.5）。最も普及しているマイクロソフト社のWindows環境の端末を例にすると,Internet ExplorerというWebブラウザや,Outlook Expressというメーラーが既にインストールされており,これらのソフトを利用して容易にインターネットが利用できます。このような便利な世の中になった背景には,さまざまな技術の創出とその標準化作業,たくさんのソフトウェアの開発などが貢献しています。

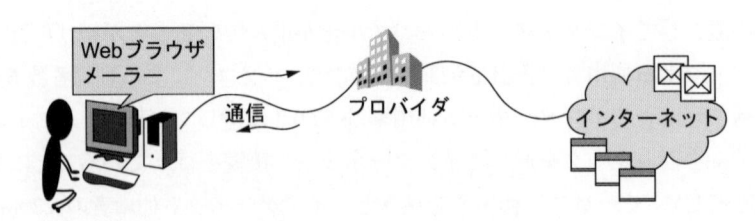

図 3.1.4 インターネットの概要図

(1) インターネットの標準技術

私たちが何も意識しない状態でインターネットを利用できるようにするために,さまざまな技術が開発され,そして標準化されています。インターネットの標準技術の勘所は,データの送受信（通信）方法,送受信するデータの表現方法の2点です。

機種に依存しない状態で通信するためには,まず通信するための約束事を決める必要があります。次にさまざまなデータを送受信するためには,データの送り方・受け取り方の約束事を決める必要があります。これらが通信プロトコルと呼ばれるものです。

機種に依存しない状態でさまざまなデータを利用するには,データの表現方法に関する約束事を決める必要があります。データの表現方法において代表的なものにマークアップ言語と呼ばれるものがあります。インターネットの世界では,HTML（Hyper Text Markup Language）と呼ばれる言語が標準として最も普及しています（図3.1.6）。

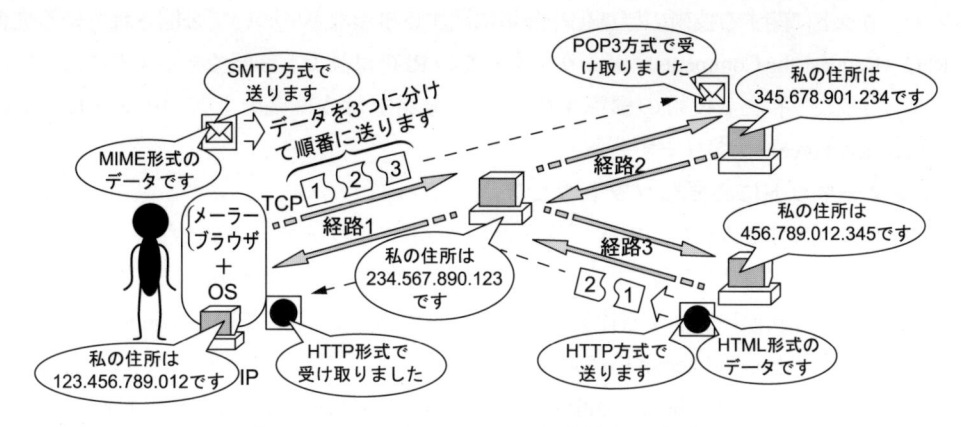

図 3.1.5 インターネットの標準技術と仕組み

① 通信プロトコル

まず，インターネットで通信する際に，通信しようとしているコンピュータ端末と相手側のコンピュータ端末とがどこにいるのかを特定しなければなりません。また，どういった経路をたどってコンピュータ端末間で通信するのかを決定しなければなりません。コンピュータ端末を特定して通信経路を選定する標準として IP（Internet Protocol）があります。

次に，どのようなデータの送受信方法で通信経路をたどるのかを決める必要があります。私たちの世界で例を挙げると，東京駅から土木学会に行くのに，自転車，車，電車のいずれかで行くのかを決めることが該当します。このデータの転送方式に関する標準として TCP（Transmission Control Protocol）と UDP（User Datagram Protocol）とがあります。

特定のデータを送受信するための取り決めもあります。私たちの世界で例を挙げると，電車という交通手段を使う際，定期券を利用するのか切符を利用するのかを決めることが該当します。Webページのデータを送受信する仕組みとしては，HTTP（Hypertext Transfer Protocol）や FTP（File Transfer Protocol）があります。メールを送信する仕組みとしては，SMTP（Simple Mail Transfer Protocol）があり，受信する仕組みとしては，POP3（Post Office Protocol）や IMAP（Internet Message Access Protocol）があります。

② データの表現方式

私たちがよく口にする「インターネットを利用する」という言葉は，Webサイトを閲覧することとメールを利用することを指しています。これらのデータをさまざまなコンピュータ端末で利用するために，データの表現方法についても取り決めが作られています。

Webページのデータを表現する方法に HTML があります。HTMLは，タグという山カッコ（< >）で表された決まった様式の中に，表示したい文字などを記入すると，Webページでその文字が表示されるような仕組みになっています。

メールのデータを表現する方法に MIME（Multipurpose Internet Mail Extension）があります。MIMEは，言語や画像，音声，動画等を扱うための規格であり，例えば，単純なテキスト文章に加え画像ファイルを添付した際には，この画像をテキスト文書（ASCII という文字コードの列）に変換して送信する仕組みを提供しています。

第3章 情報収集と活用に必要な技術と知識

インターネットに関する技術の標準化や運用に関する事項などについて公開されている文書として RFC（Request for Comments）[3]があります。この RFC は誰でも参照できるようになっています。このインターネット技術の標準化のための議論を行う機関として IETF（The Internet Engineering Task Force）があります[4]。

(2) インターネットに必要なソフトウェア

Web ページを閲覧する際には，Web ブラウザというソフトウェアが必要になります。この Web ブラウザは，HTTP 方式で送られてきた Web ページ（HTML 文書）を解釈して，皆さんが視覚的に閲覧できるような状態に変換する作業を担っています。最も普及している Windows 環境の端末には，Web ブラウザとして Internet Explorer が既にインストールされていますが，ほかにも代表的な Web ブラウザとして，Mozilla（Mozilla Firefox1 も含む），Opera，Netscape 等があります。また，情報検索などやニュース配信のデータを受け取るために，Web ブラウザに追加でインストールするソフトウェア（Yahoo!Japan ツールバー，Google ツールバー，RSS リーダー等）があります。

メールを閲覧するには，メーラーというソフトウェアが必要になります。このメーラーは，POP3 方式で送られてきた MIME 形式のデータを，皆さんが利用できるテキスト文字や画像などに変換する作業を担っています。また，皆さんが書いたメール文書や添付したファイルを MIME 形式のデータとして SMTP 方式で送信する作業を担っています。Internet Explorer と同様に，Windows 環境の端末には，メーラーとして Outlook（Outlook Express も含む）が標準インストールされています。ほかにも代表的なメーラーとして，Mozilla Thunderbird や Web メーラーなどがあります。

図 3.1.6 ソフトウェアの仕組み

3.1.3 情報検索の仕組み（Yahoo!Japan，Google）

もともと知っている Web ページを閲覧する場合は，URL（Uniform Resource Locator）という Web ページが配置されている場所を直接指定することでそのページを閲覧することができます。例えば，土木学会の URL は，http://www.jsce.or.jp です。しかしながら，あるキーワードを含んでいる Web ページを閲覧したいが，それらがどこにあるのかが分からないといった場合，なんとかして Web ページを検索する必要があります。この検索するというサービスを提供している Web サイトがいくつかあり，代表的なものに Yahoo!Japan，Google があります。例えば，土木学会のホームページを閲覧したいが URL が分からないといった場合，Google のページで「土木学会」というキーワードを入力して検索をしてみると，いくつかの結果が表示されます。これらの結果の中から，該当しそうなタイトルを選択するだけで目的の Web ページにたどり着くことができます。

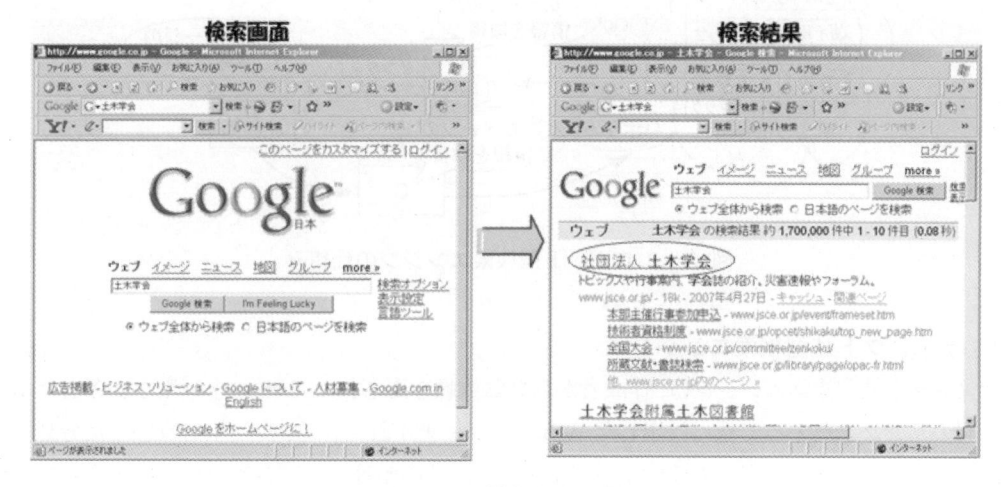

図 3.1.7 情報検索の例

このように，たくさんの Web ページから目的のページを探し出せるようにするため，情報検索を提供している場所では独自の仕組みを開発しており，検索を行う仕組みは検索エンジンと呼ばれています。検索エンジンが担っている主な動きには，下記の3点があります。
・インターネット上に公開されているたくさんの Web ページの情報を蓄積する
・収集した Web ページの情報の中から，単語（キーワード）を抜き出しておき，人が検索を行った際にこの単語群と照らし合わせて，合致した Web ページを結果として返す
・検索結果の中で優劣（順位）をつける

上記のような動きをする検索エンジンは，情報を収集・整理する仕組みによってさらに2つのタイプに分けられ，ロボット型と呼ばれるタイプとディレクトリ型と呼ばれるタイプがあり，これら2つを組み合わせたハイブリッド型と呼ばれるタイプもあります。

(1) ロボット型検索エンジン

ロボット型検索エンジンは，ロボット（スパイダー，クローラとも呼ばれます）と呼ばれる独自に作成されたプログラムが，さまざまな Web ページのリンクを次々とたどっていくことで世界中に散在する Web ページの情報を収集する仕組みになっています。このロボットと呼ばれるプロ

第3章　情報収集と活用に必要な技術と知識

グラムはある一定の日時に動作するように設定されており，新しく作成されたWebページについては，ロボットが動作して情報を収集した時点で検索結果としてヒットするようになります。検索結果を表示する順番としては，入力されたキーワードを多数含んでいる順番で表示するもの，リンクが多数はられているものを信頼できるページと見なしてこの順番で表示するものなどがあります。ロボット型検索エンジンは，多くの情報を保持しているため希少な情報でも検索結果が表示される可能性が高い利点がある反面，膨大な情報を持ちすぎているために検索するキーワードの組み合わせを工夫しないと意図しない結果ばかりが出る欠点があります。

ロボット型検索エンジンの代表的なWebサイトにGoogle[5]やinfoseek[6]があります。

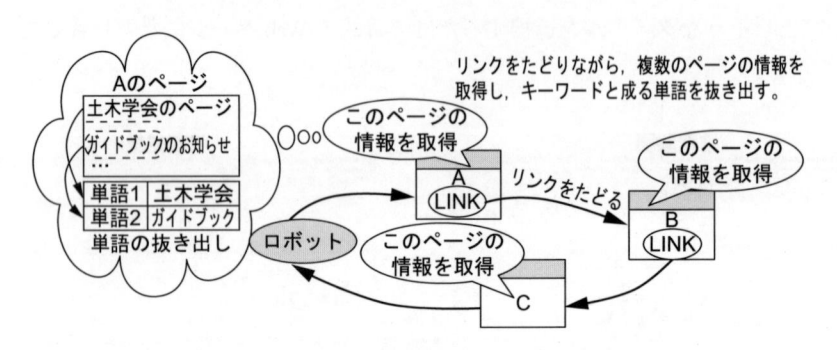

図 3.1.8　ロボット型検索エンジンの仕組み

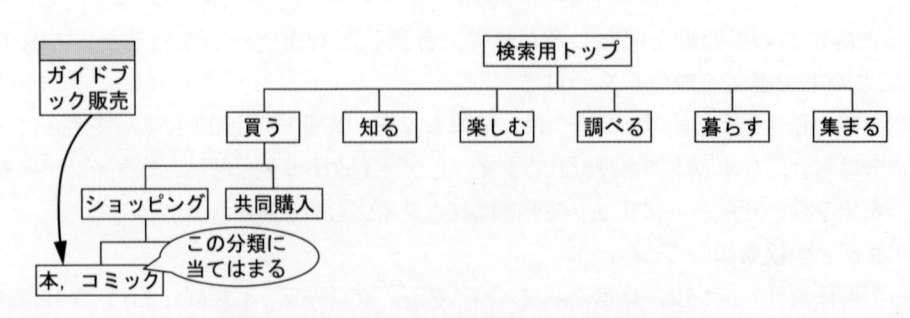

(2)　ディレクトリ型検索エンジン

ディレクトリ型検索エンジンは，作成者から登録依頼を出されたWebページやさまざまなWebページのリンクをたどって見つけ出したWebページに書かれている内容が，どういった分野に当てはまるのかといった観点で人手によって整理され，その整理・分類された結果の中から検索が行える仕組みになっています。ディレクトリ型検索エンジンは，キーワードが思いつかない場合でも分類された項目を選択することで，目的とするWebページを見つけることができる利点がある反面，人手による作業によって整理が行われているために情報更新が遅くなる欠点があります。

ディレクトリ型検索エンジンの代表的なWebサイトに，以前のYahoo!Japan[7]がありましたが，現在では，ロボット型と組み合わせたハイブリッド型に変更されています。

図 3.1.9　ディレクトリ型検索エンジンの仕組み

3.1.4 情報発信の仕組み（ブログ，Wiki）

私たちは，インターネットを利用して情報を収集するだけでなく，情報を発信することもできます。近年，情報発信の手段としてブログやWikiといった機能を利用する人々が増えています。これら2つの機能には，情報を発信しようとしている人が書きたい文章だけを記述するだけで，通常のWebページとして公開されるという共通した特徴があります。つまり，ブログもWikiも，文字列を入力するだけでWebページとして表示できるように作成されたプログラムなのです。

一般的にブログは日記の作成，Wikiは辞典の作成に利用されていることが多いです。

(1) ブログによる情報発信の仕組み

ブログとは，Web上のログ（ウェブログ）という言葉の略称です。ブログを提供しているWebサイトがあり，そのWebサイトに利用登録すると個人のページが与えられます。利用者はこのWebページ上で書きたいことを追記していくことで情報を公開します。一般的にはWeb上で日記を綴る手段として利用されています。ブログには下記の特徴があります。

- 情報の見せ方があらかじめデザインされており，利用者は文字を記入するとそのデザインの中に表示されるようになる
- 利用者が書いた情報に対して，閲覧者がコメントを記入することができ，そのコメントもデザインの中に表示されるようになる
- 同じ内容を書いているほかの人のブログ内容とリンク付けを行い，そのリンク先にリンクをつけたことを通知することができる
- 書いた記事が時系列（日時順）に表示される

最近では，例えばある土木構造物の情報が，個人の旅行記や調査日記などのブログなどに詳しく書かれていることもあり，貴重な情報源となりつつあります。

(2) Wikiによる情報発信の仕組み

Wikiとは，WebブラウザからWebページの作成・編集が容易にできるプログラムです。素早くWebページが作成できることから，ハワイ語で「速い」を意味するWikiWikiという言葉が採用されています。Wikiには下記の特徴があります。

- 複数人でWebページを共同作成・編集して洗練させていく思想を持っている（基本的には誰でも編集できるが、ユーザ登録により編集者を限定することもできる。）
- 情報は，Wikiで定義された構造化文書としてWikiサーバ上に保存される
- Wikiの概念を採用したプログラムが複数作成されており，これらのプログラムをダウンロードして，個人のWebサーバ上で専用のWikiを開設することができる
- Wiki内のさまざまなページ同士のリンク付けが容易なうえに，カテゴリ分け（分類）機能を保持しているため，辞書などの構築にも利用できる

現在最も多数の人に利用されているWikiとしてWikipedia[8]があります。WikipediaはMediaWikiというプログラムで作成されたものです。限定された内容以外のものについては，誰もが編集できる開かれた百科事典となっています。

3.1.5 情報収集・連携・活用の仕組み（RSS，Webサービス）

より効率的にインターネットを活用して情報収集する仕組みである，「RSS」と「Webサービス」

第3章 情報収集と活用に必要な技術と知識

について紹介します。

(1) RSS

RSS（RDF Site Summary）とは，日付と1行のヘッドラインからなるニュース，日記，メール等の概要を表現する規格で，新聞社などニュース配信サイトでの最新ニュース，テレビ局・ラジオ局での番組情報，そのほか各種企業におけるプレスリリースや新製品・新着情報，サポート情報等，RSS を使ったヘッドライン情報として配信する事例が増えています。

なぜ今，RSS が注目されているのかといえば，RSS 対応ブラウザや RSS リーダーと呼ばれている専用ソフトを使うことで，RSS 対応サイトから簡単に最新ニュースの見出しや記事リンク，番組情報，新製品情報，ブログの更新情報等を速やかに集めることができるからです。普段よくチェックするニュースサイトなどへ新しい情報を求めて Web サイトへチェックに行っても新しい情報がなかったり，すでに情報の必要期限が切れていたりすることがあります。また，チェックする Web サイトが多いとそれだけで多くの時間がかかってしまい効率が良くありません。

RSS を使うと，いちいち Web サイトをチェックすることなく，自動的に更新された情報を知らせてくれます。知らせ方もさまざまな形態のものがあり，例えば，メールをしながら更新された情報があるとポップアップで知らせてくれたり，デスクトップ上にテロップとして更新された情報が流れてきたりと自分のスタイルに合わせた形で情報収集することができます。

RSS の RDF（Resource Description Framework）は，ウェブ上にあるリソースを記述するための統一された枠組みで，RSS はこれを用いて Web サイトの見出しや要約などのメタデータ（データについてのキーワードなど情報を記述したデータ）を構造化して記述する XML ベースのフォーマットです。RSS で作成された文書には，Web サイトの各ページのタイトル，アドレス，見出し，要約，更新時刻等を記述することができ，これを用いて多数の Web サイトの更新情報を統一的な方法で把握したり，指定したサイトの RSS 情報を取り込んで更新状況をまとめた Web ページを生成し，デスクトップに指定したサイトの更新情報を表示することができるソフトなどが開発され，公開されています。

図 3.1.10 RSS ニュースサイトの利用例（Goo RSS リーダー：http://reader.goo.ne.jp/）

(2) Web サービス

　Web サービスとは，企業の持つコンテンツやデータベース，それにまつわる各種機能をコンポーネント化してインターネット上で公開し，ほかの自分のホームページやアプリケーションからその機能を利用可能としたものです。Web サービスは，Web サイトと Web サイトが連携し，新しいウェブの機能を形成するとして，次世代のウェブ環境に欠かせない技術だと予測されています。Web サービスを利用することで，独自のサイトやアプリケーションで，Web サービスに保存されているデータを活用したり，独自の機能を作成するといったことが可能となります。

　例えば，Google や Amazon.com などは，自社のデータベースや自社のシステムへのアクセス方法を示す API（Application Program Interface）を公開しており，誰でもそのデータベースや API を活用して新しい機能などを追加したサービスを開発することが可能となっています。

　具体的な例として「じゃらん Web サービス」では，じゃらん net の提供する日本全国の宿泊施設情報を活用して，新しいコンテンツサービスを作ることができる各種 API の使い方，ツールの活用のしかたを提供しています。これを利用すると，じゃらん net の宿泊施設情報をコンテンツとして組み込んだ独自の情報サイトを構築することができます。

　また，Yahoo!Japan 地図情報 Web サービスでは，「ローカルサーチ Web サービス」として，キーワード検索，周辺検索の機能を提供しており，キーワード検索は住所・郵便番号・施設を指定して，その位置情報（緯度，経度）を出力することができます。周辺検索では，位置情報（緯度経度），範囲を指定すると，その範囲内に含まれる施設情報を出力できるようにすることができるのです。

　このように，ユビキタスネットワークが進展し，RSS や Web サービスの利用者のすそ野が急速に広がりを見せている状況のなか，従来のインターネット（Web 1.0）とは異なる新しいインターネットの世界を構築する概念として「Web 2.0」という言葉が脚光を浴びています。Web 2.0 では，サービス提供者が，自ら保有する情報（データベースなど）を広く公開し，他者による利用を積極的に促すというオープン志向が多く見られます。

　ユビキタスネットワークという情報通信基盤の進展がもたらす新しいインターネット社会では，ネットワークを介して結び付き，多様な知識を集結しつつ，さまざまな形態の協働（コラボレーション）を行うことが可能となり，このような協働システムを活用したビジネスやサービスが現実化しつつあるのです。

　このようなインターネットを活用して情報収集する仕組みは，土木分野においても有効であり，今後大いに期待できるものです。

【参考文献】
1) 総務省：「情報通信白書（平成 16 年度版，平成 18 年度版），http://www.johotsusintokei.soumu.go.jp
2) PHILIP ELMER-DEWITT：「BATTLE FOR THE SOUL OF THE INTERNET」，
　 http://www.time.com/time/magazine/article/0,9171,1101940725-164784,00.html
3) RFC 編集機関：「RFC Editor Home Page」，http://www.rfc-editor.org/
4) インターネット技術標準化タスクフォース：「IETF Home Page」，http://www.ietf.org/
5) Google㈱：「Google」，http://www.google.co.jp/
6) 楽天㈱：「【インフォシーク】Infoseek，楽天が運営するポータルサイト」，http://www.infoseek.co.jp/
7) ヤフー㈱：「Yahoo! Japan」，http://www.yahoo.co.jp/
8) Wikimedia Foundation Inc.：フリー百科事典「ウィキペディア（Wikipedia）」，http://ja.wikipedia.org/wiki/
9) Tim O'Reilly：「What Is Web 2.0: Design Patterns and Business Models for the Next Generation of Software」

第3章　情報収集と活用に必要な技術と知識

　　　http://www.oreillynet.com/pub/a/oreilly/tim/news/2005/09/30/what-is-web-20.html
10）Tim O'Reilly：「Web 2.0：次世代ソフトウェアのデザインパターンとビジネスモデル（前編）
　　　http://japan.cnet.com/column/web20/story/0,2000055933,20090039,00.htm
11）Tim O'Reilly：「Web 2.0：次世代ソフトウェアのデザインパターンとビジネスモデル（後編）」
　　　http://japan.cnet.com/column/web20/story/0,2000055933,20090424,00.htm
12）梅田持夫：「ウェブ進化論——本当の大変化はこれから始まる」，筑摩書房，2006年

> コラム

Web 2.0 って何？

「Web 2.0」って，まず何と発音すればよいのでしょう。英語では "Web two point oh"，日本語では「ウェブ ニ テン ゼロ」「ウェブ ニ テン レイ」と発音するのが一般的なようです。このように一見専門用語のように見えて，明確な読み方や定義がない用語が IT 分野にはたびたび登場します。IT 分野の活発な動きの中で生まれる新しい発想やビジネスを何かしら新しい呼び名で差別化して印象付けようとするのでしょうか。IT 業界で顕著なこの多少商売がかった新語は，自嘲的な意味も込めて「バズワード（Buzzword）」といわれ，「Web 2.0」がごく一部の人たちの口に上りだした 2004 年末ごろは「Web 2.0」もこのバズワードの一つかと思われていました。

この言葉を広めて結果的にはコンピュータ図書販売と会議・展示会ビジネスを推進している O'Reilly Media, Inc. の社長兼最高経営責任者である Tim O'Reilly 氏が 2005 年 9 月 30 日にインターネット上に公開した文書[9]で「Web 2.0」について具体例を挙げながら包括的な説明をしています。説明のためにさらに多くの新語を含みますが，この英文文書とその日本語翻訳文書[10,11]を Web 2.0 理解の原点として読むことを強くお勧めします。

この中で，Web 2.0 はまず「プラットフォームとしてのウェブ」と説明され，それまでの Web の世界を Web 1.0 として，その代表格の Netscape 社と Web 2.0 代表の Google 社を対比します。Netscape 社も「プラットフォームとしてのウェブ」を標榜してビジネスを展開してきた会社だからです。この事例による対比は，プラットフォームとしてのソフトウェア（Web サーバ，Web ブラウザ）を売ろうとして失敗した Netscape 社とプラットフォーム上でサービスを提供することに徹して成功した Google 社の違いを浮かび上がらせます。以下は Tim O'Reilly 氏の文書の表題と 7 つの見出しに現れた Web 2.0 の原則です。続きはぜひ原典をお読みになってください。また，引き続き理解を深めるための文献[12]も一読をお勧めします。

Web 2.0：次世代ソフトウェアのデザインパターンとビジネスモデル[10,11]

（What Is Web 2.0: Design Patterns and Business Models for the Next Generation of Software）[9]

1. プラットフォームとしてのウェブ（The Web As Platform）
2. 集合知の利用（Harnessing Collective Intelligence）
3. データは次世代の「インテル・インサイド」（Data is the Next Intel Inside）
4. ソフトウェア・リリースサイクルの終焉（End of the Software Release Cycle）
5. 軽量なプログラミングモデル（Lightweight Programming Models）
6. 単一デバイスの枠を超えたソフトウェア（Software Above the Level of a Single Device）
7. リッチなユーザ経験（Rich User Experiences）

3.2　情報収集と活用に必要な知識

3.2.1　情報通信サービスの選択

　情報を収集するにはインターネットや書籍，新聞・雑誌等の紙の情報源が使われますが，ここではインターネットを使って情報を収集するときに必要な情報通信サービスについて述べます。

　まず，インターネットを使うには通信サービスを利用する必要があります。古くは，電話回線を使う方法が主流でした。2000年頃からブロードバンド（Broadband）と呼ばれる高速な通信回線が利用されるようになりました。ブロードバンドはここ数年で急激な発展を遂げ，多種多様に及んでいます。この中で，利用形態や信号伝播経路の違いから次の通信サービスが代表的なものとして挙げられます。

① 　ADSL
② 　CATV
③ 　光ファイバ
④ 　無線

　これらのサービスを選択する場合，利用場所の環境，通信性能，コスト等を考慮する必要があります。選択するために役立つそれぞれの特徴を紹介します。

(1)　ADSL

　ブロードバンドで最初に注目を集め，急速に普及したのが「ADSL（Asymmetric Digital Subscriber Line）」です。電話回線（メタルケーブル）を使った高速データ伝送技術で，ユーザからインターネットへの「上り」と，インターネットからユーザへの「下り」の速度が異なります。既存の電話回線を利用するため手軽に導入できるのが特徴です。回線速度は，上り1Mbps，下り12Mbpsくらいの速度が主流です。上り5M bps，下り50Mbpsというサービスもあります（表3.2.1）（回線速度の数値はすべて最大値で電話局の距離や周囲の電磁波などの影響によって変動します）。

(2)　CATV

　「CATV」は，ケーブルテレビの回線を利用したインターネット接続サービスです。回線速度は128k～30Mbpsですが，下り1.5Mbps程度が主流です。ADSLに対抗して2Mbpsを超えるサービスの提供も増えています。多チャンネルのテレビ番組も見られるメリットはありますが，回線を引き込む工事が大がかりになることがあります。

　一般家庭を中心に急速に利用者数が増えています。都市部の現場では，インターネット接続方法の有力な選択肢として考えられます。

(3)　光ファイバ

　「光ファイバ」は，既存の電話回線（メタルケーブル）に代わって敷設されるガラス繊維のケーブルを使ったインターネット接続です。家まで光ファイバがつながるという意味でFTTH（Fiber To The Home）とも呼ばれています。光ファイバは，通信手段として光を用いるために利用される太さ0.1mmほどのガラスでできた繊維です。通信ケーブルの中では最も高速な通信能力を持ち，これまでもその高速性からほとんどの大手通信業者の基幹回線として利用されてきました。光ファ

イバが工事現場に伸びれば，通信インフラは完成したといっても過言ではありません。データ転送効率も高く，通信速度は 10〜100Mbps とほかを圧倒しています。まだサービスの提供地域にも制約があり，人里離れた地域にある工事現場などでは利用できない場合もあります。

(4) 無線

「無線」は，その名のとおり無線を利用したインターネット接続方法です。ケーブルの引き込みが難しい環境でも利用できるのがメリットです。「無線」には無線 LAN や FWA（Fixed Wireless Access；加入者系無線アクセス）とも呼ばれるサービスがあり，大都市を中心にサービスが始まっています。数年前は最大通信速度が 1.5〜11Mbps でしたが，今は，11〜54Mbps が主流です。

過疎地や山間部でも公共機関が利用を展開していることがあるので，ブロードバンドは不可能であると考えている建設現場でも地域の公共機関に相談することを勧めます。

情報通信サービスは電気通信技術の進歩や規制緩和によりますます多様化すると考えられますが，これらのサービスを利用する場合，単に通信サービスを料金の比較だけで選択することは難しくなっています。ユーザはいろいろな通信サービスの特徴や違いをよく理解したうえでサービスを選ぶよう心掛けなくてはなりません。

表 3.2.1 情報通信サービスの種類

接続方法		伝送速度 (bps)	使用料 (円／月)	関　連　URL
ADSL		512k 〜8M	3,000 〜6,000	Yahoo! Japan BB：http://bbpromo.yahoo.co.jp/ アッカネットワークス：http://www.acca.ne.jp/ イー・アクセス：http://www.eaccess.net/jp/ NTT 東日本：http://www.ntt-east.co.jp/flets/adsl/ NTT 西日本：http://www.ntt-west.co.jp/ipnet/ip/adsl/
CATV		128k 〜30M	3,000 〜6,000	CATV インターネットガイド（KDD メディアネット）：http://www.kmn.co.jp//cable/ 日本の CATV： http://www.catv.or.jp/
光ファイバ		10M 〜100M	5,000 〜10,000	有線ブロード：http://www.usen.com/ NTT 東日本：http://www.ntt-east.co.jp/flets/opt/ NTT 西日本：http://www.ntt-west.co.jp/ipnet/ip/bflets/
無線	FWA	1.5M 〜150M	120,000 〜550,000	NTT コミュニケーションズ：http://www.ntt.com/air/ bit-drive（ソニー）：http://www.bit-drive.ne.jp/WLL/
	無線 LAN	64k 〜54M	数千円	ホットスポット（NTT コム）：http://www.hotspot.ne.jp/ M フレッツ（NTT 東日本）：http://flets.com/mflets/

3.2.2 情報検索サービスの利用

無尽蔵といえるほどのインターネットの情報源から希望の情報を探し出すには，「検索」が不可欠です。情報検索サービスについての知識があると速く正確に検索することができます。まず，検索エンジンの仕組みを知っておくと必要な情報を収集しやすくなります。

3.1.3 にて解説したように，検索エンジンとはたくさんの Web ページから目的のページを探し出せるようにするための仕組みで，ロボット型（全文検索型）とディレクトリ型（カテゴリ型）

の2種類があります。ロボット型とディレクトリ型を要約すると，表3.2.2のようになります。

表 3.2.2 検索エンジンの比較

	ロボット型（全文検索型）	ディレクトリ型（カテゴリ型）
仕組み	あらかじめインターネット上の情報を自動的に収集してデータとして蓄積しておき，そのデータを使って検索を実現しています。検索語で検索をかけて，該当した情報を見つけます。	インターネット上の情報（ホームページ）をカテゴリに分類・整理しています。その分類を選んでいくことで，目的の情報を見つけます。
利用場面	探しているものが明確で早く情報を得たいときに使います。 例）会社名がわかっているとき。	探そうとしている情報があいまい。あいまいなアイデアをもとに探すときに使います。 例）どんな建設会社があるのか探したいとき。
使い方	まずポータルサイトにアクセスします。そのページのテキストボックスに求めている語句を入れます。	まずポータルサイトにアクセスします。そこからカテゴリを元に順にたどります。
特徴	検索対象の選択，検索語の種類の選択，絞込み検索（AND）等の応用的な検索機能によって，使い勝手が異なります。各検索サービスによって，検索システムが違うことから，同じ検索語でも結果が異なります。	分類された項目をたどっていくため手間がかかりますが，余計な情報が出てくることはほとんどありません。ロボット型に比べて情報源が少ないという短所があります。
代表的な情報検索サービス名	「Google」（http://www.google.co.jp/）	「Yahoo! Japan」（http://www.yahoo.co.jp/）

　検索エンジンと関連して情報検索サービスにもロボット型とディレクトリ型があります。このロボット型とディレクトリ型をうまく使い分けることによって使い勝手のよい検索を行うことができます。ディレクトリ型を使う場合は探し求めている情報を扱っているポータルサイトを前もって知っておくと便利です。分からない場合は，ロボット型を使って探します。見つけたポータルサイトをブラウザの「お気に入り」に登録しておくと次から探さなくてすみます。

　ロボット型では，検索語を入れて検索を行いますが，一つだけの検索語では大量のページが検索されることがよく起こります。大量のページが検索されても多くのユーザが求める情報が上位に表示されるように工夫されていますが，いつもそうであるとは限りません。検索されるページが多いとき，また，検索されるページが少ないときには，検索サービスに用意されている「検索オプション」やブール演算子（Boolean operator）（以下「演算子」という）と呼ばれる検索用の文字列を活用します。以下に，ロボット型情報検索サービスの検索のテクニックを紹介します。

(1) 検索のテクニック

　GoogleやYahoo! Japanでは，「検索オプション」という特別の検索ボックスが用意されています。「検索オプション」を利用することによって，効果的な検索が可能になります。「検索オプション」については利用する情報検索サービスのオンライン・ヘルプで使い方を確認して下さい。

　「検索オプション」と同じことが演算子でもできます。代表的な演算子は，表3.2.3に示すようにAND, OR, NOTの3種類があります。ほかにもNEAR演算子がありますが，ここでは割愛します。情報検索サービスによって，使うことのできる演算子と演算子の使い方が微妙に異なるの

で注意が必要です。演算子が and, or, not のように小文字，また，AND の代りに「ブランク」または「&」，OR の代りに「|」，NOT の代りに「!」の記号を用いてもかまわない場合があります。ほとんどのサービスでは，AND の代りに「ブランク」を使うことができるので，絞り込みを行う場合は検索語を「ブランク」で区切るという使い方が便利です。

演算子を使うときの一般的な注意点を紹介します。
① 検索語と論理演算子の間にはスペースをはさむ
② 演算子とカッコは必ず半角で入力する
③ 演算子は大文字を使う

表 3.2.3 検索のテクニック（ブール演算子）

演算子	説　明	使用例
AND	両方の検索語を含む情報を検索します。検索されるページが多く，絞り込みたいときに使います。	土木 AND コンクリート 土木 & コンクリート
OR	いずれか一方の検索語または両方の検索語を含む情報を検索します。検索されるページが少ないときに使います。	土木 OR コンクリート 土木 | コンクリート
NOT	一方の検索語を含むが，他方の検索語は含まない情報を検索します。紛らわしい語句のある情報を除きたいときに使います。	土木 NOT コンクリート 土木 ! コンクリート

(2) 検索語の選び方

ロボット型検索サービスを使うときに一番重要なことは「検索語の選び方」です。「何を検索語にするか」で検索がうまくいくか失敗するかが決まるといっても過言ではありません。以下に，検索語の選び方のポイントを紹介します。
① 専門的用語を使う（一般的な語句を使わず，専門用語を検索語にします。例えば，Google で単に「技術」を検索すると検索結果は 2 億件以上ですが，「土木技術」とすると 210 万件と少なくなります。さらに「山岳トンネルの土木技術」とすると 313 件に絞られます。番号や型番を使うと特に有効です。）
② 複数の検索語を使う（多くの検索語を「AND」で結べば結ぶほど絞り込みができます。）
③ 言い換えた語句を使う（検索結果が少なくて，目的のページが検索できなかった場合に言い換えた別の検索語を使います。言い換えた検索語を「OR」で結ぶことにより検索するページの漏れが少なくすることができます。）

(3) 有料情報検索サービスの利用

上述した Google や Yahoo! Japan のサービスは一般に公開された情報を対象にしています。パソコンと情報通信サービスを使っていれば無料で利用できます。しかし，無料であるがゆえに著作権で保護された情報や非公開の情報を入手することが困難な場合があります。Google や Yahoo! Japan などでは検索できない情報を得るためには有料の情報検索サービスを使う必要があります。また，無料であっても Google や Yahoo! Japan などの検索では探せない情報もあります。

第3章　情報収集と活用に必要な技術と知識

3.2.3　情報ポータルサイトの利用

　世界共通の情報基盤であるインターネットを介して誰でも訪れることができる玄関口を備え，そこを拠点に欲しい情報源につながる仕組み，つまり情報ポータル（Portal）と呼ばれる便利なWebサイトがあります。

　土木分野においても数多くのポータルサイトが公開され，訪問者が利用しやすいように工夫されています。運営者によってさまざまで，学会や協会で活動紹介・行事案内ならびに会員対象にサービスの一環として提供されているものや，民間が運営するビジネスライクなもの，そして企業内業務を支援するものがあります。会員などを対象にサービスを提供する場合，別枠でID，パスワードで認証することでセキュリティ上「入口」を制限しています。以下に情報ポータルの基本機能と，種別とそのサービス内容について述べます。

(1)　情報ポータルサイトの機能

　基本的に，情報検索・閲覧・収集・掲載が効率よくできる分かりやすい自由な画面レイアウト機能と，迅速かつ最短時間でのサイト内検索，付加価値の高い情報共有機能があります。

　最近では，個人や協会がブログを利用したポータルも登場してきています。日記形式で最新記事の更新回数を増やし，また気象情報やニュース，緊急情報等のディリーチェックできる機能を付加するなどの工夫を凝らし，利用者の訪問回数を増やそうとしています。

　ポータルの機能を次に挙げます。ポータルによっては①や②のサービスを提供しています。

① 柔軟な画面レイアウト機能

　画面レイアウトを自分の使いやすいように設定できる機能です。画面は事前に管理者側で設定された固定エリアと自由設定エリアに分かれます。自由設定エリアでは利用者が必要とする情報を見やすく，機能を使いやすい設定ができます。的確な情報を自分専用のレイアウトで閲覧できるため，愛着が湧き便利性や利用度も向上します（図3.2.1）。

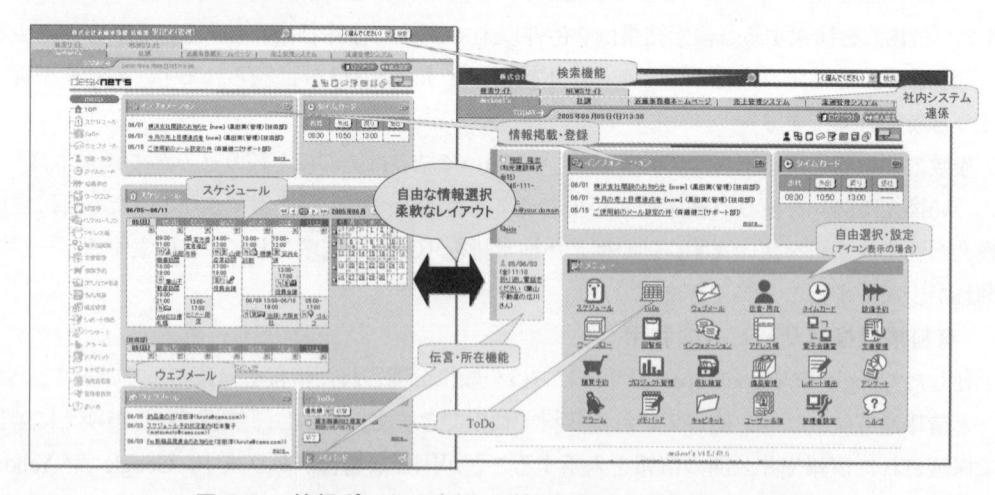

図 3.2.1　情報ポータル事例（(株)ネオジャパン Desk net's）

3.2 情報収集と活用に必要な知識

② 情報共有機能

ブラウザで利用できる情報提供・収集・発信ツール，Web メール，掲示板，電子会議室，スケジュール管理，チャット等，利用者がインターネットを介し情報収集・交換・連携できるツールや機能があります。

③ サイト内検索機能

全文検索やカテゴリ別の検索，ファイル形式指定検索など，自分のパソコンのハードディスクやデータベースを検索するように高速かつ高度な検索方法が用意されています。

(2) 情報ポータルの種別とサービス内容

前にも述べたように，情報ポータルサイトは，一般顧客を対象とした商用ポータルと学会・協会の会員サービスに特化した会員ポータル，そして企業（組織内）ポータルの 3 つに大きく分かれます。

① 会員対象の学会，協会ポータル

協会・学会活動を支援し成果を広報することで業界の発展に貢献するとともに，「相談窓口」や無料の講習会や研修など所属会員に限った情報サービスを提供しています。最近では，会議の議事や講習会・研修会の成果をタイムリーにブログに掲載し連係したポータルも登場しています。

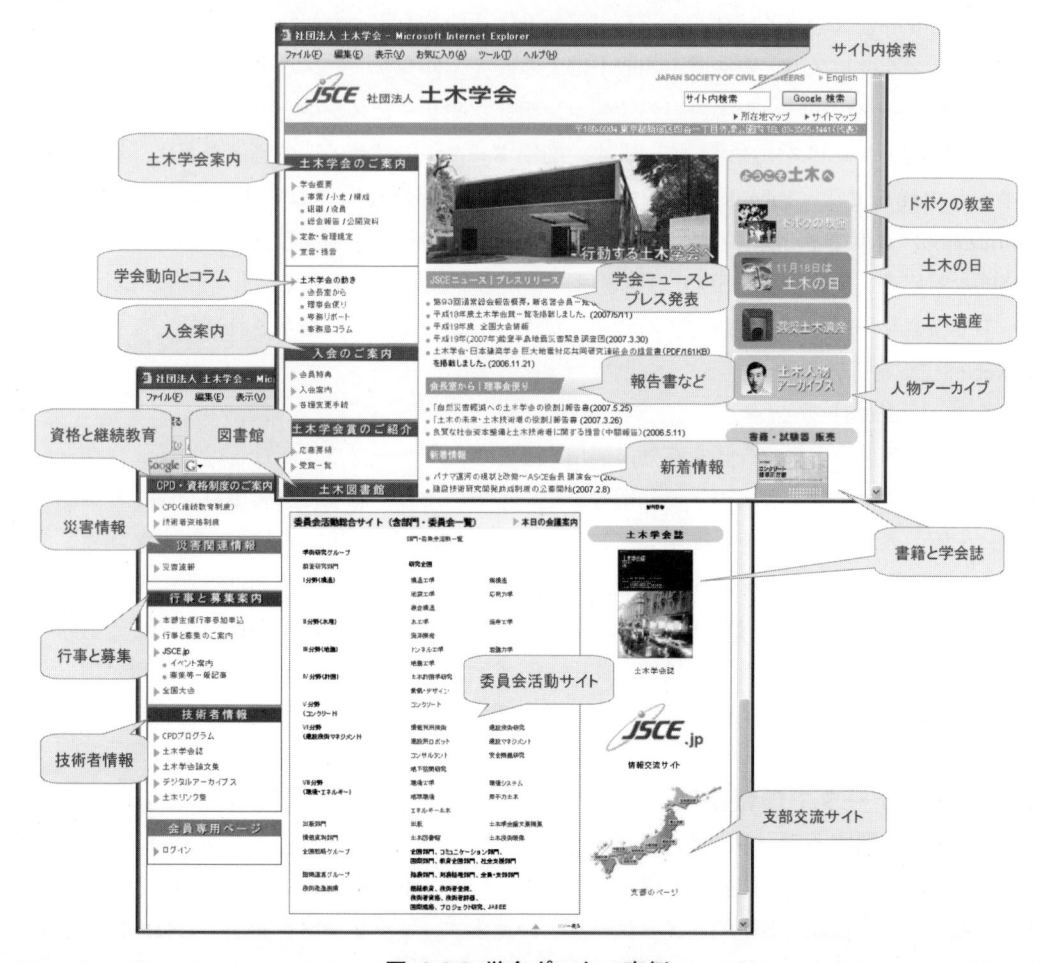

図 3.2.2 学会ポータル事例

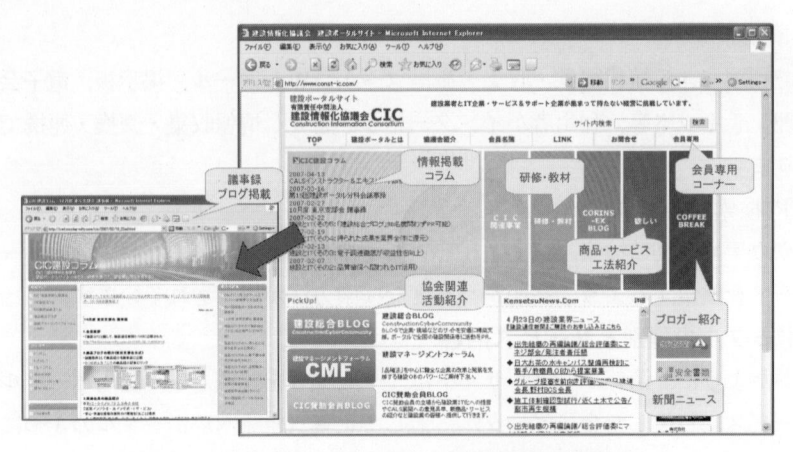

図 3.2.3 協会ポータル事例（建設情報化協議会）

② 商用ポータル

商用では Yahoo! Japan や Google などの検索エンジン系のサイトや So-net や BIGLOBE，@nifty などのネットワークプロバイダ系のサイトがそれぞれ強みを生かし展開しています。ブラウザで利用できるサービスや，インターネットで必要とする機能をすべて無料で提供して利用者数を増やし，商品・サービスの広告や電子商取引による販売と仲介サービスなどで収益化しています。商用の建設ポータルでは，土木分野の情報コンテンツやサービスを中心とした画面構成にして建設関連の商品・サービスに誘導しています。商用ポータルではサイトの価値を高め，業界の人気サイトとなれるよう，Yahoo! Japan などの検索エンジン最適化，つまり SEO（Search Engine Optimization）対策など，訪問者数やアクセス数を細かく分析し，画面設計やコンテンツについて戦略的な対応をしています。SEO 対策とは，利用者が検索エンジンで欲しい情報に関するキーワードで検索をかけたとき，運営するサイトが 1 ページ目の上位に表示され選択してもらえるよう Web ページを工夫し改善することです。

③ 企業（組織内）ポータル

企業内の情報共有と経営資源を有効に活用するため，グループウェアなどのコミュニケーションツールを使い，イントラネットで利用者が使いやすいよう，個々に必要項目を選択し画面上に柔軟に配置し表示できる機能を提供しています。例えば，スケジュール管理や設備予約，プロジェクト管理やワークフロー，文書管理，業務システム等があり，それぞれ相互に情報連携することも可能です。これは，EIP（Enterprise Information Portal）と呼ばれ，業務の効率化と情報の戦略化に寄与しています。また，社員の主体性（アイデンティティ）を培うための情報発信ツールとしてイントラブログ（企業内ブログ）の利用も増えてきています。

3.2.4 メタデータで情報整理

(1) データに関するデータ 〈メタデータ〉

メタデータとは，データに関する構造化されたデータ（structured data about data）と定義されます。目録，索引，抄録は典型的なメタデータといえます。メタデータを記述する目的は，情報の属性記述，情報の検索，情報の維持管理，情報の取引等さまざまです。身近な例をとれば，新聞

のテレビ欄は，テレビ番組というコンテンツそのものではなく，そのチャンネル，放送時間，放送言語，タイトル，主な出演者等の項目を示しており，データに関するデータといえます。ホームページのソースコードの最初に書かれている，タイトル，キーワードなども，まさに，コンテンツそのものであるホームページではなく，それの概要を示す，データに関するデータです。

図3.2.4には，図3.2.3のホームページのソースの一例を示します。

メタデータに記述する項目や，記述する形式をメタデータスキーマといいます。本節では，インターネット上に存在する情報資源を活用する目的で，整理分類に用いられるメタデータおよびメタデータスキーマに関する基本的な知識を述べます。

```
<html>
<head>
<title>建設情報化協議会　建設ポータルサイト</title>
<meta http-equiv=Content-Type content="text/html; charset=Shift_JIS">
<meta name="keywords" content="CIC,建設情報化協議会,建設,情報化,CALS,電子納品,電子入札,CALS 研修,電子納品 研修,CAD 研修,CORINS,持たない経営,建設経営,情報化コンサル,イーラーニング,e-learning,講習会講師,人材派遣,電子納品代行,建設ポータル,建設技術,工法,建設工法,工法協会,技術協会,RCALS,中間法人">
<meta name="description" content="建設情報化協議会　建設ポータルサイト">
<link rel="stylesheet" href="css01.css" type="text/css">
<script language='JavaScript' src='js01.js'></script>
</head>
<body>
（略）
```

図 3.2.4 ホームページのソースコードの一例

(2) 元祖メタデータ〈ダブリンコア〉

情報資源の管理・検索のためのメタデータには以下の3種があります。
・Descriptive メタデータ：情報の検索に用いられる。
・Administrative メタデータ：情報の管理に用いられる。
・Structural メタデータ：情報の形状的特性に関する記述。

ダブリンコア（Dublin Core）は，世界で最も早く制定されたメタデータです。図書館におけるメタデータの標準化活動の成果であり，1995年頃からDCMI（Duplin Core Metadata Initiative）によって開発されたインターネットにも対応する，情報発見のためのメタデータスキーマです。表3.2.4に示す15の要素からなります。ダブリンコアは，異なる分野にまたがって利用できる属性を抽出しており，多様な分野の多様なコミュニティにまたがった利用ができます。また，Warwick Framework という，いくつかの異なるメタデータスキーマを組み合わせてメタデータ記述を行う枠組みであり，これにより，メタデータ間の相互運用性を高めています。さらに，意味的要素のみをダブリンコアは与えており，構造的要素

を分離したことで,さまざまな表現形式に対して制約をなくしています。

表 3.2.4 メタデータの元祖・ダブリンコアの構成要素[1]

No.	要素名	説明
1	Title	Creator や Publisher により与えられた名前
2	Author or Creator	内容に第一の責任を持つ個人または組織
3	Subject and Keywords	主題とキーワード
4	Description	文章による内容説明
5	Publisher	現在の形にした組織
6	Other Contributor	ほかの重要な貢献をした個人や組織
7	Date	現在の形で利用できるようになった日付
8	Resource Type	内容区分
9	Format	データ形式
10	Resource Identifier	一意に識別するための文字や番号
11	Source	出典を一意に識別するための文字や番号
12	Language	記述言語
13	Relation	ほかの情報資源との関係
14	Coverage	空間的、時間的特性
15	Rights Management	アクセス制限に関する情報へのリンク

(3) コンテンツと ID をメタデータで連携

　世の中には,多くの ID(Identifier:識別子)があります。われわれが日常的に用いているものだけでも,電話番号,銀行の口座番号,会社の身分証明書番号,郵便番号,商品に貼られたバーコード,製品番号や製造番号,学籍番号,各種カードの ID 番号等,すべてそれにつながる実体としての,電話,住所,商品情報等が関連付けられています。ID は通常単なる数字や文字の羅列ですから,ID からコンテンツのメタデータのアドレスを探して,その内容を読みにゆくことで,検索,決済,そのほかのさまざまな処理を行うことが可能となります。

　コンテンツ・ID・メタデータの三者は以下のようなさまざまな形で連携することができます。
① コンテンツ→ID→メタデータ(コンテンツに埋め込まれた ID を取り出し,ID からデータベースに登録されたメタデータを取得する場合など。)
② ID→メタデータ→コンテンツ(ID から,そのコンテンツを取得する場合など。一旦メタデータからコンテンツの位置情報を得る。)
③ メタデータ→ID→コンテンツ(メタデータから,それに該当する ID を検索し,その中から絞り込んでコンテンツを取得する場合など。)

　近年,その利用が急速に広まっている IC タグは,デジタルコンテンツに ID を付する代わりに,モノに付された ID といえます。IC タグの場合,リーダーにより ID を読み取り,そのモノに関するメタデータの情報にたどりつくシステムです。したがって,デジタルコンテンツにつけられた ID と同様に,モノあるいはコンテンツから,それの価値を知る上で重要なメタデータが自動的に引き出されるわけです。

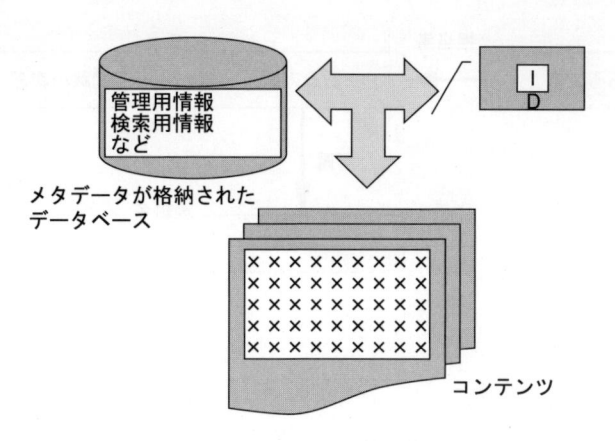

図 3.2.5 メタデータ・ID・コンテンツの連携[2]

(4) メタデータ，オントロジー，そしてセマンティックウェブへ

メタデータスキーマは，図 3.2.6 に示す階層モデルで表現することができます。意味定義層は，属性や属性値型をあらわす語と語彙を定義します。中間の抽象構文層は，記述形式に依存しない構文によるメタデータの表現形式を決める層です。最上位の具象構文層は，HTML や XML などの記述形式を決める層です。このように階層構造で考えることにより、メタデータの総合運用性が高まります。

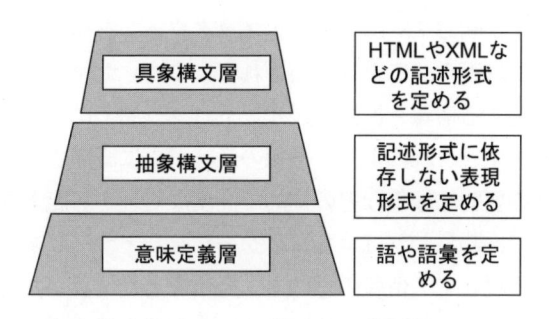

図 3.2.6 メタデータスキーマの階層モデル[1]

RDF は，Web 上における XML を利用したメタデータ記述の基盤として定義された枠組みです。DCMI では，RDF を Duplin Core メタデータの流通のための記述形式と位置付けてきました。RDF のモデルは，情報資源，属性，属性値の 3 要素を組み合わせてメタデータを表現します。例えば，図 3.2.7 に示すように，「ある工事の発注担当者は国土交通省・〇〇地方整備局・武蔵小次郎（仮称）である」という情報については，情報資源＝"ある工事"，属性＝"発注担当者（所属組織，所属部局，氏名）"，属性値＝"国土交通省，〇〇地方整備局，武蔵小次郎（仮称）"となります。

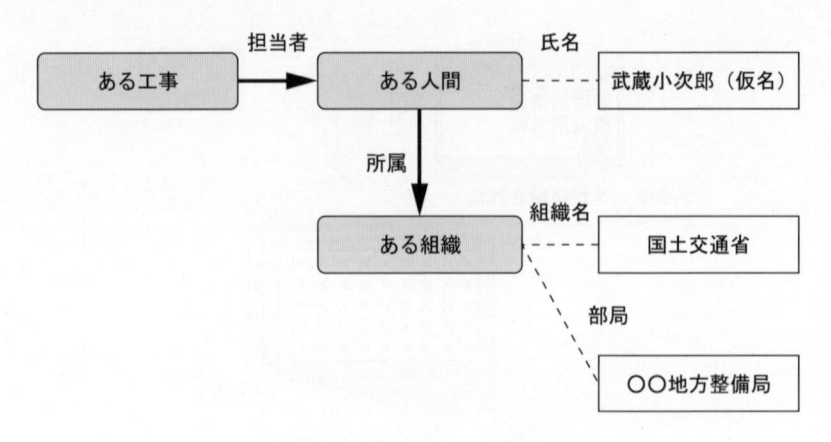

第 3 章　情報収集と活用に必要な技術と知識

図 3.2.7　RDF のデータ構造 [1]

　OWL（Ontology Web Language）は，W3C が XML 上に開発したオントロジー記述言語です。メタデータに限らず，より一般的な語の意味とその体系の定義のために開発されたものです。

　オントロジーは，AI（Artificial Intelligence：人口知能）や大規模データベース，セマンティックウェブ（Semantic Web）の分野では，記述の対象となる世界の事物や概念を表す語と，それらの間の関係を体系的に表すものとして，用いられています。すなわちメタデータを記述するための語の意味と体系がオントロジーといえます。

　セマンティックウェブは，ウェブの創始者であるティム・バーナーズ・リーが 1998 年に提唱した新しいウェブの概念です。図 3.2.8 にセマンティックウェブを構成する要素を階層状に示します。現在のウェブは XML 以下の層により記述されています。セマンティックウェブでは，メタデータ層がコンテンツに関する情報を提供し，オントロジー層では，メタデータ層で記述された情報の意味構造を定義します。これにより，情報の意味が真に認識され，情報の検索性能が向上するばかりでなく，情報の要約や編集などの知的で高度な処理が可能となります。

　インターネットによって，われわれはコミュニケーションとサービスの供与を受けています。セマンティックウェブが実現して，情報の意味を，発信者と受信者が共有できるようになれば，サービスとコミュニケーションの質は革命的によくなると思われます。図 3.2.9 に，従来のウェブ

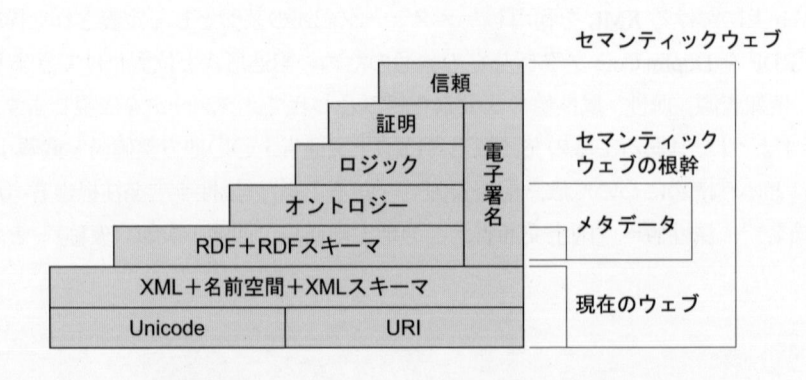

図 3.2.8　セマンティックウェブとオントロジー [2]

3.2 情報収集と活用に必要な知識

従来のウェブでの検索

ラーメン　建物　　検索

- ラーメン屋にトラックが突込み建物はめちゃくちゃ。地上げ屋の作業では…
- 建物の構造には、ラーメン形式が通常用いられている。ラーメンとは…
- ラーメン博物館の建物内では、たくさんの人が汗をかいて各地のラーメンを…

・食べ物のラーメンと、構造形式のラーメンの区別はつかない。
・ラーメンに関する同義語を探すことはできない。

セマンティックウェブでの検索

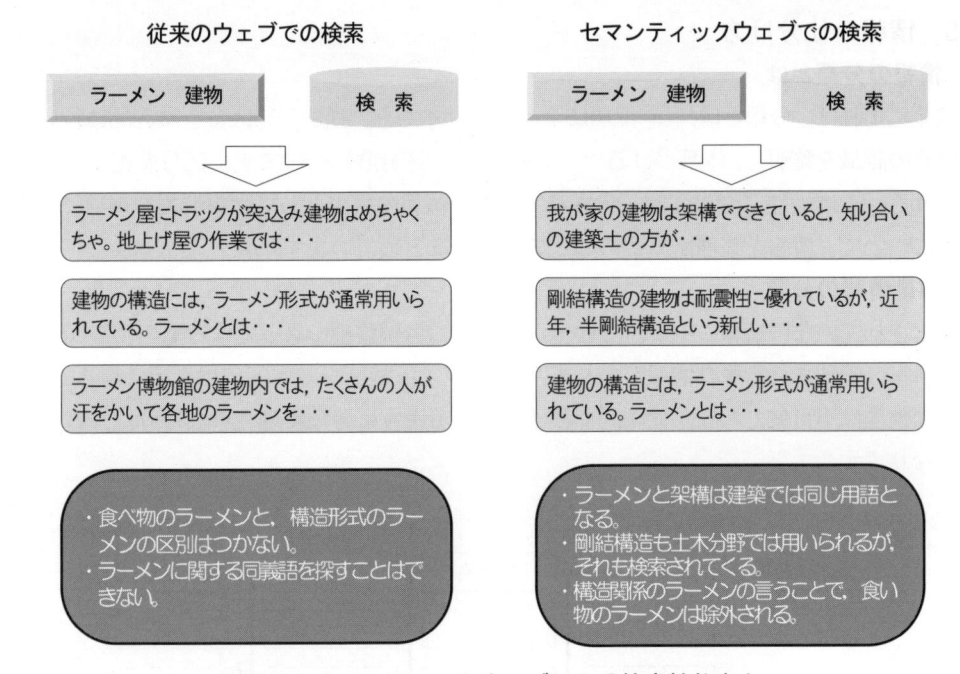

ラーメン　建物　　検索

- 我が家の建物は架構でできていると、知り合いの建築士の方が…
- 剛結構造の建物は耐震性に優れているが、近年、半剛結構造という新しい…
- 建物の構造には、ラーメン形式が通常用いられている。ラーメンとは…

・ラーメンと架構は建築では同じ用語となる。
・剛結構造も土木分野では用いられるが、それも検索されてくる。
・構造関係のラーメンの言うことで、食い物のラーメンは除外される。

図 3.2.9 セマンティックウェブによる検索性能向上

サービスとセマンティックウェブサービスにおける検索性能の相違を示します。

オントロジーはメタデータで記述される語の意味の体系ですので、文化や地域、あるいは時間によってさまざまに変化しますので、これを標準化することはできません。したがって、さまざまなオントロジーが存在する中で、それらを統合して利用する基盤が不可欠となってきます。これについては現在盛んに研究が行われている分野ですので、近い将来、実現されることが期待されます。オントロジーが連携されれば、ウェブ上の別々のサービスがダイナミックに連携されていくと考えられています。

(5) マルチメディア・放送におけるメタデータの活用

出版業界、放送業界を含み、いわゆるデジタル化されたマルチメディアコンテンツに対するメタデータに関して、多くの団体が標準化を進めています。

TVAF（TV Anytime Forum）は、BBC, Microsoft, Disney 等世界 1,690 社以上が中心となって進めています、新しいテレビ放送サービスのための標準化活動です。ここでは、放送の蓄積、インターネットによるマルチメディアコンテンツの流通システム構築、コンテンツの制作、伝送・流通ネットワーク構築等により、"Anytime Anywhere"（いつでも、どこでも）視聴可能な、総合的マルチメディアコンテンツ流通標準を目指しています。

動画の圧縮方式の標準である MPEG についても、メタデータ化が進められています。MPEG-1 は動画・音声の蓄積と検索、MPEG-2 はデジタルテレビに関連する圧縮方式の標準でした。MPEG-4 ではコンテンツのオブジェクト化が行われ、MPEG-7 ではそのメタデータ化が進められました。

3.2.5 情報の仕分け方

(1) 情報の分類とは

広辞苑によれば，分類とは，「①種類によって分けること。種別。②区分を徹底的に行い，事物またはその認識を整頓し，体系づけること。区分した，区分肢について更に区分を施すことによって行われる。」です。ここでは，電子化されていない情報の代表として図書情報を選び，これと電子情報について，情報を整理するための仕分け方をまとめています。

(2) 図書情報の分類[3]

電子化されていない情報の中で，その量が膨大で，分類整理を必要とするものに，図書館あるいは資料室に管理される蔵書情報があります。これらは，検索を基本的には人手に頼ることから，体系的な整理は不可欠であり，効率的な検索ができるように分類整理されなければ，有効活用が難しくなります。

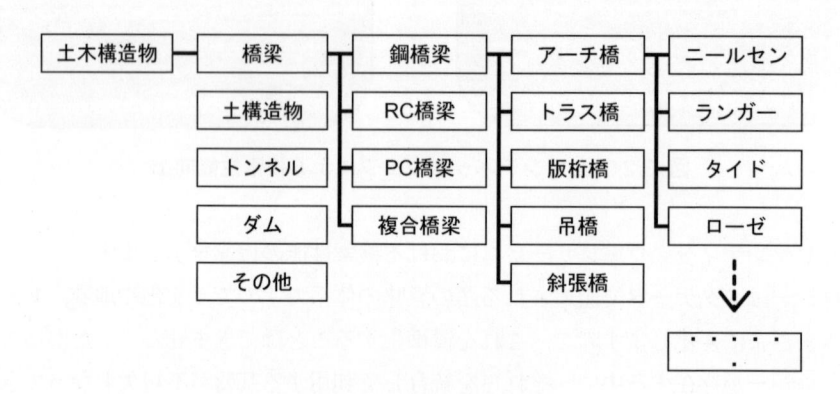

図 3.2.10 列挙型分類の例[4]

図 3.2.11 分析合成型分類の例[4]

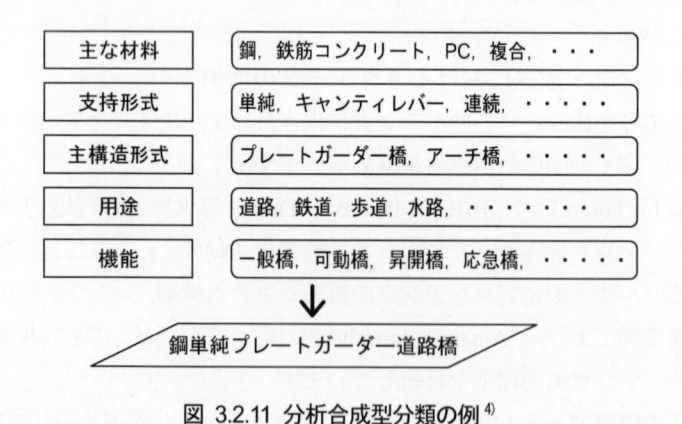

図書分類の方法には，列挙型分類と分析合成型分類があります。前者は，一本の幹が数本の大枝に分かれ，その大枝からさらに数本の小枝に分かれるように，ツリー構造をなします。例えば，科学自然科学—生物学—動物学・・・というようになります。後者は，一系列ごとに細分された分類項目を持ついくつかの特性から構成されるものとし，その特性の合成によって分類する方法

です．例えば，絵画の要素を時代・ジャンル・地域という特性であらわすことにすれば，20世紀・洋画・日本という分類が構成されます．図 3.2.10 および図 3.2.11 に土木構造物を分類する場合を例にとって，これらの相違を示します．列挙型分類の場合，橋梁，土構造，トンネル，ダム等の大項目を列挙します．そして，その各々に対して，中項目，小項目と順次ツリー状に列挙していきます．これに対して，分析合成型では，主な材料，支持条件，主な構造形式等の観点ごとに分類して，それを合成して，鋼単純プレートガーダー道路橋という分類がなされます．

列挙型分類の方法としては，日本十進分類法（NDC: Nippon Decimal Classification），デューイ十進分類法（DDC: Dewey Decimal Classification）等が，分析合成型分類としてはコロン分類法（CC: Colon Classification），ブリス書誌分類法（BC2: Bliss Bibliographic Classification 2nd ed.）等が用いられています．

このように，徹底的に情報を整理することは，膨大な情報を管理するために不可欠と考えられてきました．しかし，近年，発想の全く異なる情報整理法が提案されるようになりました．例えば，東京大学の野口悠紀夫教授の超整理法[4]などはその典型でしょう．超整理法では，個人が管理する多くの資料類の整理を，時間という単一の軸で整理する方法です．ほかの，ジャンルそのほかの特性による分類をすべてなくし，時間軸という，経験した本人がもっとも記憶しやすい尺度ですべての情報を管理することで，検索効率が大いに向上するというものです．IT 社会における分類の 1 側面をうまく使った分類法といえるのではないでしょうか．

(3) インデックス・シソーラス・分類 [4]

インデックス（索引）とは，情報の内容や中身を探すために用いられるものです．例えば，Web サイトのメニュー，文書ファイルのフォルダの名称，図書館における，文学・工学・経済学・・・などという分類に用いる見出しも，すべて情報を効率的に探すためにつけられたインデックスです．

インデックスを付与する方法には，表現分析型と概念分析型があります．表現分析型では情報において用いられている表現を処理してインデックスとする方法で，概念分析型では，情報の内容を分析して，インデックスをつけます．例えば，Yahoo! Japan のカテゴリ検索では，概念分析型でインデックスをつけていますが，サイトの検索では，タイトルや概要からの全文検索という表現分析型と，人が付与した分類項目を検索する概念分析型の両方が用いられています．表現分析型では，検索者は探したい情報を表現する自然語を入力し，検索対象となるデータベースの著者が表現した自然語と照合され，合致する情報を探し出して検索者に提示します．一方，インデクサーと呼ばれる人があらかじめ分類表，相関インデックス，シソーラス等を参照しながら，インデックスを作成します．検索しようとする人は，自分の知りたい情報をインデックス語に変換してそれを検索項目として入力することになります．

分類とシソーラスは，より精度の高い検索を行うためのツールです．分類は，概念的，固定的であるのに対して，シソーラスは，言語的，概念の変化に柔軟に対応します．図書館で多く用いられている件名標目表は両者の中間的なものです．

(4) 情報の分類方法 [4]

電子情報についても，ユーザが個別に情報を探さなければならない場合には，上記の図書情報と同様，体系的に整理分類されることが望ましいといえます．

第3章　情報収集と活用に必要な技術と知識

　分類の作成手順は，以下のとおりです。
① 観点の洗い出し
② 観点の類別，順番づけ（優先順に）
③ 各観点を区分する（各区分について網羅的，排他的に）
④ 分類項目名（必要により分類記号）を付与
⑤ 分類表作成
⑥ 相関インデックス作成

　分類の構造には，前述のように列挙型分類と分析合成型分類があります。コンピュータによる検索においては，一般に分析合成型の方が柔軟で適しています。分類表は，それを用いて実際に検索することで，より洗練されたものに修正することができます。そのようにして分類表が作成されたら，分類表から分類項目名や分類記号を探すための相関インデックスを作成します。そのためには，分類項目名の中に現れる語のほかに，辞書，関連図書，既存のインデックス，シソーラス，そのほかの関連する語や概念などをなるべくたくさん収集して，分類項目名に対応付けます。これによって，類似の語による検索により，目的とする情報にたどり着く，ひらがな・カタカナ・漢字・アルファベット等の用いる文字の違いにも柔軟に対応できるなど，検索性能は一段と向上することができます。

　一方，今日のように，日常的に利用可能なパソコンが高性能化して，検索スピードと能力が飛躍的に向上すると，もはや，整理分類は不必要となる日も近いといえるかもしれません。

【参考文献】
1) 日本図書館情報学会研究委員会編：「図書館目録とメタデータ」，勉誠出版，2004年10月
2) 曽根原登，岸上順一，赤埴淳一：「メタデータ技術とセマンティックウェブ」，東京電機大学出版局，2006年1月
3) 野口悠紀夫：「超整理法」，中公新書，1993年11月
4) 藤田節子：「情報整理・検索に活かすインデックスのテクニック」，共立出版，2001年11月

コラム

Wikipediaの台頭

オープンソースの驚異

　誰もが自由に書き込めて修正削除のできるインターネット空間があったら，いったい何が起こるのだろうか？かつての2チャンネルのような誹謗中傷や風説のゴミ箱が無数にできあがるだけなのか？もしも，ある一定の目的を持って不特定多数で「誰もが自由に書き込めて，修正削除のできるインターネット空間」を創ったら何が起こったか!!

　2001年1月にネット上で誰でも自由に編集に参加できる百科事典としてWikipedia（ウィキペディア）が提案され壮大な実験が始まりました（現在は非営利団体ウィキメディア財団が運営）。

　ウィキペディアとは「知的資産の種をインターネット空間に無償公開し皆で共有する」という理念で運営されるインターネット空間です。そこでは世界中の知識が自発的に結びつき自由に使える空間になり新しい知識資源が創られつつあります。

　これはオープンソースの概念をソフトウェアのみならず実社会全体に適用したらどうなるか，との考えのもとインターネットを背景とした全く新しい概念として生まれてきたもので，すでに仕事の場，生活の場にさまざまな変化をもたらしています。

(1)　膨大な知の集約

　今日ではYahoo!JapanにしろGoogleにしろ，何かを検索すると驚くほどウィキペディアの解説に行き着きます。ブリタニカは百科事典の代名詞ともいわれていますが，収録項目は約65,000です。その一方英語版のウィキペディアではすでに1,769,475項目（英語版，2007年5月）と27倍もの情報量があります。2007年5月で全世界251言語の6,937,572項目，日本語は364,813項目が登録され，日々実時間で更新されています。まさに，活きている百科事典です。

　ウィキペディアをめぐる論争に，その正確性や恣意性などがいわれますが，記述の基本姿勢に，

- すでに第三者により査読された資料によること。たとえノーベル賞級の発見の事実であってもほかでの照査無しでは掲載を認めない。
- 引用元の明示が義務づけられており，このことにより信頼性を確保する。

があげられており，新規性を記述するのではなく，各分野で照査された項目を集めることにより成り立つものとされています。さらに，常時記事は無数の編者（参加者）により評価され，恣意的な記述や誤記は数分，数時間内に修正されているという実験結果も報告されています。

- 100,000項目以上を有するウィキペディア

　　Deutsch（ドイツ語）- English（英語）- Español（スペイン語）- Français（フランス語）- Italiano（イタリア語）- 日本語 - Nederlands（オランダ語）- Polski（ポーランド語）- Português（ポルトガル語）- Svenska（スウェーデン語）- Русский（ロシア語）

- 10,000項目以上を有するウィキペディア

アラビア語，ブルガリア語，ボスニア語，カタルーニャ語，チェコ語，デンマーク語，ギリシャ語，エスペラント，バスク語，ペルシア語，フィンランド語，エストニア語，ガリシア語，ヘブライ語，ハンガリー語，クロアチア語，イド語，インドネシア語，アイスランド語，朝鮮語，リトアニア語，マレー語，ナポリ語，ノルウェー語（イーノシュク），ノルウェー語（ブークモール）ルーマニア語，スロバキア語，スロベニア語，セルビア語，タイ語，トルコ語，ウクライナ語，中国語

(2) 姉妹プロジェクト

ウィキペディア以外のオープンなウィキプロジェクトには以下があります。

① メタウィキメディア（メタウィキ）：ウィキペディアをはじめとしたウィキメディアのプロジェクト群に関するウィキ。

② ウィクショナリー：共同作業によってあらゆる言語の単語の意味・用法・訳語等を収集した辞書を作るプロジェクトで現在，172言語で2,056,461件，日本語で14,950件の語句が収録されおり，誰でもこの辞書を自由に編集ができます。

③ ウィキブックス：自由に利用できるオープンコンテンツの参考書・教科書。日本語版には2,132項目が書かれています。

④ ウィキクォート日本語版：共同作業による引用集プロジェクト。あらゆる言語における著名な人物の発言，有名な作品などからの引用，諺等を集め，公開しています。現在日本語では549項目が収録されています。

⑤ ウィキメディア・コモンズ：893,596本のフリー・メディアファイルを収録しています。

⑥ ウィキソース：パブリックドメイン下で公開されているあらゆる言語の原文を収録する場所。現在，日本語では1,382本の記事があります。全世界で52言語201,778本の記事があります。

⑦ ウィキスピーシーズ：すべてのウィキメディアプロジェクトで使用される全生物の分類を供給することを目的としたプロジェクトで，動物，植物，菌，細菌，古細菌，原生生物等をカバーしています。現在判明している生物種は300万〜1,000万種で，これらを分類し分類名をつける作業が行われています。

⑧ ウィキニュース：ウィキのサイトの情報はボランティアにより書かれたもので，これらの情報を発展させたり，誤字を直したり，事実を修正したり，書き方の提案をしたり，ほかの投稿者と話をしたりするのがウィキニュースです。ウィキニュースもウィキを使っているので，誰でも編集でき，そしてニュースとして報道しています。ウィキニュースでは，第一に，何よりもまず中立的な観点を維持することを念頭におき，特定の主張に偏った記事を書かないことを心がけています。また，すべての記事は信頼性の非常に高い基準を維持するために，出典を明示して書かれています。そして記事に意見や論評を書かないことです。

ウィキペディアの時代

ウィキペディアの出現が社会を大きく変える可能性が出てきています。これまでは海外など

の情報や知識を，書物などを通じいかに早く手に入れるかなどに優位性がありましたが，もはや知っていることは大きな意味を持たなくなる社会が出現しつつあります。いかにして誰でも入手できる，これらの知識を組み合わせて新しい価値をつくれるか，そんな時代が目前にきているようです。

3.3 インターネットを活用した情報収集の例

3.3.1 情報提供サイトの紹介（公的機関）

ここでは，インターネットを活用し情報提供している事例として，公的機関，独立行政法人等が情報提供するWebサイトを紹介します。

(1) 公的機関

① 首相官邸（http://www.kantei.go.jp/）

総理の動き・予定，政策会議等の活動情報について情報提供しています。また，「内閣メールマガジン」では総理および閣僚からのメッセージ，内閣の政策情報などを多国語言語（日本語，英語，中国語，韓国語）で情報発信しています。

図 3.3.1 首相官邸ホームページ

3.3 インターネットを活用した情報収集の例

② 電子政府総合窓口 （http://www.e-gov.go.jp/）

電子政府の総合窓口として，各府省が提供する行政文書ファイル管理簿（情報公開），個人情報ファイル簿（個人情報保護），組織・制度の概要，物品等の調達情報などについて横断的に検索できます。また，府省・機関名・共通掲載情報から，必要な情報を検索することができます。

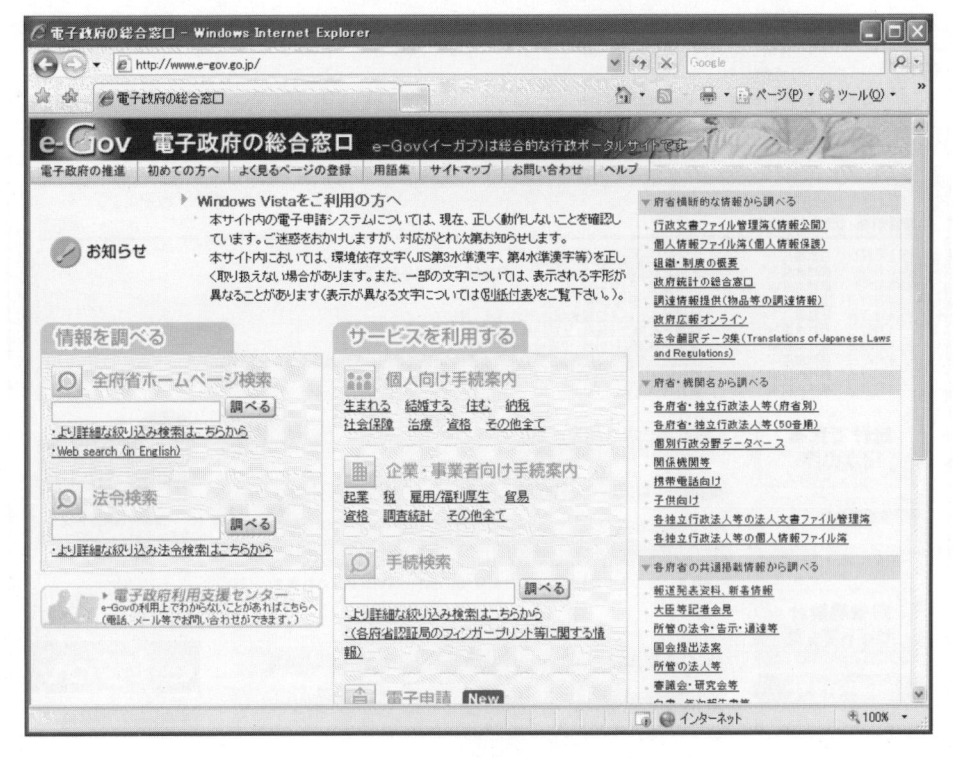

図 3.3.2 電子政府の総合窓口

第3章 情報収集と活用に必要な技術と知識

③ 統計データ・ポータルサイト（http://portal.stat.go.jp/）

　国土・気象，人口・世代，国民経済計算等の分野別統計データ，各府省が提供する統計データを検索できます。検索結果は，表形式表示，グラフ表示，地図表示等，ビジュアルに表示することが可能です。

図 3.3.3 統計データ・ポータルサイト（政府統計の総合窓口）

3.3 インターネットを活用した情報収集の例

④　国土交通省（http://www.mlit.go.jp/）
　国土交通省の報道発表資料，統計情報，調査報告，白書，各種政策，災害情報等，国土交通行政全般について情報提供しています。

図 3.3.4　国土交通省ホームページ

第3章　情報収集と活用に必要な技術と知識

⑤　入札情報サービス（http://www.i-ppi.jp/）

　国土交通省（北海道開発局，本省，各地方整備局），内閣府沖縄総合事務局の工事・業務の発注の見通し，入札公告等，入札結果に関する情報を提供しています。

図 3.3.5　入札情報サービス（PPI）

3.3 インターネットを活用した情報収集の例

⑥ 港湾空港関連入札・契約情報 （http://www.pas.ysk.nilim.go.jp/）
　国土交通省地方整備局の直轄事業（港湾・空港関係）の入札・契約情報を提供してします。工事・業務に分けて，発注の見通し，入札公告など，入札結果に関する情報を提供しています。このサイトでは，物品・そのほかのサービスについても情報提供しています。

図 3.3.6 港湾空港関連入札・契約情報サービス（PAS）

第3章 情報収集と活用に必要な技術と知識

⑦　NETIS 新技術情報提供システム（http://www.kangi.ktr.mlit.go.jp/kangi/index.html）

　国土交通省は，新技術活用のため，新技術にかかわる情報の共有および提供を目的として，新技術情報提供システム（New Technology Information System:NETIS）を整備しています。NETIS は，国土交通省のイントラネットおよびインターネットで運用されるデータベースシステムです。

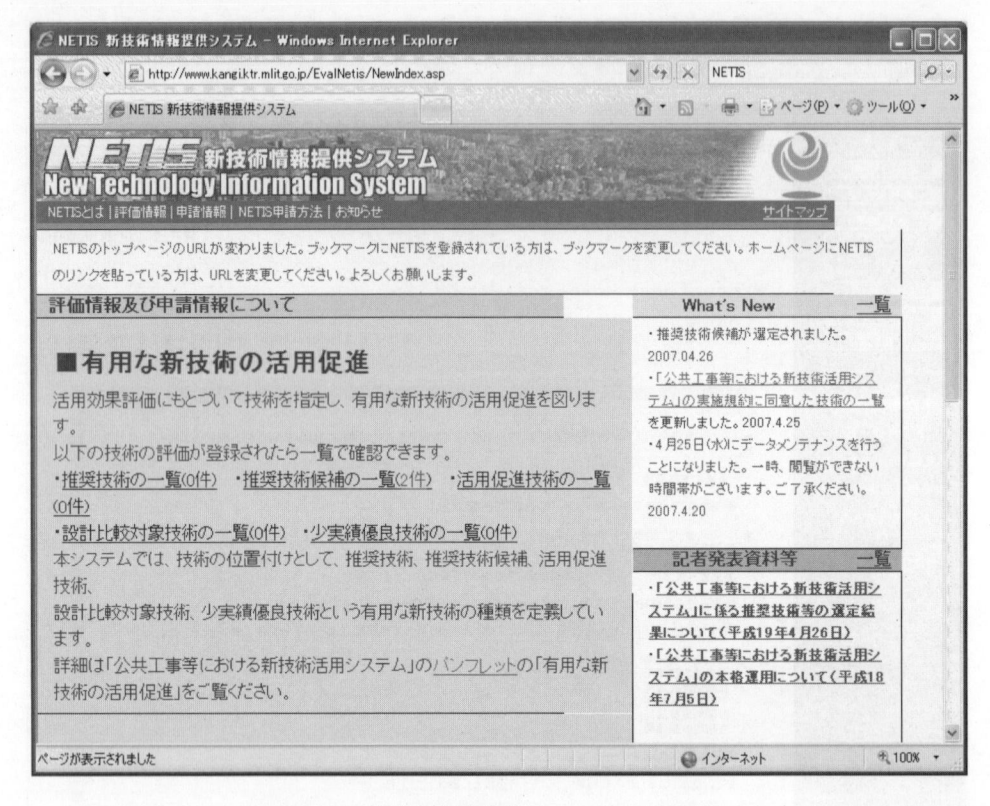

図 3.3.7 新技術情報提供システム（NETIS）

3.3 インターネットを活用した情報収集の例

3.3.2 情報提供サイトの紹介（民間）

① 「JDreamⅡ」（http://pr.jst.go.jp/jdream2/）

科学技術文献が検索できます。収録記事は 4,000 万件で，日本最大級の科学技術文献情報の文献データベースです。国内外の科学技術分野の資料として，科学技術系のジャーナルを初め，学会誌，協会誌，企業・大学・独立行政法人・公設試験場等の技術報告，業界誌，臨床報告等が検索できます。会員登録が必要で，有料で利用します。

図 3.3.8 JDreamⅡ

第3章　情報収集と活用に必要な技術と知識

② 「新聞・雑誌記事横断検索」（http://www.nifty.com/RXCN/）
　全国紙，地方紙，専門紙，スポーツ紙等からの新聞記事検索のほか，週刊誌，経済誌記事等51紙誌のデータベースを横断的に検索できます。会員登録が必要で，有料で利用します。

図 3.3.9 新聞・雑誌記事横断検索

3.3 インターネットを活用した情報収集の例

③ 「PATOLIS」（http://www.patolis.co.jp/）
　特許情報が検索できます。日本で最初の特許情報オンライン検索サイトです。会員登録が必要で，有料で利用します。

図 3.3.10 PATOLIS

第3章　情報収集と活用に必要な技術と知識

④　「いさぼうネット」（https://isabou.net/）

　斜面防災・地質調査・測量・土木設計・土木施工等の土木情報を提供しているサイトです。会計検査情報や土木技術 Q&A などのデータベース，CAD データや資材単価のデータライブラリなどのコンテンツが用意されています。会員登録が必要です。無料と有料のサービスがあります。

図 3.3.11　いさぼうネット

3.4 先進技術の利用可能性

本節では，今後の土木分野の情報化の発展に向けて取り組まれている先進技術の利用可能性として，移動体における高精度測位技術，社会資本の管理技術の開発，センサネットワーク，都市空間における動線解析プラットフォームの開発および道路通信標準を用いた道路管理情報の共有と利活用の内容を紹介します。

3.4.1 移動体における高精度測位技術

(1) 衛星測位技術の現状と課題

移動体における測位技術として，米国国防総省が運用する GPS（Global Positioning System：汎地球測位システム）が主に利用されています。GPS は，船舶，航空機での利用のみならず，近年では約 1,800 万台のカーナビゲーションシステム，約 2,500 万台の携帯電話で利用されています。

GPS 測位の方式と利用分野を図 3.4.1 に示します。

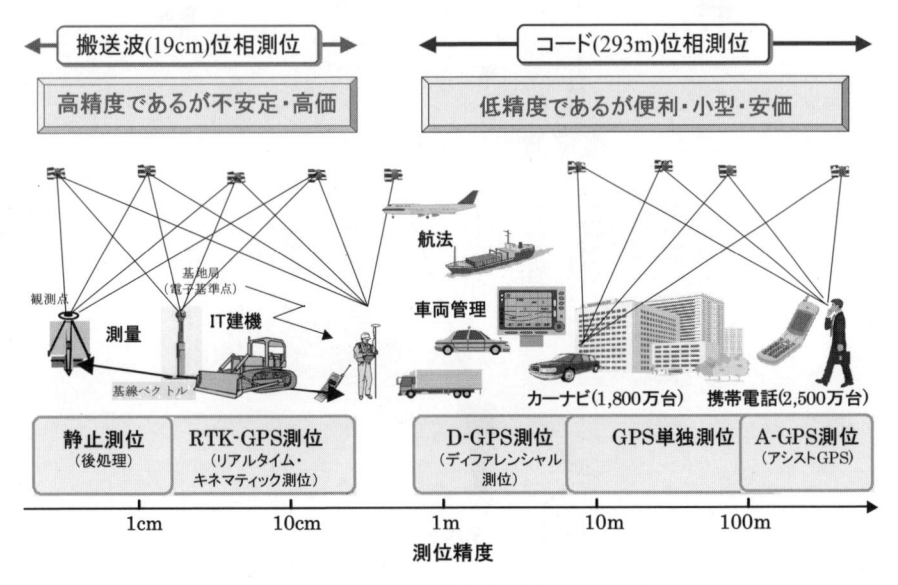

図 3.4.1 GPS の測位方式と利用分野

測位方式は，擬似距離を用いるコード位相測位方式と搬送波位相測位方式に分類されます。コード位相測位方式は，主にカーナビゲーションや携帯電話の位置情報サービスに利用されています。搬送波位相測位方式は，基地局から搬送波位相などの観測データを受信してリアルタイム測位する RTK-GPS（Real Time Kinematic）測位が，土木分野において利用されています。

1994 年に開始された雲仙普賢岳復興工事では建設機械の遠隔操縦によって土砂の掘削や，砂防ダムの建設が行われました。このとき，建設機械の位置計測や出来形測量のために，初めて本格的に RTK-GPS が導入されました。その後，関西空港第 2 期，中部国際空港，神戸空港等におい

第3章 情報収集と活用に必要な技術と知識

ては，GPS 受信機を搭載した振動ローラで転圧管理が行われました．導入にあたっては，大規模工事であり上空視界が良好な場所が適用要件とされています．

移動体において GPS 測位技術を利用する上で，次の問題があります．

- 場所と時間に依存する利用率（Availability）
- GPS 電波の反射による測位精度（Accuracy）の劣化
- 継続性（Continuity）

衛星測位では原理的に少なくとも 4 衛星からの電波を受信する必要があるため，都市部や山間部では測位できない場所が多くあります．特に都市部においては，図 3.4.2 に示されるように，建物や構造物から反射した電波（マルチパス）で精度が大幅に劣化し，数十 m に及ぶ測位誤差が発生します．また RTK-GPS 測位では，電源投入時の整数値バイアス（アンビギュイティ）を求める初期化に数十秒から数分かかります．移動時には瞬間的な衛星捕捉の遮断によるサイクルスリップが多発し，その度に再初期化に数十秒の時間がかかるため，継続して高精度測位を維持することが困難です（図 3.4.3）．

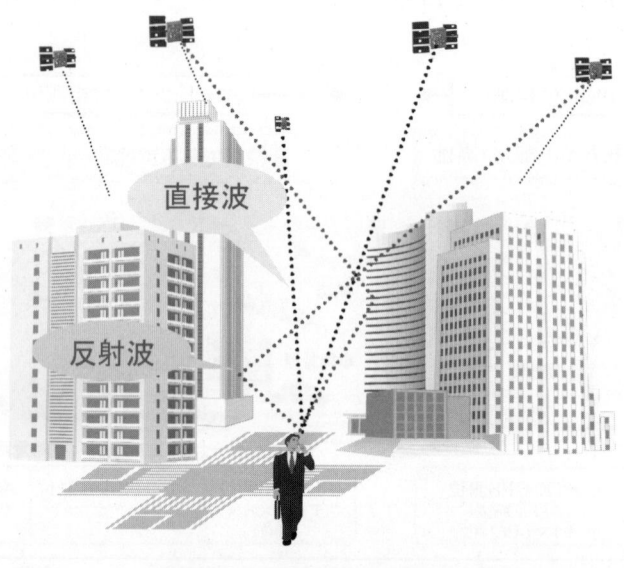

図 3.4.2 マルチパス誤差

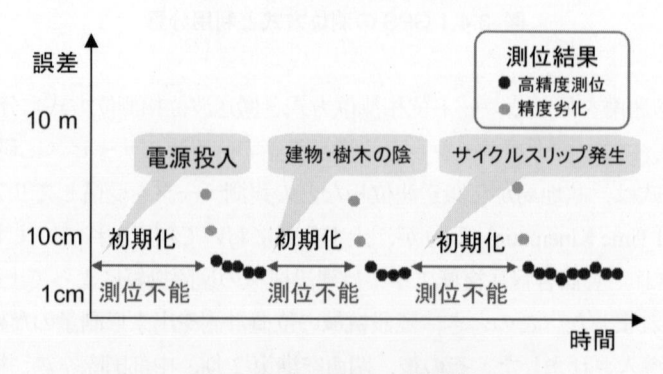

図 3.4.3 RTK-GPS の継続性

3.4 先進技術の利用可能性

(2) 次世代衛星測位システムの動向

現在 GPS は，BlockIIA，BlockIIR および BlockIIR-M の合計 30 機の衛星が情報検索サービスをしています。表 3.4.1 に示されるように，今後，GPS の近代化計画により BlockIIR-M，BlockIIF および BlockIII が打ち上げられ，BlockIII による近代化が達成されれば現在の L1 C/A 一周波のみの利用から，三周波 4 種類の信号が利用可能になります。

表 3.4.1 GPS 近代化計画

信号	中心周波数	信号仕様			衛星 Block				開始～FOC
		変調方式	コード長	転送レート	IIA/IIR	IIR-M	IIF	III	
L1 C/A	1575.42	BPSK	1,023	50bps	○	○	○	○	1989 年～1993 年
L2C	1227.60	BPSK	10,230	50bps		○	○	○	2005 年～2012 年
L5	1176.45	BPSK	10,230	100bps			○	○	2008 年～2015 年
L1C	1575.42	BOC(1,1)						○	2013 年～2020 年

欧州では Galileo 計画として全世界に多様な位置情報サービスを提供する予定です。2005 年 12 月 28 日には，GIOV-A と称する検証用 Galileo 衛星 1 号機がロシアの Soyuz ロケットで打ち上げられ，現在宇宙から試験信号が発信されています。2012 年には 30 機の衛星からなる衛星群を完成し，全面運用開始が宣言される予定です。

一方わが国においても，準天頂衛星測位システムが計画されています。第一段階として 4 省庁により 2009 年に初号機を打上げ，技術実証と利用実証を行い，その後 2015 年以降に第二段階として官民協力により追加 2 機を打ち上げる計画となっています。

さらに中国，インドでも準天頂衛星と同様の地域衛星測位システムが計画されています。

(3) GPS/INS 複合技術

RTK-GPS 測位は，cm レベルの測位が可能な技術ですが，陸上の移動体で利用するには限界があります。情報化施工では IT 建機に 2 台の RTK-GPS 受信機を搭載し 3 次元位置と姿勢・方位角を検出することで建設機械を自動制御するシステムが導入されつつありますが，高価であるため，大規模工事でしか利用できないという問題があります。

この問題を解決するために，ジャイロと加速度計から運動力学的に 3 次元相対位置を求める慣性航法システム（INS：Inertial Navigation System）で補完する方法があります。低価格な INS と 1 台の RTK-GPS 受信機を組み合わせ，衛星電波が遮蔽され RTK-GPS 測位が一時的に中断した場合においても，継続して高精度測位が可能となります。

この GPS/INS 複合技術の概念を図 3.4.4 に示します。GPS は，移動距離や時間に依存しないで高精度な位置，速度情報を提供できますが，その利用率は衛星電波受信環境に大きく依存します。その上，データ出力レートが低く，姿勢・方位情報を得るには 2 台以上の受信機を必要とします。これに対し INS は，数十 Hz で自律的に速度，位置，姿勢・方位情報を提供できますが，適切な誤差補正がなければ，時間に依存して誤差が増大します。

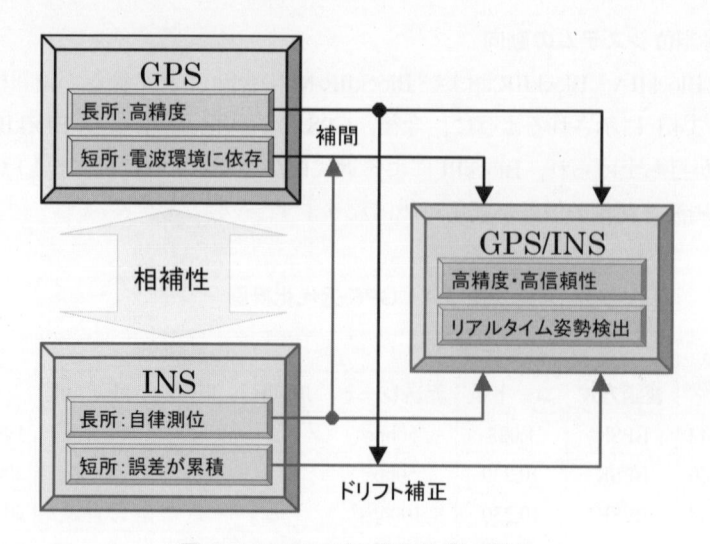

第3章 情報収集と活用に必要な技術と知識

図 3.4.4 GPS/INS 複合技術の概念

GPS/INS 複合技術とは，これら GPS と INS の個々の欠点を補完し最適な航法を実現する方式です。GPS 観測情報を用いることで，逐次的に INS の速度，位置および姿勢・方位角の航法演算誤差を推定し補正します。それと同時に，高データ出力レートの INS 演算結果は GPS 観測間隔（通常 1 秒）の間隙を埋め正確な位置と姿勢情報をリアルタイムに提供することができます。

建設現場におけるロボット化や無人化とあいまって，この技術を利用した高度な情報化施工が進展していくことが期待されます。また，コストや使い勝手が改善され，これまで困難であった中小規模の現場における情報化施工にも普及していくと思われます。さらには小型化，低価格化により，農業機械，道路工事，緊急車両等の陸上移動体に広く適用されていくと期待されます。

3.4.2 社会資本の管理技術の開発[1]

大規模な地震による被害や，異常降雨の増加による水害の頻発などにより，自然災害に対する安全性の向上への社会的要請は近年ますます高まっています。また戦後の，わが国の高度経済成長を支えた河川構造物や道路の橋，トンネルなどの社会資本は，利用され始めてから長い年月が過ぎ，本格的な大量更新の時期を迎えようとしています。

これらの施設は，設置当初に比べるとその社会に与える影響が飛躍的に増大しており，老朽化などによる軽微な損傷が生む損失も日々増加の一歩をたどっていると考えられ，軽微な損傷を復旧するための道路維持作業に必要な交通規制も，大きな渋滞の要因になることから，日常の点検による予防保全が今後ますます重要なものとなってくると考えられています。

社会資本管理行政では，限られた維持管理予算の中で効果的にこの状況に対応する必要があることから，今後の維持管理の高度化や効率化のほか，施設老朽化への効率的な対応が喫緊の課題となっています。

この稿では，このような状況のもと国総研として取り組んでいる「社会資本の管理技術の開発」について研究内容を紹介します。

3.4 先進技術の利用可能性

(1) 大規模地震発生直後に橋梁の被災度を迅速かつ精度良く把握する技術の開発

阪神・淡路大震災では，道路の被害状況概要の収集にも 6～12 時間程度を必要としているなど，道路利用者や防災関係機関などからの膨大な問い合わせに即応することが困難な状況でした。大規模な地震発生直後には，災害援助物資や復旧活動を迅速に行うため，地域の緊急輸送ネットワークをいち早く確保することが重要になり，そのためには緊急輸送路のボトルネックとなる橋梁の被災状況を発災直後に把握することが重要であります。

橋梁の損傷や倒壊などの異常を速やかに把握するため，センサによる地震時の橋梁の被災有無・被災程度を把握する地震時橋梁モニタリング技術を開発して震後点検を迅速化するとともに，緊急時に目視点検だけに頼らない定量的な状況把握を目指しています。

これにより二次災害の防止や早期の交通再開のほか，定量的な情報に基づいた効率的な震後復旧計画の立案を支援することが可能となると考えられます。

橋梁被災度を把握するシステムのイメージを図 3.4.5 に示します。

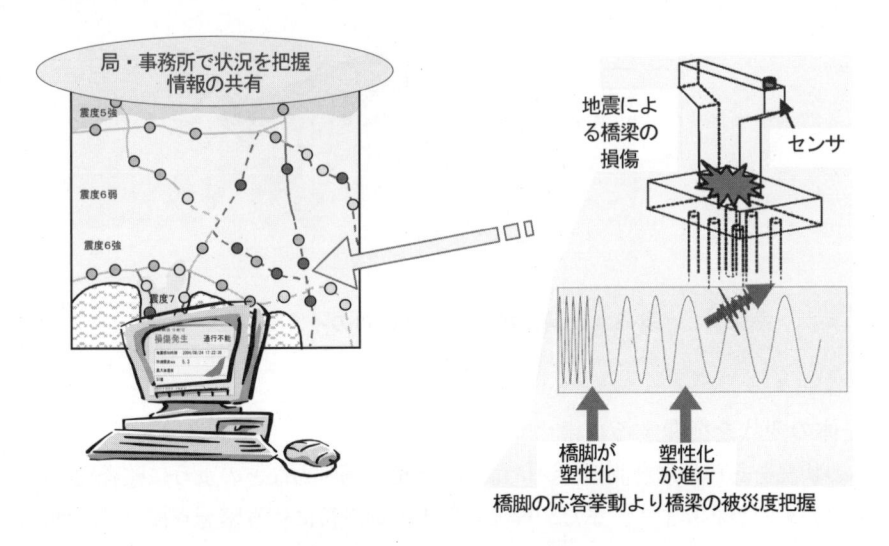

図 3.4.5 橋梁被災度を把握する画面のイメージ

(2) 構造物の損傷・変状の進行度を計測する技術

① 河川堤防内の水位を把握する技術

洪水の際には，堤体や堤体下の基盤面へ水が浸透するため，堤体の土質・状況などが原因で，堤体の変状や堤体からの漏水が発生することがあります。また，杭基礎にて支えられている樋門などの下に，堤体が沈下することによる空洞が発生し，洪水時の水みちとなる可能性が懸念されます。

このような異常を把握するために，図 3.4.6 に示すような，水位の変動が大きくかつ乾湿を繰り返す箇所における堤体内水位の計測手法についての適用性等の検証などを行っています。

② 河川構造物（護岸・樋門等）の変状を検知する技術

洪水時には，水衝部において低水護岸の基礎部分（根固め）の洗掘が起こり，護岸全体が崩壊する例があります。また，水位が増すと水中の状況確認が困難で，低水護岸の状態も確認できな

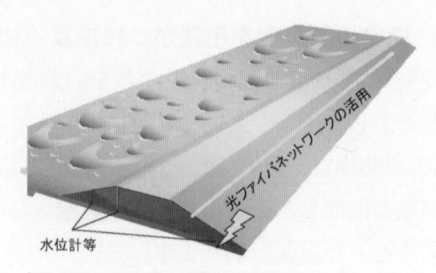

図 3.4.6 堤体内水位計測のイメージ

くなります。このため，水面下の護岸の基礎や根固め部などの変状を把握することが河川構造物の管理において必要となります。

このような変状を把握することを目指して，護岸などの河川構造物の変状を検知する技術を確立するため，図 3.4.7 に示すように，水中・土中アドホック通信技術の検証などを行っています。

図 3.4.7 河川構造物変状検知のイメージ

③　ダム堤体の変状を把握する技術

ダム堤体の状況をあらわす計測データには，漏水量や揚圧力などのように監査廊の中でなければ確認できないものがあります。また，震度 4 以上の地震後に行う緊急点検では，地震前後の状態比較により異常の有無を把握するのが一般的ですが，比較的短い周期でデータを蓄積していないと，地震後の点検結果を比較できる直前の状況がわからないため，異常の有無の判断が難しくなります。

このため，ダム堤体の変状をリアルタイムに把握し，データを蓄積する技術が必要になります。この検討では，更新費用のローコスト化やイージーメンテナンス化を可能にするため，図 3.4.8 に示すとおり，ワイヤレス漏水量計の開発を目指しています。

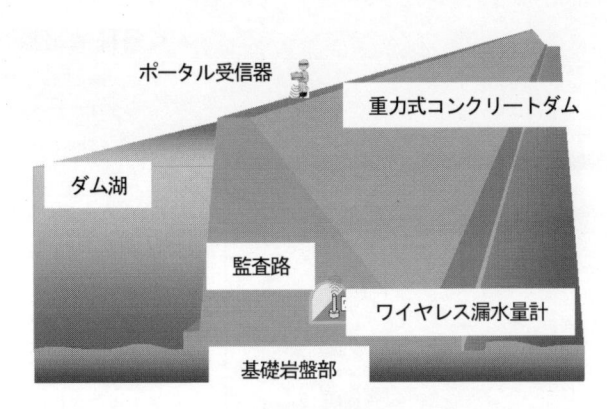

図 3.4.8 ダム堤体変状（漏水量）把握のイメージ

④ 道路構造物の損傷や変状の進行度を計測する技術

日常行われている道路構造物の点検では，近接する位置からの目視点検を主体に行われていますが，損傷の部位によっては目視点検が困難な場合や点検に時間・労力を必要とする場合があるため，損傷の状態を効率的・合理的に把握するための点検技術が求められています。

このため，道路構造物の管理上の課題やニーズを踏まえて点検に適用できる計測技術の性能や活用方策を探るとともに，損傷・変状進行度をより合理的に計測するための手法を検討しています。具体的には，基部埋設部の腐食により倒壊事例が報告されている道路照明柱を取り上げて目視点検が困難な部位の損傷を，比較的容易に計測するための技術について，検討を行っています。

(3) 現場で即座に情報取得する技術（社会資本管理共通プラットフォームの開発）

これまでに述べた各種の損傷・変状の進行度を計測する研究は，いわば「実世界の状況をセンサで把握しようとする試み」であるといえます。

一方，社会資本の管理においては，設計・施工・完成・点検・補修等のライフサイクルの中で蓄積された情報を活用しなければなりません。これらの情報は今まで，工事毎や構造物，位置や業務毎などの観点から，それぞれの目的や実体の捉え方にしたがってデータベース化されていますが，利用者がそれらを使いこなすには多大な時間と労力が必要です。

社会資本管理技術の開発では情報の利用に着目し，各種センサなどを包括的に取り扱う情報システムを構築することで，計測された情報を元に河川施設や道路施設の状況を俯瞰し，状況判断や対策の立案などに利用することを目標に「社会資本管理共通プラットフォーム」の開発を目指しています。（図 3.4.9）

このプラットフォーム上では，新しく開発された各種センサの情報や既存のセンサなどのほかに，各種施設管理データベースなどの情報を「電子国土 Web（国土地理院が提供する GIS システム）」上に再構築します。また遠隔地から情報を閲覧し，多数の利用者同士で情報を共有することが可能なものをめざすとともに，同時に複数のセンサ情報や施設管理データなどを重ね合わせることで，実世界の状況をより正しく認識することができるようになるシステムを目標としています。

このためには，各種の情報が一つの操作画面にまとめて表示されることが必要ですが，現状では個々の計測システム上でのみ取り扱われる場合が多くなっています。

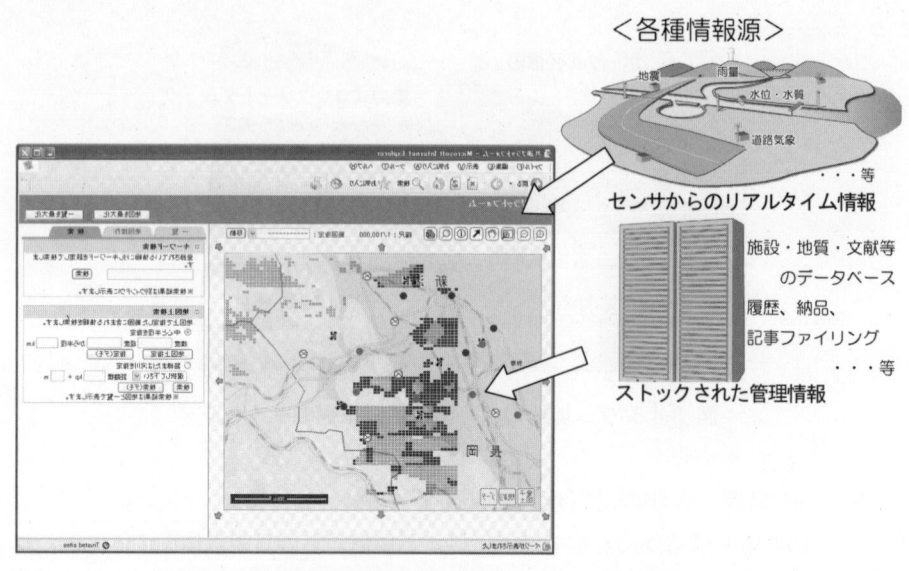

図 3.4.9 社会資本管理共通プラットフォームのイメージ

　施設管理データベースも，監視施設の種類別や情報を取扱う組織別に特化された設計をされている場合が多いうえ，データ形式や用いられる用語の定義もまちまちになっています。

　社会資本管理技術の開発では，これらの課題を解決するために複数のシステムから横断的に情報を取得する技術や複数のシステムにまたがる情報に共通の位置情報を付加する技術，各種システムで用いられている類義語などを横断的に検索する技術について研究しています。

　「社会資本管理共通プラットフォーム」ではこれらの成果により，情報の「見える化」を積極的に図ることとしています。

3.4.3　センサネットワーク[2]
(1)　センサネットワークとは

　センサネットワークは，無線通信機能と制御装置（CPU），電源を内蔵したセンサ群（以下「センサノード群」という）によりネットワークを形成した状態（図3.4.10参照），つまり，センサノード同士，もしくはセンサノードと周辺機器（パソコンなど）を連携した状態を指します。その主な特徴は，「①離れた場所からのセンサデータ収集が容易」，「②センサノード間のデータの受送信が可能」など（表3.4.2参照）であることから，災害時における被災状況把握，建築物の劣化診断，住宅内の防犯装置など多種多様な分野への応用が考えられています。

　近年，センサネットワークに関する研究が，官民学を問わず盛んに進められており，特に，総務省が2004年8月6日に公表した「ユビキタスセンサネットワーク技術に関する調査研究会」の最終報告では，2005年をユビキタス発展期，2010年をユビキタス成熟期として，2010年までに情報家電の普及を目指すことや実現後の具体的なサービスの内容が明記されています[2]。

(2)　土木分野におけるセンサネットワーク利用

　センサは，温度や振動，ひずみなどの状態を計測（認識・感知）し，物理量（電気量）データに変換して出力します。この中には，車両や人を検知する赤外線センサや工事現場などから発せ

3.4 先進技術の利用可能性

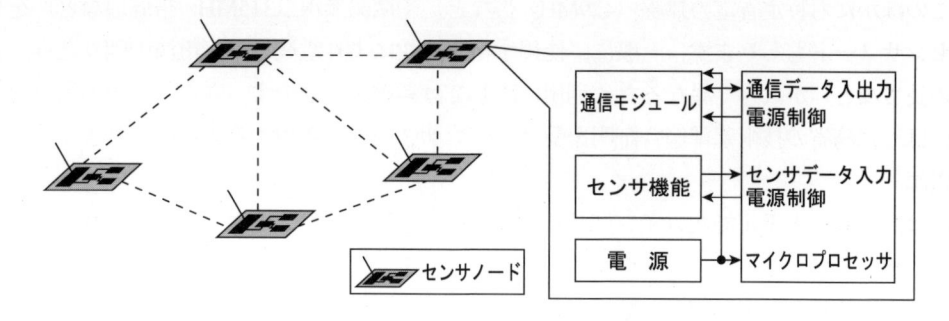

図 3.4.10 一般的なセンサネットワークの構成[3]

表 3.4.2 センサネットワークの主な特徴

分類	特徴，要素技術等
① 小型・低消費電力	・微細加工，高密度実装技術（MEMS） ・電源効率化，省電力化（スリープ制御等） ・設置，取外しが容易（設置の自由度が高い）
② 無線によるデータ通信	・センサノード間通信技術（センサ間中継が可能） ・通信経路の自立制御（自立分散制御）
③ センサノードの自立制御	・センサによる状況認識・適応技術

られる音・振動を計測するセンサなど，土木技術者にとって馴染み深いものも多く含まれます。
　それらのセンサに無線通信機能と制御装置（CPU），電源を搭載（センサノード化）することにより，配線不要による設置時間の短縮や断線回避，設置適用範囲の向上などに寄与します。また，センサ同士が互いに通信・自立制御を行いながら，センサ群のまとまりとして動作することにより，災害直後に構造物の詳細な診断データを出力するシステムなども実現可能です。
　土木分野では，1990年代より一部の大規模構造物や公物では，微弱無線や特定省電力，MCA無線，衛星携帯電話，光ファイバ網等を用いた遠隔監視・制御が行われておりますが，機器設置や維持にかかるコストが膨大であることから，大部分の構造物は適用が困難です。このことから，センサネットワークへの期待は非常に高いものと考えられます。

(3) 土木分野におけるセンサネットワーク実用化に向けた技術課題

① センサ
　センサは，加速度（振動），圧力（ひずみ），傾斜，方位，位置，温度・湿度，音，光（照度），磁気，風力等多種多様ですが，バッテリ駆動のセンサネットワークでは，低消費電力の半導体センサが一般的に使用されます。このため，加速度（振動）センサ等で従来から使用されてきた機械式（圧電型）や電磁式サーボ型などは，一般に消費電力が大きいため使用には注意が必要です。また，センサを接続する場合は，センサノードの入力電圧範囲内にセンサの出力値を合わせる必要があります。

② 無線通信
　無線通信は，一般に免許が不要な周波数帯域が使用されています。一般に市販されている機器の多くは，ISM（産業，科学，医療用）帯域内（2.4GHz～2.483GHz帯）が適用されています。ま

た，このほかにも特定省電力無線（429MHz 帯など）や微弱無線（315MHz 帯周辺など）を利用したセンサノードもあります。一般に，使用する周波数により電波特性（電波の回り込み，アンテナの長さなど）が大きく異なるため利用に際しては考慮が必要です。さらに，公の場で使用する際には，総務省の技術基準適合証明を受けたセンサノードを使用する必要があります。

③ 電源

電源は，一般に入手可能なコイン型リチウム電池，もしくは乾電池などが使用されています。このため現在では，センサノード全体の大部分の容積を支配しており，また，低消費電力型のセンサノードを使用した場合でも，数日～1 ヶ月程度の連続使用（使用するセンサ，通信間隔，計測間隔等により連続使用時間は異なる）となります。

④ その他

センサノードに搭載される制御装置（CPU）は，主に，小型・低消費電力型が搭載されているため，通常のパソコンなどに比べて大幅に機能や処理能力が制限されます。このため現状では，センサの A/D 変換やサンプリング，ファームウェアの実行能力などは，従来型のセンサ計測の仕様に相当しない場合もあります。

3.4.4　都市空間における動線解析プラットフォームの開発

(1)　背景

近年，都市内において，地震や火災発生あるいは大規模イベント開催における混乱に伴う二次的災害や，ターミナル駅などの交通結節点における混雑などを解消する必要性から，ダイナミックに時々刻々と変動する多くの人々の流動を日常的に把握する必要がでてきています。国土交通省により安全，快適な国土を構築するという立場からも，ダイナミックに変化する人々の動きを総合的すなわち面的に把握することは，適切な交通政策の立案あるいは安全な公共空間の確保という観点から必要不可欠です。例えば，2001 年に明石の花火大会で歩道橋に人が殺到し 247 人の負傷者が出た事件では 15 万人が現場付近に集中していました。また，新宿の大規模商業施設には休日には 15 万人程度が来場し，同程度の集中が日常的に起きているといえます。さらに新宿駅における 1 日の乗降客数は約 400 万人にのぼり，災害時の人の流れの把握は緊急課題です。

一方で技術的には，従来のパーソントリップ調査のような統計調査による静的データに加え，各種計測技術の発展により，GPS を用いた個人の移動経路，CCD カメラを用いた面的な人数，IC タグを用いた自動改札による駅の乗降客数，携帯電話基地局周辺の滞在人数，あるいはデパートの時間帯別来場者数など，さまざまな切り口で人の移動について計測できるようになってきています。また計測手法だけでなく，表示手法についても CG，GIS，CAD 技術の進展により，都市圏全体のような広域の 2 次元空間で多数の人の集中状況を俯瞰したり，ターミナル駅内部のような狭域の 3 次元空間での局所の人の動きの特性を分析したといった，よりリアリティをもたせつつ全体を視覚化することも可能になってきています（図 3.4.11）。

3.4 先進技術の利用可能性

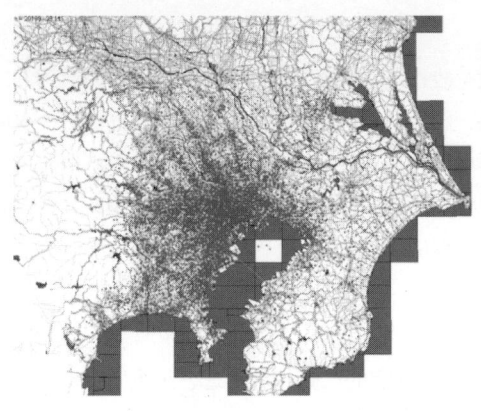

(a) 広域的に表示したパーソントリップデータ
※3万人のデータのAM9時の時点の位置

(b) 3次元空間における動画像化
※GeoElement（日本SGI(株)）を利用
※新宿駅データはJR東日本コンサルタンツ(株)提供

図 3.4.11 動線の視覚化

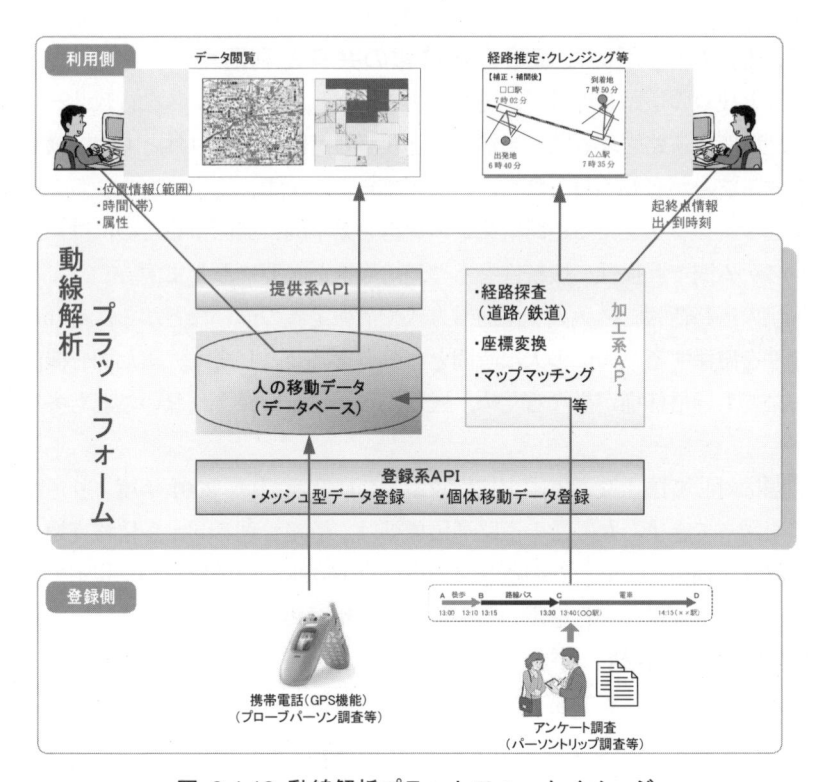

図 3.4.12 動線解析プラットフォームイメージ

(2) 動線解析プラットフォームの開発

しかし，この人の移動に関するデータ計測，取得から視覚化に至るまでにはさまざまな処理プロセスがあり，誰でもすぐに取得したデータを簡単に視覚化できる現状ではありません。また，データ利用者の立場からも多くの人が使いやすいアクセスの手法を共通化する必要があります。そのような観点から，国土技術政策総合研究所では，動線解析の共通基盤として動線解析プラッ

トフォームの開発を行っています。

具体的には図 3.4.12 のように Web 上で共通関数を設けて共用可能とする Web API を活用し、データが登録形式に合っているかどうかなどをチェックする「登録系 API」、登録されたデータの座標系変換、マップマッチング、時空間的な内挿（例えば、登録時には起終点や乗換え位置データしかない場合に間の 5 分ごとの経路位置をマップマッチングや時刻表との整合性をとりながら算出する）などを行う「加工系 API」、任意の時間・場所・人の属性に応じた検索を行い必要な個所のデータを取得・閲覧できる「提供系 API」に大別し、それぞれを用意しています。

(3) 今後の課題

これらの API はどのような規模であってもある程度、安定的に動作することが重要であり、検索速度向上のためのデータ構造の工夫・インデキシング（索引作成）・経路探索結果の保持等、さまざまな効率化が今後必要です。また、データ取得技術そのものについても、今後の人の移動の把握に関するリアルタイム化・大規模化を見据え、このようなプラットフォームを前提としたデータ取得のあり方に関する方法論を構築する必要があります。

3.4.5 道路通信標準を用いた道路管理情報の共有と利活用

国土交通省など複数の道路管理者が、道路利用者に対してシームレスな行政サービスを展開するためには、地域間や道路管理者間は当然のことながら道路管理者以外とも組織横断的に情報を共有し、連携することが必要不可欠なものとなってきています。

次世代の交通インフラを支える道路情報システムを効率的に展開するためには、拡張性を配慮し、複数のシステム間で互換性や接続性をもつ通信規格が必要になります。

しかし、現状の道路情報システムでは通信方式や情報定義の違いなどから、それぞれの組織間において整合性を確保するために多大な時間とコストを必要とします。また同一機能をもつシステムの間においても通信仕様が異なるため、機器の代替性が確保されないことも多くなっています。

これらの問題に対して国土交通省国土技術政策総合研究所では、2001 年度より道路通信標準として普及促進を図ってきました。この道路通信標準は、道路管理者同士が情報交換を行うために必要なデータ辞書、通信メッセージの標準、通信プロトコルの標準を定めた規定です。

ここでは、道路通信標準とそれを用いた道路管理情報の共有と利用事例について紹介します。

(1) 道路通信標準策定の経緯

通常、情報システム間で情報交換を行う場合には、情報システムごとの通信方式と、情報解釈機能を整合させて、双方で実現可能な通信方法と解釈機能を基にした最適な方法の検討を行う必要があります。このため、複数のシステムと情報交換を行う場合は情報を交換するシステムごとに同様の作業を行わなくてはなりません（図 3.4.13 (a)）。

そこでこれらの問題を解決するために、1999 年 11 月に ITS 関係の警察庁、通商産業省、運輸省、郵政省、建設省によって策定されたシステムアーキテクチャ[4]に基づいて、開発済みであったり、あるいは近い将来に開発されることが想定されたりする 20 の個別システムを対象に規定項目を検討して、道路通信標準を策定しました（図 3.4.13 (b)）。

3.4 先進技術の利用可能性

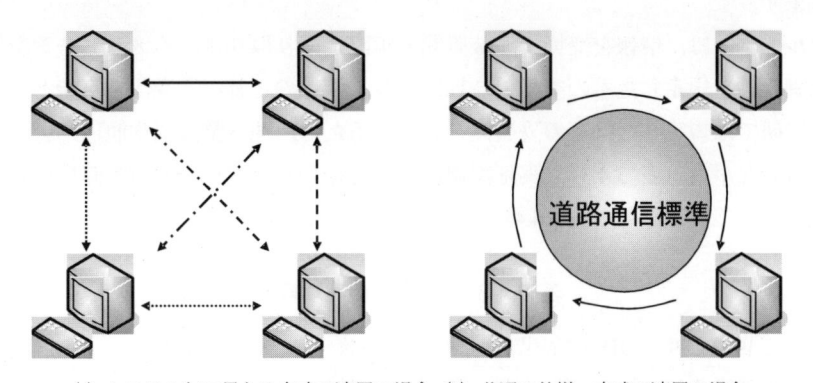

(a) システム毎に異なる方式の適用の場合　(b) 共通の仕様，方式の適用の場合

図 3.4.13 情報システム間の情報交換イメージ

　道路通信標準は，システム間の「相互接続性」「相互運用性」および「機器の互換性」の向上を目的に，データディクショナリ標準，メッセージセット標準，プロトコル標準を規定しています（図 3.4.14）。

図 3.4.14 道路通信標準の構成

　データディクショナリ標準は，道路情報システムで交換されるデータの定義と使用方法を一意に規定し，参照できる形で収録した「辞書」です。これにより，システム間で交換される情報の解釈を誤りなく行えることを保障しながら信頼性の高いサービスを実現することが可能となります。

　またメッセージセット標準は，システム間で交換される情報の集合体を規定したものです。これによって，従来，情報交換に必要だった変換作業を行うことなく，システム設計を行うことが

第3章 情報収集と活用に必要な技術と知識

可能となります。

プロトコル標準とは，情報を交換する装置間で実際にやり取りされるメッセージを転送するための伝送制御手順を規定したものです。これにより，情報の正確な送受信を可能としています。これまで国総研では規定した内容の妥当性を確認するため，地方整備局や他道路管理者との間で実証実験を行いながら（表 3.4.3），実証実験によって得られた知見や地方整備局の要望を基に各標準の改訂を行ってきました（表 3.4.4）。

表 3.4.3 これまでの実験経緯

1999 年度	JH 東局と関東地建で情報交換
2000 年度	JH 中部，四国と各地建間で情報交換
2001 年度	JH 北陸と北陸地整間で情報交換 名古屋高速道路公社と中部地整間で情報交換
2002 年度	全地整の気象情報を集約し，防災情報提供センターへ提供
2003 年度	兵庫県と近畿地整間で情報交換
2004 年度	愛知道路公社と中部地整間で情報交換

注：名称は実験当時のもので記載

表 3.4.4 道路通信標準の改訂履歴

〜2000 年度	基礎検討 ・実験仕様として β 版を策定し検証
2001 年度	道路通信標準 ver1.00 ・災害サービス追加
2002 年度	道路通信標準 ver1.01 ・道路気象情報の追加 道路通信標準 ver1.02 ・世代管理機能の追加
2003 年度	道路通信標準 ver1.03 ・地方公共団体情報追加
2004 年度	道路通信標準 ver1.04 ・路側〜センタ間通信の標準仕様追加
2005 年度	道路通信標準 ver1.05 ・新規アプリケーションに対応するための項目追加

(2) 道路通信標準の特徴[5]

道路通信標準では，データ形式を定義する記述言語として ASN.1（Abstract Syntax Notation One）を採用しています。

表 3.4.5 にサーバ間連携における ASN.1 と XML の比較を示します。

ASN.1 を用いた方式は XML を用いた方式に比べデータ量（MB），回線占有率（%），伝送速度（秒）ともに約 1/10 程度での通信を可能としています。これは，ASN.1 を用いた方式は，サーバ間連携のデファクトスタンダードとなっている XML 方式と比べ，データ量が少なく，回線占有

率が低い通信を行うことが可能であることから，高速な通信ができることを示しています。逐次更新される全地方整備局ならびに接続する有料道路事業者が保有する情報は，ほぼリアルタイムに送信されるため，ネットワーク負荷が懸念されるところですが，道路通信標準の採用により，効率的な情報交換の実現を可能としています。

表 3.4.5 サーバ間連携における ASN.1 と XML の比較

(1) データ量

データ項目	ASN.1 (MB)	XML (MB)	備考
交通量	0.32	4.13	全国約 3,000 件，5 分間隔
事象情報	0.81	10.59	全国約 4,800 件，5 分間隔
気象情報	0.04	0.46	全国約 250 件，5 分間隔
計	1.17	15.18	

(2) 回線占有率

回線速度	ASN.1 (%)	XML (%)	備考
1Mbps	3.27	42.46	マイクロ回線で 1Mbps の帯域を確保した場合

(3) 伝送速度

回線速度	ASN.1 (秒)	XML (秒)	備考
1Mbps	9.8	127.39	マイクロ回線で 1Mbps の帯域を確保した場合

(3) 道路通信標準を用いた道路管理情報の共有

　これまで，国土交通省ならびに有料道路事業者は，組織ごとに障害事象発生に対して局所的に対応している事例がほとんどでした。また，他管理者の情報が必要なときは，問い合わせを電話や FAX で行うことが多く，正確かつリアルタイムな情報交換が困難でした。

　現在，道路利用者に対する情報提供は，インターネットなどを用いて広域的に行われていますが，そのほとんどの場合が道路管理者ごとに情報提供を行っています。このため，道路管理者の区分に応じて閲覧先を利用者が選択しなければならないことや情報提供内容や操作性に差異があるため，利便性を向上させる余地があると考えられます。

　また，近年では道の駅や SA/PA などの休憩施設でも道路情報が提供されていますが，当該施設の管理者が管轄する路線の情報のみを提供している場合がほとんどです。

　これらの原因は，それぞれの道路管理者が収集する管理情報をリアルタイムに共有できないことによるものであり，複数の道路管理者を結ぶ情報共有システムを構築することで改善できるものと考えられます。

　道路通信標準により，管理者の分に関係なく，通行規制や路面状況などの道路利用者に有用な情報をシームレスに閲覧できるシステムを構築するための手段の提供を可能にします。

① 道路管理情報共有システム

　そこで，国土交通省および有料道路事業者間で，正確でリアルタイムな情報把握の実現や道路

第 3 章　情報収集と活用に必要な技術と知識

管理者間の問い合わせ・連絡の省力化を目的にした，全国的な「道路管理情報共有システム」の整備を行いました。このシステムの整備では，道路通信標準を用いることで異なる道路管理者かつ異なるシステム納入者のシステムを接続するものとしては効率的な構築が可能になりました。

　情報を共有する手法は，データを分散配置したまま個々の管理者が保管し，情報が必要なときに相手を参照する分散管理手法と，データを一元的に集約してすべての利用者が1ヶ所のデータを参照する集中管理方式とに大きく分類されます。

　国土交通省をはじめとした道路管理者間で情報共有することを想定する場合，分散管理方式を用いるとシステム構成が複雑になり，特にデータ参照時の方式やセキュリティ面の調整に手間がかかります。個別に設置されたシステムが複数の利用者からのデータ参照を受け付けなければならないため既設システムへの影響が大きくなることから，本システムにおいては各組織から道路情報をリアルタイムで収集し，一元的に蓄積・管理するとともに，必要なデータを各地方整備局などや各種システムにあらかじめ配信する集中管理方式を採用することにしました。

② ネットワーク構成

　このシステムの構築にあたっては，システム全体構成ならびに各地方整備局などにおける有料道路事業者との接続に関する調整の結果により，ネットワーク構成を図 3.4.15 のようにしました。

　新たに接続する有料道路事業者と地方整備局の間は道路通信標準によりデータ交換を行うこととし，すでに接続されている地方整備局においては既存の通信インタフェースのまま継続運用をすることにしました。

　実際に交換している情報の内容は，図 3.4.15 の中に示したとおりです。このシステムでは全国路線を対象とする大量のデータを処理するため，システム全体で高い処理能力が必要です。

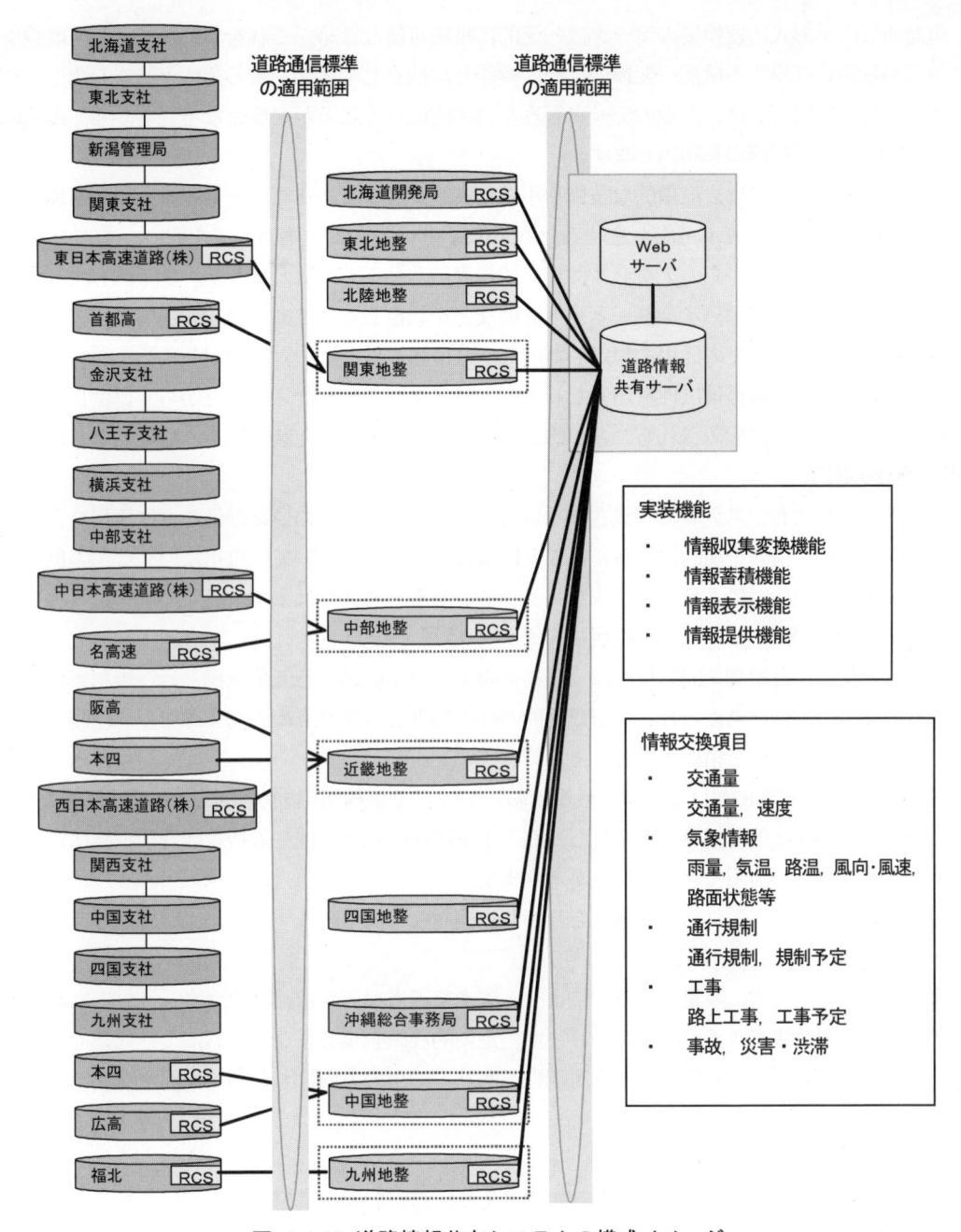

図 3.4.15 道路情報共有システムの構成イメージ

　このように大量のデータを扱うシステムの場合，高い処理能力を持つ単体装置で構成するよりも，中規模の処理能力を有する複数の装置で構成する方がコストパフォーマンスに優れることから，図 3.4.15 に示した各機能を，それぞれ個別に実装する複数の装置で構成することにしました。
　情報収集変換に関しては，既設システムとの接続環境が地方整備局などで各々異なり，道路通信標準形式への変換もシステムごとに異なることから，独立した装置構成にすることが妥当であると考えました。

第3章　情報収集と活用に必要な技術と知識

　道路通信標準形式に変換後のデータは一元的に集約可能なため，これを集約機能として既設システムから情報収集する機能や変換のための機能とは独立して実装させる構成としました。

　情報の蓄積に関しては，大量のデータ管理を効率的に行うことが必要となることから，汎用的なデータベース管理機能を利用します。

　情報の表示に関しては，汎用的な技術を用いた構築が容易であることと情報を利用する職員の端末の改造を行わずに表示可能とさせるため，Web サーバによる画面生成を行い，端末の Web ブラウザソフトウェアからのアクセスにより情報表示させるものにしました。

　情報の提供に関しては，インターネット提供などを想定した外部向けの情報提供と，国土交通省内の地方整備局などでの活用を想定した内部向け情報提供とに分けて検討しました。

　これらの2つの情報提供は性質が異なりネットワークセキュリティの観点から，提供目的別に異なるネットワークに配置されることが想定されるため，独立した装置により配置しました。

(4)　今後の展望

　道路管理情報共有システムで収集される情報は，管理者などへの情報提供のみに活用できる訳ではありません。情報を面的にとらえることによるメリットについて，以下にいくつかの例を示しますが，今後の検討によりさまざまなメリットがあると考えられます。

①　道路管理情報共有システムの現場における活用

　異常気象時の通行規制区間管理では，収集情報から現場における気象状況と通行規制実施の実体把握の支援に有効と考えられる「当該区間の降雨特性」，「規制降雨の発生確率」，「連続の降雨量と通行規制実績」等を指標化することができます。

　また，路上工事実施における情報の活用においては，「工事種別，規制種別ごとの路上工事時間」や「同一工事多頻度箇所」等を指標化し，路上工事実施の判断支援や維持管理費の縮減に資する利活用方法について活用できる可能性があります。

　現在，国総研では，これらの指標化を目指し，検討を行っています。

②　行政マネジメントへの適用

　多くの情報を一元的に収集することにより，国土交通省などが道路行政マネジメントにおいて使用する指標を生成できる可能性があります。定期的な調査集計をシステムにより代替できる場合，よりスピーディーな対応ができる可能性があり，活用の方向性も含めて検討する価値があるものと考えられます。

③　基礎統計資料作成への活用

　集められたデータの，全国一律の統計処理により，道路計画および管理上有用であると考えられる基礎統計資料の作成を行えます。

　例えば，個別の調査に頼っていた単年度や短期間における集計値の把握が必要な項目や複数年や複数期間にわたる経時的な変化を，一元的に収集，蓄積したデータ項目ごとに計測地点や地点間について統計処理を行えることが考えられます。

（追記）

道路通信標準の詳細については，以下に示すURLを参考にしてください。

http://www.rcs.nilim.go.jp/rcs/rcs-j/index.html

3.4　先進技術の利用可能性

【参考文献】
1) 建設省道路局道路防災対策室監修：「新時代を迎える地震対策」，pp.94，1996年10月
2) 安藤 繁,田村陽介,戸辺義人,南 正輝：「センサネットワーク技術」，東京電機大学出版局，p.45，2005年
3) 阪田史郎：「ユビキタス技術　センサネットワーク」，㈱オーム社，p.12～14，2006年
4) 警察庁，通商産業省，運輸省，郵政省，建設省：「高度道路交通システム（ITS）に係るシステムアーキテクチャ」，1999年11月
5) 藤本幸司，山本剛司：「有料道路事業者との道路管理情報共有システムの構築について」，建設電気技術，pp 106～109，2006年9月

第4章　土木分野における情報収集と活用の事例

　情報技術は，目覚ましい進展を遂げており，日々の仕事の中ではなくてはならない支援ツールです。土木分野でも業務効率の向上などをはじめとした目的の下，さまざまな組織で情報化が推進されています。
　本章では，土木分野における関係者の具体的な情報収集と活用の取り組み事例を解説します。

第4章　土木分野における情報収集と活用の事例

4.1　国土交通省

4.1.1　道路事業における基盤地図情報の利用

　近年のITの進展により、政府はIT新改革戦略会議、CALS/ECアクションプログラム2005、GISアクションプログラム2010等を策定し、地理空間情報の整備・更新・利活用などを目標の一つとして推進しています。地理空間情報とは時空間上の位置情報を含む情報で移動体情報や陸海域の3次元情報も含む広範なものであり、とくに基準点、海岸線や道路、標高などの骨格的な地図データは基盤地図情報と呼ばれ、国や地方自治体が主体となりインフラとして整備するものとなっています。従来、位相や属性を持つ図形情報をGISデータと呼んでいたことに比べると、時代のニーズに合わせて、より広範な国土の情報をあらわす概念として、地理空間情報、基盤地図情報という言葉を使うことが増えています。

　道路事業においても、道路管理の効率化やサービスの高度化のために、さまざまな道路構造を表現する情報として基盤地図情報を活用することが増えてきておりその事例などを紹介します。

(1) カーナビゲーションへの利用

　カーナビゲーションシステムへの利用は、DRM（デジタル道路地図）データという形で1980年代の創成期から始まっています。このデータは全国の道路網を1/25,000レベルで図形化したもので、経路探索に使えるようノードとリンクから構成される位相構造（ネットワーク構造）を保持しています。カバーしている道路は、総延長が約86万km、リンク数が約459万本となっています（2006年3月末現在）。現在では、VICS情報の提供開始とともに渋滞情報表示のベースに使われたり、道路交通センサスや交通事故データなど、さまざまな道路関連情報を道路リンクに関連付け表現するベースとしても使われています（図4.1.1）。

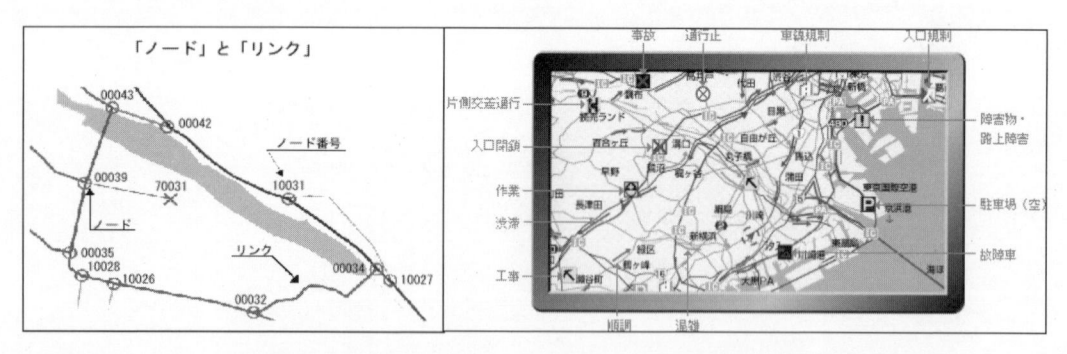

(a) DRMデータ（デジタル道路地図）
http://www.drm.jp

(b) VICSにおける表示例
http://www.vics.or.jp

図 4.1.1　デジタル道路地図とVICS

また，最近では地図を活用した安全運転支援の一歩として，国土交通省は歩道状況，曲率，車線幅等から道路の走りやすさについて評価・ランク分けを行った「道路の走りやすさ(みち)マップ」の全国整備を完了させ，これらデータのカーナビゲーションへの活用に関する官民共同研究を進めています。例えば，時間最短，料金最安だけではなく，道路の走りやすさを優先して経路選択も可能とするなど，高齢者などにも役立つ安全運転支援という視点があります。

図 4.1.2 道路構造情報（「道路の走りやすさマップ」）のカーナビへの活用事例

(2) 道路更新情報の提供

(1)で述べたことは直接，利用と関連することの話ですが，これら道路に関連する情報自身は更新がきちんと行われ新鮮度が確保されるとともに，さまざまな民間サービスを行う人々に対して道路更新情報を加工しやすい形で提供できることも大変重要です。

具体的にいうと，道路は工事などで少しずつ形状が変化します。その一方でカーナビも地図が古いことは常に不満な事柄として上位にあげられます。カーナビ以外でも電気・ガスといった占用企業の地下埋設物管理，土地調査関係でも道路の細かい変化情報は大変重要です。例えば，(1)のDRMデータの年次更新においても，国や地方自治体などから設計・工事にかかわる紙図面を収集していますが，かなり大変な作業となっており，これらのデータの収集・更新の負担軽減のためにも図面の電子化やその官民の流通体制の構築が急務です。

国土交通省では，1999年度頃よりCALS/ECにおける電子納品が開始されていますが，道路分野ではとくに電子納品を徹底するために「道路工事完成図等作成要領[1]」を策定し，試行を経て，2006年度より直轄国道の道路工事で実施しています（図4.1.3）。また，2005年から開催されていた「次世代デジタル道路地図研究会（委員長：東京大学柴崎教授）[2]」の中では，図4.1.4のよう

第4章　土木分野における情報収集と活用の事例

な官民の流通経路を想定し，図面情報の外部提供などの実験を行っています。

また，これらの CAD 図面の情報を活用することにより，走りやすさマップに限らず，車線や一時停止線，スクールゾーンといったデータをもとにさらに高度な安全運転支援につなげていくことも考えられます。ただし，このような詳細な情報になればなるほど品質の確保のために，地方自治体との連携や安定的な維持更新に対する財源の確保，法令・基準類などの整理，図面同士のつなぎ合わせ（接合），重ね合わせの技術など，多面的にサポートしていくことが大変重要です。

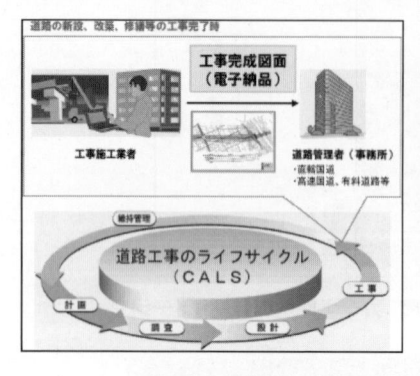

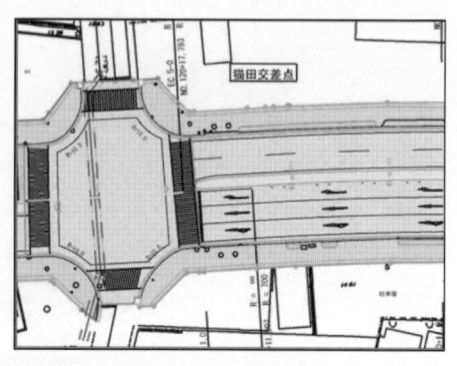

図 4.1.3 道路工事における電子納品の推進と CAD 図面例

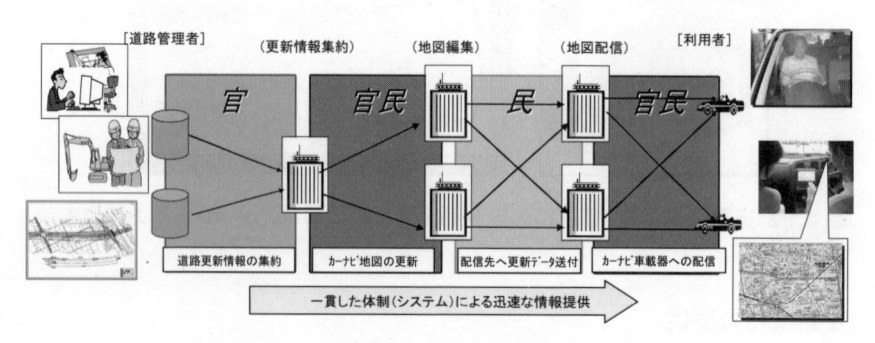

図 4.1.4 道路更新情報の流通体制イメージ

4.1.2　リアルタイム災害情報の収集

国土交通省などでは，災害対応のマニュアルなどにもとづいた情報共有システムを開発しています。

災害情報収集システムの構築は実際の業務を分析しながら行うことが難しいため，既存システムのほとんどは災害時の経験や教訓をもとに作成された災害対応マニュアルや，規則等をもとに構築しているものが多くを占めています。

しかし，これまでの災害情報共有システムを用いた大規模災害時の対応の実情や，課題把握に関する調査の結果[3〜6]によると，マニュアル類の分析のみでは確認できない情報伝達の流れや課題の存在が確認されました。

これは，災害対応マニュアルなどが実際の災害対応を行う場合の要求事項を中心に記載されていることが多いためであると考えられます。マニュアルに記載されている行動要求に対し，その

4.1 国土交通省

要求を満たすために必要な情報収集，判断，行動等の要求実現のためのプロセスをこなすための情報の流れは，これらのマニュアルに記載されていない場合が多いと考えられるからです。

これまで国土交通省などが対応する災害の，あらゆる事象に包括的に対応できる情報収集システムは構築されていません。管理対象が異なると，対応する部門も異なるため，別々のシステムにより情報を収集しているのが実情であり，組織を統括する者が一つのシステムで全体を俯瞰することができないのです。この問題に対処して情報共有をより効率的に行うことを目標に，国総研において災害情報共有プラットフォームの開発を行いました。

この開発にあたっては，マニュアル類の分析にとどまらず災害対応の実務における情報の流れを詳細に分析し，情報伝達面での課題抽出に重点を置きました。

結果的にシステムの概観は，従来の災害対策本部において行われていた手書きによる情報収集を基本とした執務環境に近いものとなり，システム上で扱える管内図（地図）とホワイトボード（掲示板）を主画面においたインタフェースを持つものとなりましたが，地方整備局管内に点在する組織間で共通の情報をリアルタイムで行えるものとなっています。

このシステムは，これまで情報伝達の課題とされていた組織内の縦横断的な情報共有において一定の成果が得ることができ，迅速な情報共有を実現することを可能としたため，導入後に行われた災害情報の伝達訓練においても高い評価を受けています。

この項では，今回構築した「災害情報共有プラットフォーム」の特徴と，開発過程における主な検討内容を紹介します。

(1) 災害対応業務と課題の分析によるシステム開発目標の設定

災害対応業務の分析においては，マニュアルなどだけでなく，実際の災害時に使われたFAXや災害対応職員へのヒアリング調査により情報の流れと災害対応時の作業を抽出しました。

表 4.1.1 情報収集・分析・伝達等における問題点

フェーズ	問 題 点
情 報 の 収 集	視覚等による状況把握が困難
	所管外施設の被災状況も必要だが，取得が困難
	平時データの利活用が困難
情報の分析・加工	情報の劣化（ファクシミリでは状況把握に限界）
	情報加工のための重複作業が発生
情 報 の 管 理	情報の時系列管理・位置管理ができていない
	大量の情報処理が困難
情 報 の 伝 達	確認作業による回線輻輳
	情報伝達先が多く作業量が増え，人為的ミスを誘発
	組織横断的な情報共有ができていない（管理区分によった伝達経路）

抽出された作業の詳細な分析を行い，情報システムの機能として実装すべき特徴的な災害情報伝達作業を抽出し整理した結果は次のとおりです。
・ 災害対策本部での情報共有はホワイトボード（掲示板）と管内図（紙の地図）が主体

第4章　土木分野における情報収集と活用の事例

- 被害情報は，第一報をもとにして徐々に情報が詳細になる（加筆・修正による）
- 受けた情報は，確認作業の後で上位機関へ伝達される（電話による個別確認）
- 伝達される情報は河川や道路特有の座標（距離標＝キロポスト）で管理されている
- 情報の時系列整理は，災害の規模が大きいほど需要が高い

　また，防災担当者に行ったヒアリングから，表4.1.1に示す情報伝達の問題点も明らかになりました。

　さらに，既存の災害情報共有システムの調査から判明した「システム化による入力作業負荷の増大」や「システム規模の制約による情報の不足」などの課題も考慮し，災害情報共有プラットフォームで扱う情報を抽出するとともに，出先事務所など各部署での必要な判断を行う上で適切な情報の見せ方を検討して以下の開発目標を設定しました。

- 入力作業負荷軽減：情報共有システムの効用にはデータの蓄積が重要であり，入力作業に大きな労力が必要になります。システムへの入力作業の軽減を目指しました。
- 閲覧作業の効率化：多くの情報から必要なものを見落とさないために，また立場の異なるユーザが必要に応じて適切な情報を選び出すための機能の開発を目指しました。
- 業務フローに適した出力：上位機関への報告に現在使用されている報告用様式をシステムに入力されたデータから自動作成する機能を開発することを目指しました。

　これらの目標をもとに構築したシステムを用いることで，これまで行っていた災害対応業務がどのように改善されるのかをあらわしたイメージを図4.1.5に示します。

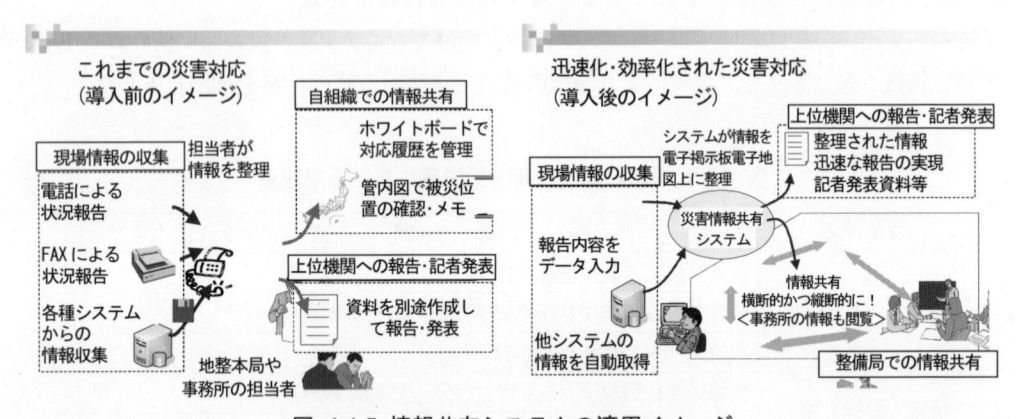

図 4.1.5 情報共有システムの適用イメージ

(2) 位置情報をもとにした災害情報共有

　数多くの災害に対応している現場においては，情報収集の迅速性や正確さが非常に重要で，先に示した課題にある「確認作業」もこれを求めることから増大する傾向にあります。

　これらの確認作業は主に位置の把握が優先され，被災規模や影響範囲などが次々に追加されていく傾向があるため，課題で示された内容から設定したシステム開発目標を実現するには位置情報を全体のキーとして扱い，さまざまな情報を関連づけすることで一定の効果が期待できると判断しました。「災害情報共有プラットフォーム」の全体構成は図4.1.6および図4.1.7のとおりです。

　また，このシステムにおいては，災害対応時に要求される膨大な量のデータを効率的に管理す

4.1 国土交通省

るため，それらと連携させることで複数の既存システムが持つデータを利用できるようにしています。

これまでシステムごとに整備されたデータを個々のシステムで相互に利用する場合，個々の接続ごとに接続調整を行う必要があったため，通信手順やデータの整合を計るために時間を要していました。本システムでは，標準的なデータ交換仕様[7]を定義しシステム間の情報連携を容易に

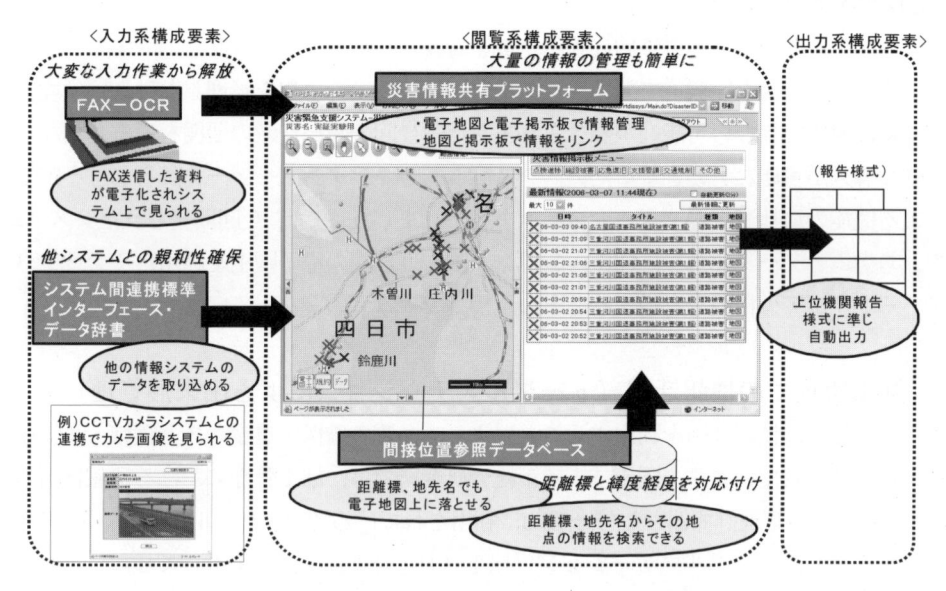

図 4.1.6 構築した災害情報共有システム全体構成

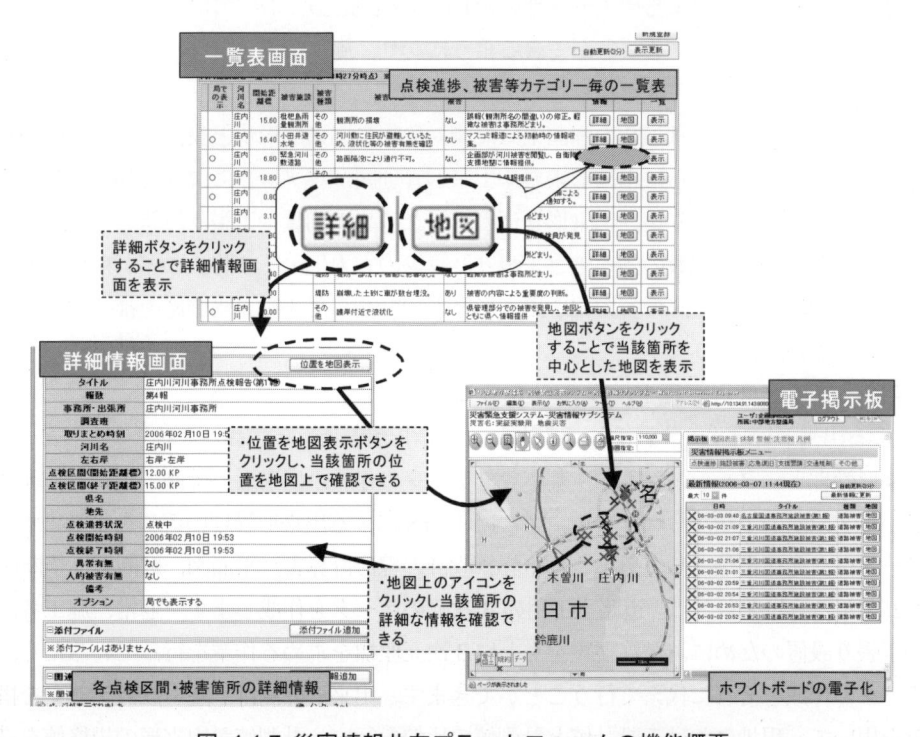

図 4.1.7 災害情報共有プラットフォームの機能概要

137

行えるようにしています[8]。

このシステムにおける機能や画面の変遷の概要は図4.1.6に示すとおりで、情報の一覧や地図、詳細情報などはそれぞれ相関が取られています。

詳細情報はバージョン管理（変更箇所は赤表示；変更内容の追跡が可能）や写真などの付属資料の関連づけができます。

(3) 柔軟な導入プロセス

今回のシステム開発は、地方整備局管内全域を対象とした規模も大きなものです。

このように規模が大きい環境で開発された場合、適切に設計思想を管理しなければ環境の違いなどに柔軟に対応できない可能性が懸念されました。今回の開発資産の展開を考慮し異なる環境でも柔軟な導入が可能なものとするため、システムアーキテクチャやデータ辞書などを定め導入組織による機能の取捨選択ができるシステムを目指しました。また、今回開発されたシステムは、既存のシステムとデータ連携や、GISエンジン（国土地理院の電子国土を利用）やデータベースなどをハードウェアの構成を意識することなく構築できるものとなっています。

4.1.3　施工管理での情報活用（トータルステーションによる出来形管理）

施工管理方法に、情報技術を利用することにより、品質の確保・建設コスト縮減・事業執行の迅速化等が期待されています。国土技術政策総合研究所では、施工管理における情報技術の活用として、現在、施工管理計測器として一般的に利用されている巻尺・レベルに代わって、「施工管理データを搭載したトータルステーション（以下「TS」という）」を採用しました。そして施工現場での利用を考え、情報技術を利用した新たな施工管理方法として「施工管理データを搭載したトータルステーションによる出来形管理要領」を作成しました。TSの利用により出来形計測は、3次元の座標値として計測することができるようになり、施工管理・監督検査時に計測した施工管理データを用いることが可能となりました。

これにより現場においては、TSの画面上で計測対象物の出来形形状と設計形状との違いを把握することが容易となり、さらに出来形帳票や出来形管理図がパソコンにより自動作成することを可能としています。このTSは、出来形管理のみでなく起工測量や丁張り設置にも利用することが可能で、施工管理業務全般の効率化と丁張り計算等の省力化・ミス防止などが期待できます。そして、発注者は、完成検査の省力化と出来形管理で計測した3次元座標値を維持管理で活用することができるようになります。

(1) 道路土工の出来形管理トータルシステム

TSによる出来形管理トータルシステムとして、まず道路土工を対象に構築をしました。道路土工の出来形管理トータルシステムは、基本設計データの作成、出来形の計測、出来形管理帳票の作成という3段階の手順からなります。図4.1.8にTSによる出来形管理の流れを示します。基本設計データは、発注書類として提示される詳細設計の線形計算書、平面図、縦断図、横断図という各々2次元の情報をもとに、道路土工用の3次元のデータを作成します。通常、施工者は施工準備の丁張り設置のために、発注書類をもとに3次元座標を求める作業を行っているため、基本設計データの作成をそれに代えて行うことができます。出来形計測は、基本設計データを搭載したTSを用いて、現地における設計値と計測値の比較を行い、計測値が出来形の規格値を満たし

4.1 国土交通省

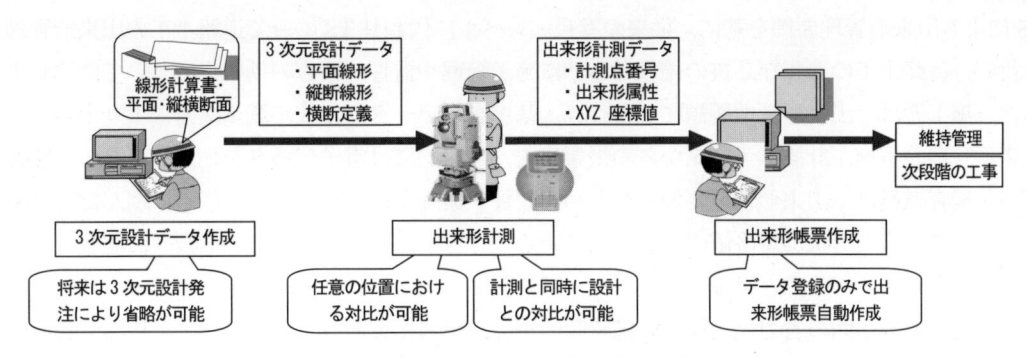

図 4.1.8 TS による出来形管理の流れ

ているか否かを確認します。出来形管理帳票の作成は，基本設計データと TS による出来形計測結果を用いて，完了検査に用いる測定結果一覧表から出来形管理図表を自動的に作成します。

(2) TS 出来形管理におけるデータ交換標準の作成

TS による出来形管理を実現するため，出来形管理に必要な情報項目だけで構成された「TS による出来形管理に用いる施工管理データ交換標準（案）」（以下「データ交換標準」という）を作成しました。データ交換標準は，TS による出来形管理の施工管理情報（基本設計データおよび出来形計測情報）について整理し，利用するデータ仕様を定めたものです。図 4.1.9 にスキーマ構成図を示します。

データ交換標準は，座標参照セット，工事基準点セット，道路構築物情報，出来形横断面セット，計測点セットから構成されています。道路構築物情報である道路中心線セットは，「道路中心線形データ交換標準（案）」を活用しています。データ交換標準は，将来の 3 次元設計情報の標準化を念頭に作成しています。出来形横断面セットの定義は，測量機器に受け渡すために道路土工の出来形管理に必要な情報項目だけとしています。

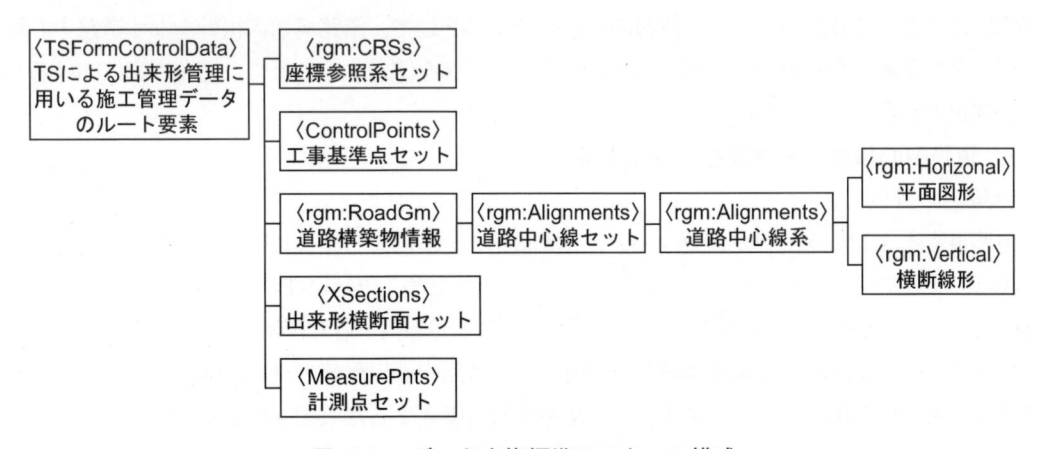

図 4.1.9 データ交換標準のスキーマ構成

(3) TS 出来形管理の現場試行

2005-2006 年度の 2 年間で国土交通省の 12 現場を対象に現場試行を行いました。現場試行では，

TSによる出来形管理要領を基に，従来の巻尺・レベルに代わりTSのみで道路土工の出来形管理を行い，道路土工の適正な品質の確保ならびに施工管理や監督，検査の効率化について確認しました。施工者は，出来形管理要領にもとづき，基本設計データの作成，測量機器により丁張りや出来形管理の実施，計測点データからの帳票作成，最終的には電子データを納品しました。監督職員・検査職員は，出来形管理要領にもとづき監督・検査を行い，現地にて任意に選んだ管理断面について出来形形状が規格値内に収まっていることと，出来形形状が出来形帳票に記載された出来形値と同一であることを確認しました。試行現場の出来形管理トータルシステムの利用者からは，資料作成手間の省力化，検査準備時間の短縮，現場作業のミスの予防および現場で計測と同時に結果が判断できるなどの概ね好意的な意見をいただいています。

施工管理での情報活用が促進されるように「施工管理データを搭載したトータルステーションによる出来形管理要領（案）」（道路土工編)[9]は，2006年度末に通知されています。

4.1.4 道路事業における線形データの交換標準に関する取り組み[10]

道路設計では，設計成果を報告書，計算書などの資料や図面にとりまとめて電子納品しています。これらの資料や図面は，これまで紙資料で作成したものを単に電子化したにすぎません。道路設計の場合は，後フェーズの設計で前フェーズの設計の考え方を引き継ぐことが多いために，ほとんどの場合は，人が見読しやすい資料としてまとめられていれば問題はありません。しかし，前フェーズの成果の照査や，設計成果のデータを利用した詳細設計の実施を行う場合は，設計成果をコンピュータに再入力しなければならない場合があります。このように再利用するデータのひとつに道路中心線形があります。また，道路中心線形は，道路事業において最も基盤となる情報です。

一方，道路設計の効率化やわかりやすい設計成果の可視化に3次元CADは貢献しています。しかし，3次元CADデータの作成は，非常に手間がかかることから，多くの場合，CADデータを生成するための設計パラメータを入力して3次元CADデータを生成しています。道路中心線形は，このような設計パラメータ情報のひとつです。そこで，道路構造の根幹をなす道路中心線形データの交換標準を策定し，電子納品に含めてデータを流通することで，道路事業における業務効率化の実現をめざしています。

(1) 道路中心線形データ交換標準の策定

① 策定の目的

道路事業に3次元データが流通すると，道路設計，CGによる住民説明および情報化施工などの場面で業務の効率化や高度化が期待できます。このため，"CALS/EC アクションプログラム2005"では，「3次元情報の利用を促進する要領整備による設計・施工管理の高度化」が目標となっています。そこで，国土技術政策総合研究所では，道路中心線形データと横断設計との組み合わせで3次元形状を構築するプロダクトモデルを検討してきました（図4.1.10参照)[11]。

このプロダクトモデルの一部を構成する道路中心線形データは，3次元CADでの利用だけでなく，従来の2次元の平面設計および縦断設計で作成され，線形計算ソフトや道路CADシステムで利用できます。したがって，現時点でも道路設計，路線測量および工事施工に道路中心線形データを流通させることで，データ再入力作業の省力化という業務改善効果が期待できます。このた

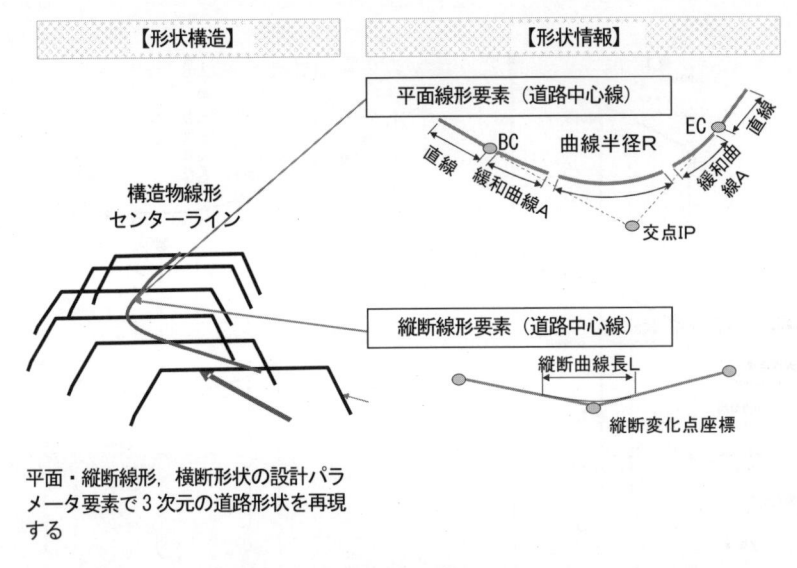

図 4.1.10 道路の3次元形状を表現するプロダクトモデル

め，電子納品のために道路中心線形データの交換標準を先行して検討し，「道路中心線形データ交換標準（案）基本道路中心線形編 ver1.0」[12]（以下「データ交換標準」という）を策定しました。

② データ交換標準の概要

策定したデータ交換標準の概要を以下に示します。

【適用範囲】

道路中心線形データは，道路事業の概略－予備－詳細設計の各段階で作成されますが，予備設計で確定された線形は，詳細設計以降での修正・変更は少なく，それ以降での再利用性が高いデータです。このため，本標準の基本道路中心線形編の適用範囲を，予備設計～詳細設計～工事施工段階でのデータ交換としました。

【定義】

道路中心線形データは，道路平面図に展開される2次元の「道路平面線形」として従来定義されてきました。しかし，3次元の道路プロダクトモデルにおける最も基本的で共通に利用できる要素としての利用を考慮し，2次元の「平面線形」と「縦断線形」とを組み合わせた3次元モデルとして新たに定義し直しました。また，縦断線形で求められる計画高さは道路を代表する高さであり，その道路横断での位置は必ずしも道路中心線形とは一致していませんでした。このため，道路中心線形データの新たな定義のもとでは，道路中心線形の高さは縦断線形で求められる計画高としました。

【要素の構成，モデルの特徴】

本標準では平面線形の幾何要素部分を，曲線の開始点，終了点といった主要点のならびで規定し，その間を幾何要素（直線，円曲線，クロソイド曲線）でつなぐことで表現します。また，中間点のひとつひとつの座標データも交換可能な規格としていますが，基本的には中間点座標は計算によって求めることを基本として，中間点座標の計算に利用する測点間隔，ブレーキをモデル化しています（図 4.1.11 参照）。

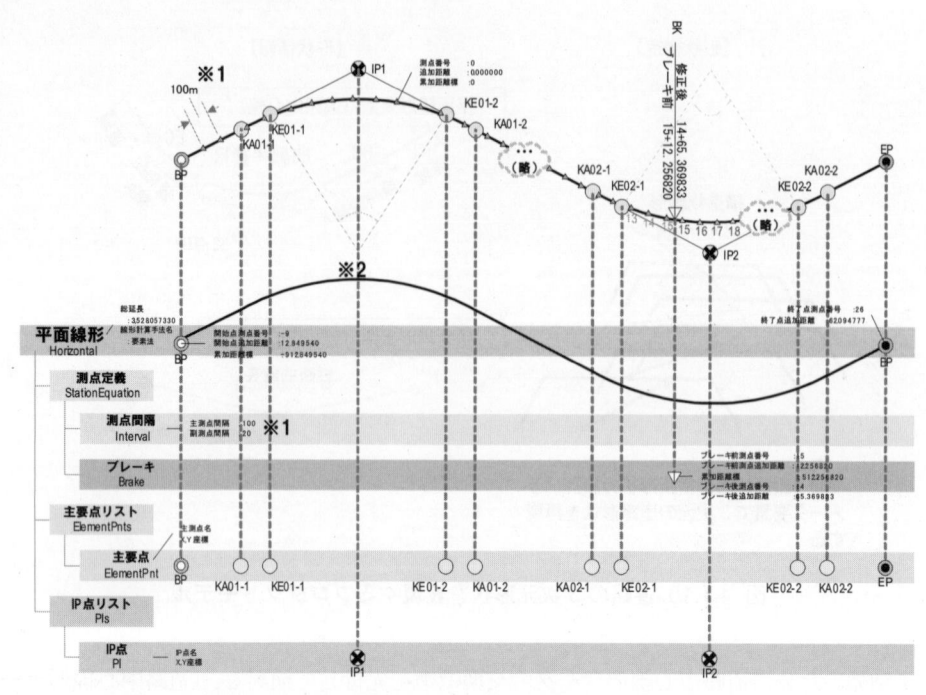

第4章 土木分野における情報収集と活用の事例

※1：測点については、測点間隔のみを保持し、△に関する属性は保持しない。（自動発生）
※2：幾何形状については、幾何要素（GmElement）で保持。

図 4.1.11 平面線形の記述

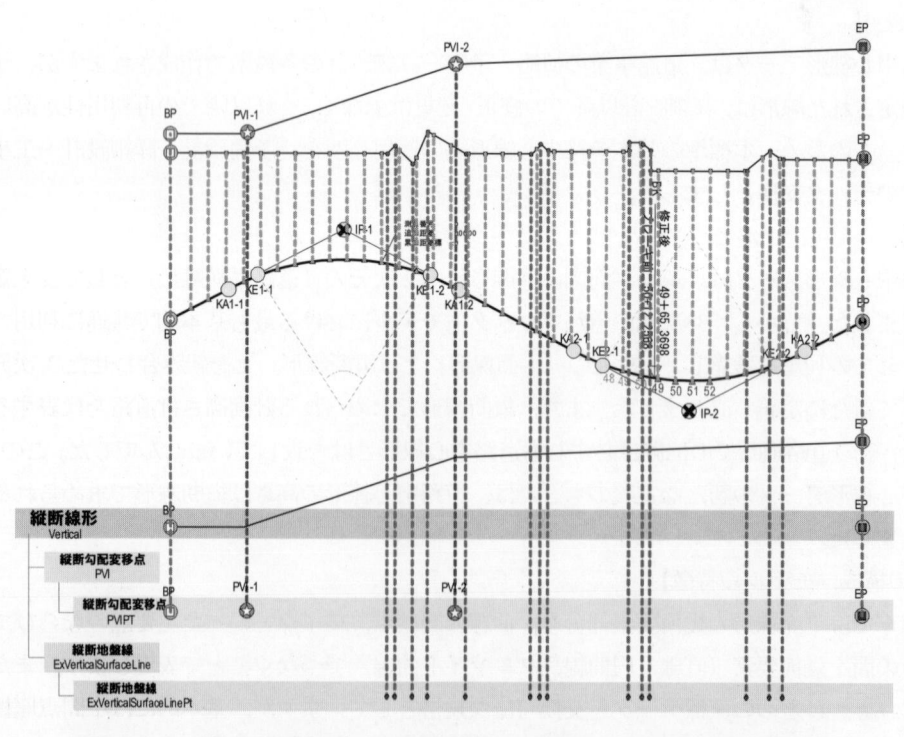

図 4.1.12 道路中心線形データ交換標準の平面線形と縦断線形の対応付け

縦断図は平面線形に沿って展開された道路断面と定義されることから，縦断線形の測点間の距離や累加距離を平面線形と同一とすることで，平面線形と縦断線形を関連づけます。また，平面線形と同様に中間点の高さは，縦断線形変移点と縦断曲線のパラメータから計算で求めることを基本としています（図 4.1.12 参照）。

【データ形式】

データ形式は，固有のアプリーションに依存しない XML 形式を採用しました。

(2) データ交換標準の利用

① 設計，工事の電子納品成果としての利活用

道路中心線形データは予備設計 B 以降ほぼ不変であり，工事完成後も保管すべき情報です。そこで電子納品成果（XML）としての仕様を定め流通させることにより，詳細設計，施工，維持管理業務の効率化と転記ミスの防止を図ります。図 4.1.13 は，異なる線形計算ソフト間でのデータ交換を示したものです。データの再入力を行うことなく道路中心線形データの取り込みが可能となります。すでに，本標準の実用ソフトでのデータ交換は可能となっています。

A社 道路線形計算ソフト　　　　　B社 道路線形計算ソフト

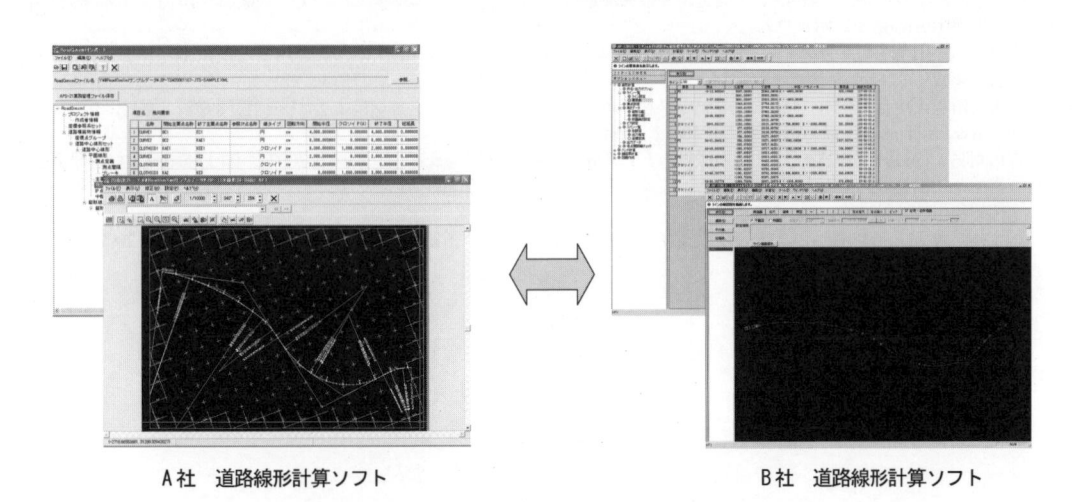

図 4.1.13 異なるソフトウェア間のデータ交換標準によるデータ交換

② プロダクトモデルの基盤データとしての利活用

現在，道路の 3 次元形状を表現するプロダクトモデルが複数の機関から提案されていますが，用途の違いなどによりモデル全体の標準化は困難であり，実務での利用も進んでいません。そこで，各種のプロダクトモデルの最も基本的な共通要素である道路中心線形を道路におけるプロダクトモデルの基盤データとして提案し，今後の検討を活性化させていきます。

③ 将来の ITS での利活用

現在，デジタル道路地図は，カーナビでの経路誘導に用いられていますが，将来的には地図の精度を向上させ走行支援に活用することが，ITS の取り組みとして 1 つの目標となっています。そこで，道路設計情報のうち ITS での利用に必要な最低限の情報を盛り込んだ形で標準化しておくことにより，将来の活用が期待されます。

第 4 章　土木分野における情報収集と活用の事例

(3) 今後の展開

　今後の展開としては，実務への早期の展開として，2007 年度に道路設計業務における電子納品に適用する予定です。また，中長期的な展開として，道路中心線形データの 3 次元形状モデルを基盤とした 3 次元プロダクトモデルの検討を行い，3 次元設計や情報化施工などの各種ソフトウェアで利用できるデータ交換標準の策定を目指しています。

【参考文献】
1) 国土技術政策総合研究所資料 331 号：「道路工事完成図等作成要領」，2006 年 8 月，http://www.nilim-cdrw.jp.
2) 国土技術政策総合研究所資料 372 号：「次世代デジタル道路地図のあり方に関する研究」，2007 年 3 月，http://www.nilim.go.jp/lab/bcg/siryou/tnn/tn_nilim.htm.
3) 真田晃宏，日下部毅明，村越潤：「平成 12 年鳥取県西部地震で得られた災害対応上の教訓」，2000 年 8 月，土木技術資料，44(8)，pp.30-35
4) 真田晃宏，日下部毅明：「5 月 26 日宮城県沖を震源とする地震での震後対応を踏まえた今後の危機管理について」，2003 年 12 月，土木技術資料，45(12)，pp.22-27
5) 日下部毅明：「平成 15 年十勝沖地震を踏まえた震後対応に関わる今後の課題」土木技術資料，46(11)，pp.58-63
6) 鶴田舞，真田晃宏，日下部毅明：「平成 16 年（2004 年）新潟県中越地震における震後対応上の教訓」，2005 年 4 月，土木技術資料，47(4)，pp.38-43
7) 大手方知，山本剛司，上坂克己：「災害時の情報流通性を高めるシステム連携について」，2006 年 10 月，土木学会，第 31 回情報利用技術シンポジウム
8) 小原弘志，山本剛司，金沢文彦，中尾吉宏，小路泰広：「災害情報共有システムの実運用と考察」2007 年 2 月，土木技術資料 49(2)
9) 国土技術政策総合研究所：「施工管理データを搭載したトータルステーションによる出来形管理要領（案）」，http://www.mlit.go.jp/kisha/kisha07/01/010406_2_.html
10) 青山憲明：「道路中心線形データ交換標準（案）の策定，国総研アニュアルレポート 2007」，国土技術政策総合研究所
11) 有冨孝一，松林豊，上坂克巳，柴崎亮介：「施工管理に活用できる道路構造物の基本設計情報の構造化」，2005 年，土木情報利用技術論文集，14，219-230
12) 国土技術政策総合研究所：「国土技術政策総合研究所資料第 371 号,道路中心線形データ交換標準（案）」，2007 年 1 月，基本道路中心線形編 ver1.0

4.2 地方自治体

4.2.1 東京都：下水道台帳情報システムから始まる CAD データのリサイクル

(1) はじめに

東京都下水道局では，下水道管きょの情報を中心とした下水道台帳情報システム（**Se**werage **M**apping and **I**nformation **S**ystem，以下「SEMIS」という）を 1980 年代に開発・導入してすでに 20 年以上運用しています。現在取り組まれている CALS/EC の先がけともいえるものです。この電子データのライフサイクルとしては，一般的に終着点と見られがちな，維持管理部門が保有するデータ（SEMIS の地形・施設データ）を起点として，電子納品による工事完了図を再び下水道台帳（SEMIS）へ戻す電子データのリサイクルの仕組みを構築したので紹介します。

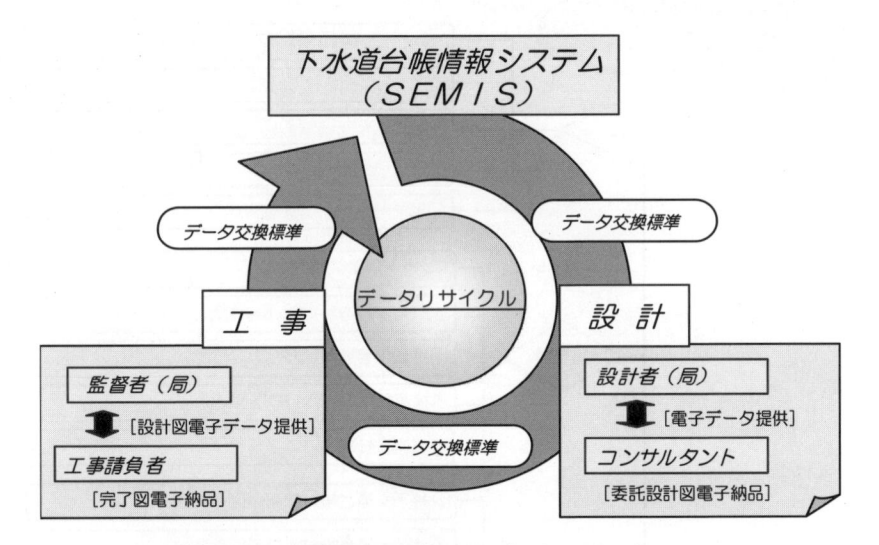

図 4.2.1 台帳から台帳へのデータリサイクル

(2) 下水道台帳のデータ蓄積と SEMIS の開発

① 下水道台帳の調製および電子データ化

1) 下水道台帳の調製・保管義務

下水道台帳（調書，図面）は，下水道法第 23 条で調製・保管が義務付けられています。東京都は早くから下水道台帳の整備を行ってきており，23 区部の施設データ規模は管きょ延長約 16,000km，マンホール約 48 万ヶ所，公共ます約 185 万ヶ所に及びます。これは施設平面図（縮尺 1/500，A2 判）では約 15,000 枚にもなる膨大なデータ量です。

2) 台帳情報の電子データ化の背景と SEMIS の開発

下水道の普及拡大に伴い，従来の紙ベースでの台帳管理が困難となりつつあった 1980 年度に調書類の電子データ化を開始しました。2 年後にマッピングシステムに着手し，1985 年度に SEMIS を全国の地方自治体に先駆けて完成・導入しました。その後，本格的に施設データの初

第4章　土木分野における情報収集と活用の事例

期入力を行い，継続的にデータの補正，更新を行い運用しています。

3) SEMIS 導入の効果

紙ベースの台帳では閲覧は本庁のみ，検索に時間を要し，更新が遅いなどの課題がありました。SEMIS の導入でほしい情報が容易に検索でき，データの収集，更新なども迅速となり情報が新鮮なため利活用者が格段に増加し，SEMIS の機能拡大の要望にもつながっています。

② SEMIS のデータベース

1) SEMIS の情報と機能

SEMIS は，下水道施設情報を一体としてデータベース化し管理できる地理情報システム（GIS）です。管きょの属性情報には，管径，勾配，管底高，管材質，工事年度等 90 項目以上の情報が登録されており，以下（図 4.2.2）のように多くの機能を持っています。

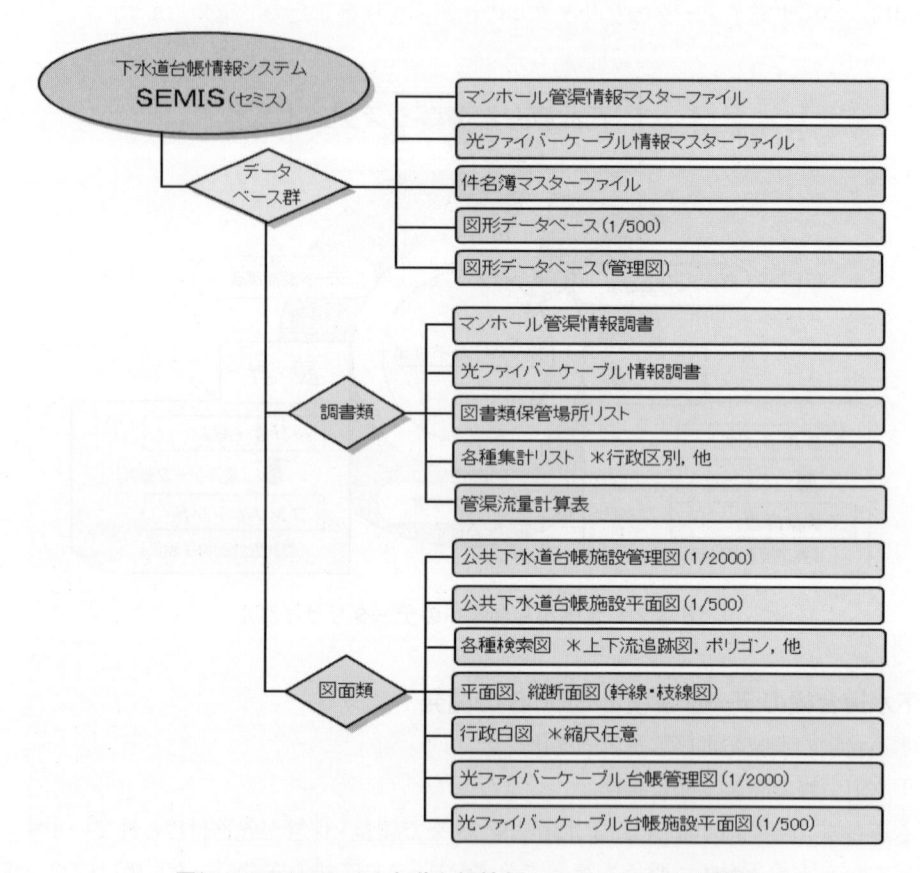

```
下水道台帳情報システム
SEMIS（セミス）
├─ データベース群
│   ├─ マンホール管渠情報マスターファイル
│   ├─ 光ファイバーケーブル情報マスターファイル
│   ├─ 件名簿マスターファイル
│   ├─ 図形データベース(1/500)
│   └─ 図形データベース(管理図)
├─ 調書類
│   ├─ マンホール管渠情報調書
│   ├─ 光ファイバーケーブル情報調書
│   ├─ 図書類保管場所リスト
│   ├─ 各種集計リスト　＊行政区別，他
│   └─ 管渠流量計算表
└─ 図面類
    ├─ 公共下水道台帳施設管理図(1/2000)
    ├─ 公共下水道台帳施設平面図(1/500)
    ├─ 各種検索図　＊上下流追跡図，ポリゴン，他
    ├─ 平面図、縦断面図(幹線・枝線図)
    ├─ 行政白図　＊縮尺任意
    ├─ 光ファイバーケーブル台帳管理図(1/2000)
    └─ 光ファイバーケーブル台帳施設平面図(1/500)
```

図 4.2.2 SEMIS（下水道台帳情報システム）の主な機能

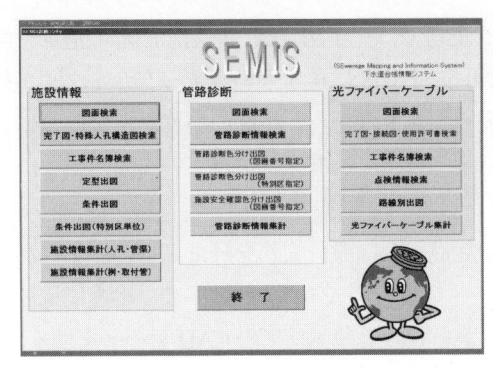

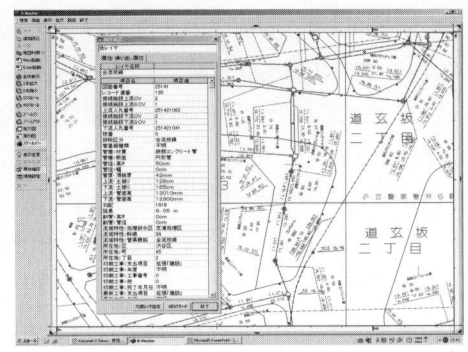

図 4.2.3 SEMIS の検索画面

2) SEMIS のネットワーク

現在，本庁および8管理事務所にサーバを設置し，23出張所，3建設事務所等とネットワーク化しており，管きょのライフサイクルにおいて基幹となる重要なシステムとなっています。

③ SEMIS の活用

1) 管路診断システム

管路診断システムは，管きょの劣化度調査などのデータを入力し，SEMIS の地図データを活用した要改良・補修箇所の表示や管路診断情報などの集計機能を備えたサブシステムです。

2) インターネットで公開

SEMIS の施設平面図の一部はインターネットで公開しています。これにより台帳閲覧室への来庁者は約1/4にも激減し，窓口対応の職員も半減しました。

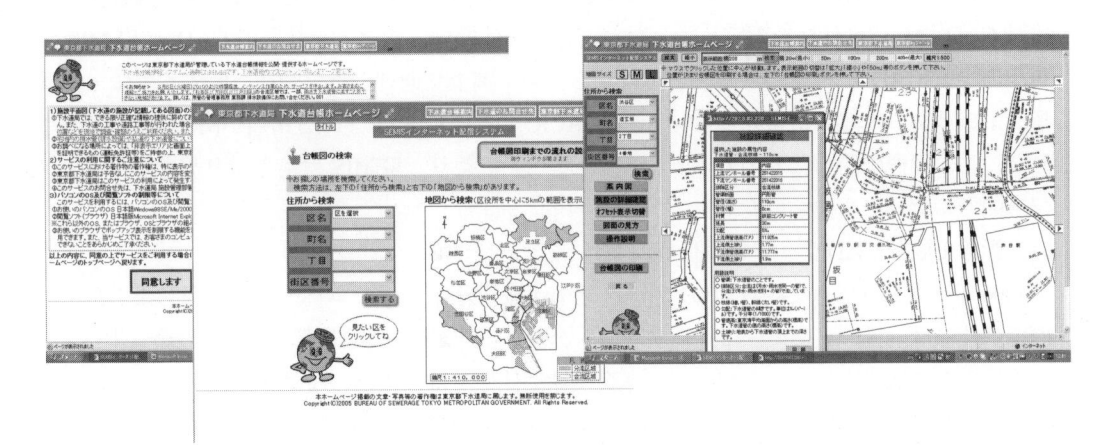

http://www.gesuijoho.metro.tokyo.jp/semiswebsystem/index.html

図 4.2.4 ホームページの検索画面

(3) SEMIS と設計 CAD データのリサイクル

① 電子データのリサイクル

1) これまでの設計図作成から台帳の更新まで

現行の管きょ設計は SEMIS から台帳図を紙に出力しそれをトレースすることから始まり，工

第4章　土木分野における情報収集と活用の事例

事後の完了図も紙で納品され，SEMISのデータ更新では完了図（紙）を基に図形の追加や削除等を行い，属性項目も手作業でデータ登録し，再びSEMISに戻すというデータサイクルが行われています。電子データ化された台帳図が出発点でありながら，中間の業務段階では紙によるデータ交換が続いており，電子データの有効活用や連携・共有化に欠けていました。

2）　CADデータでリサイクル

そこで，SEMISから出力するCADデータを起点とし，設計業務を経て工事の完了図が電子納品され，SEMISのデータ更新完了までを，すべて電子データにより効率よく迅速に流通させる仕組みを策定しました。設計部署ではSEMISから設計対象エリアのCADデータを切り出し，設計委託業者へCDで渡し，設計委託業者はそれを利用して設計図を作成し電子納品（CD-R）します。そのCADデータ（設計図）を利用して工事を発注し，工事請負者は工事変更などを経て完了図を電子納品（CD-R）します。下水道台帳管理部署では完了図を電子データのままSEMISの更新に利用し，データのリサイクルが完成するという仕組みです。CADデータには各業務段階での属性情報も入力することとし，更新時の誤入力・入力漏れなどがなく正確なデータの流通が行えることとなります。

②　管きょ設計CADデータ標準仕様の整備

1）　標準仕様

この電子データのリサイクルを実現するため，SEMISから設計CADなどで利用できるデータを切り出し，再びSEMISに取り込むためのデータ交換仕様を整備する必要があります。

2）　SXFの採用

SEMISが特定のCADソフトだけではなく複数のCAD間でのデータ交換を可能とするためのCADデータ交換標準フォーマットのSXF（P21）形式に対応するとともに，下水道管きょの設計CAD用の標準仕様を策定しました。この標準仕様は，管きょ設計用のCADとSEMISから出力するCADデータに互換性を持たせるため，国土交通省の電子納品に関する要領・基準類および(財)日本建設情報総合センター（JACIC）開発のSXF（Ver.3.0）に準拠して策定しました。この仕様に沿ったCADソフトができることにより，SEMISはもとより異なるCADソフト間でのデータ交換も可能です。

3）　管きょ設計CADデータ標準仕様（案）

2006年5月に「管きょ設計CADデータ標準仕様（案）」をホームページで公開しました。この標準仕様は「データ交換標準仕様定義」，「管きょ設計CAD製図基準」，「図面の簡素化」と3つの仕様書で構成されています。データ交換標準仕様では，業務の履歴を記述する「業務履歴管理データ」とCADデータを交換する「CADデータ交換標準」で構成しています。

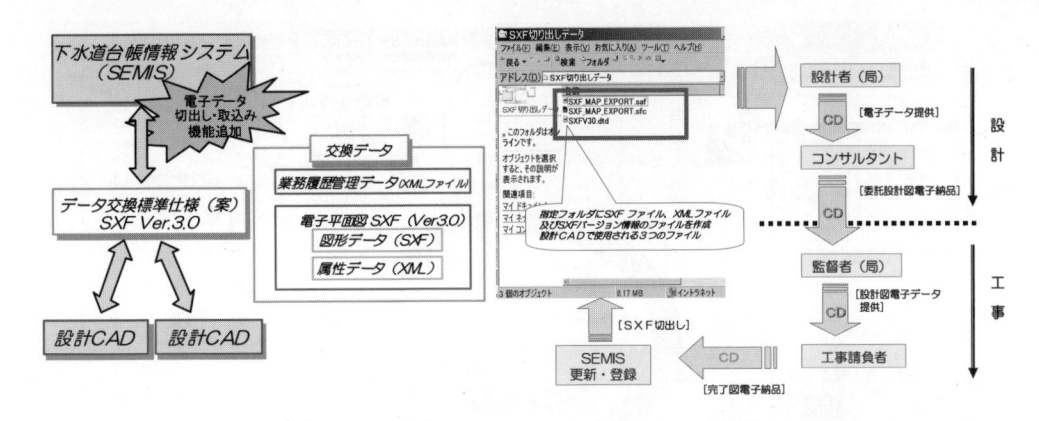

図 4.2.5 設計 CAD データ交換標準仕様　　図 4.2.6 CAD データのリサイクル

4) 標準仕様の周知

この標準仕様公開により数社が CAD ソフトの開発を行っており，設計コンサルタント，施工会社等の関連団体へも東京都下水道局の電子納品への取組みを広く周知し，このデータリサイクルが円滑に運用できるよう努めているところです。

(4) 今後の展開と課題

① 運用の拡大

この CAD データのリサイクルによる電子納品は，2006 年度下半期から段階的に実施し，すでに SEMIS から CAD データとして切り出し，設計作業へのデータ提供を始めました。今後，この CAD データを基にした工事完了図が電子納品され，最初に SEMIS のデータベース更新に反映されるのは 2007 年度下半期の予定であり，2009 年度以降適用対象工事を拡大していく予定です。

② システムの運用，改良

設計，工事，納品，更新の各業務段階での電子データの運用，内容確認が未だされていないため，データ流通の不具合なども今後予想されますが，一つ一つの事例を克服し本格導入に向けて運用していきます。

今回の事例は長年蓄積された維持管理データの活用が出発でした。始まったばかりですが，効率的なデータのリサイクルにつながる先行事例として参考になれば幸いです。

4.2.2 大阪府

(1) 大阪府建設 CALS システムの概要

本システムについては，公共事業のライフサイクル（調査計画，設計積算，工事施工，維持管理）全般にわたる情報を一元的に管理することにより，情報の流通，共用化，有効活用を実現し業務の効率的運営，質的向上を支援することを目的に，2004 年度より開発に着手し，2008 年度の全面供用を目指し鋭意開発中です。

このシステムでは，下記の目的で情報の蓄積を行っています。

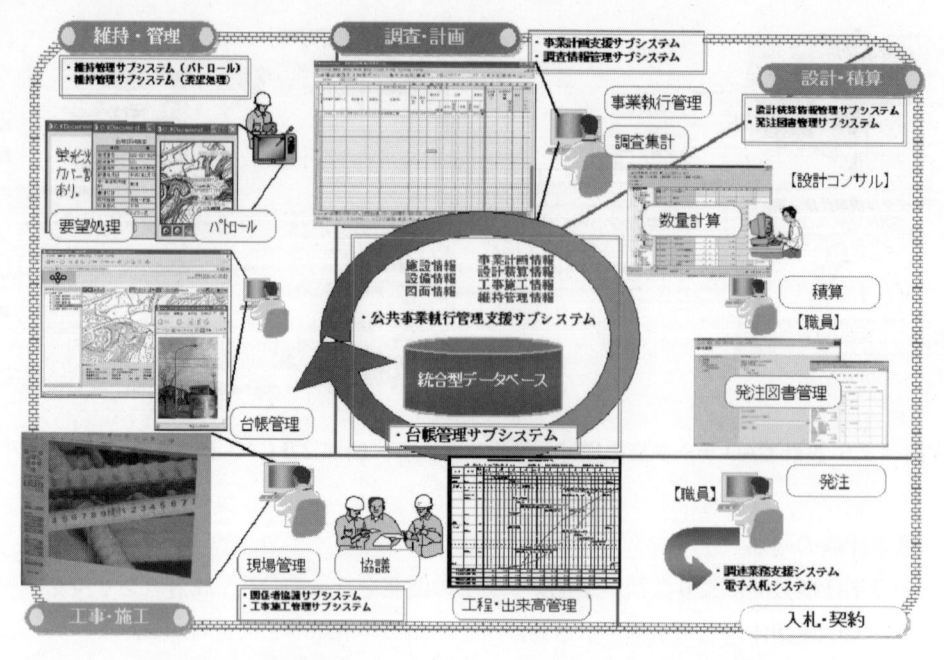

第4章 土木分野における情報収集と活用の事例

図 4.2.7 公共事業のライフサイクルに対するシステムの支援

① 公共事業のライフサイクルにおけるフェーズ間での情報の共有

調査計画，設計積算，工事施工，維持管理の各フェーズの成果品，入手した情報をほかのフェーズで参照，活用可能です。

② 庁内組織間，関係機関との情報共用

部門間や担当者間，関係機関との間で情報の共有化を実現し，情報の有効活用や情報伝達の迅速化，確実化を図ります。

(2) 公共事業のライフサイクルにおける情報の蓄積，活用

大阪府の建設 CALS の全体イメージを図 4.2.7 に示します。

公共事業の一連のライフサイクルでの業務支援および情報収集を行うため，9 つのサブシステムにより業務支援を行っています。各サブシステムの概要について下記に示します。

① 公共事業執行管理支援サブシステム

公共事業では，多岐にわたる業務を取り扱い，また多年度にわたるものも多くなっています。こうした中で情報やノウハウの連携や引継ぎは事業を適正に執行していくうえで不可欠です。

公共事業執行管理支援サブシステムは，建設 CALS システムのポータル（入口）となるシステムで，公共事業を執行するにあたって取り扱われる情報を業務フローに基づき統合的・体系的に管理，また適正に情報提供し，作業を誘導・支援します。

② 事業計画支援サブシステム

建設 CALS 以外の支援システムとして，大阪府では，財務会計システム，調達業務支援システム等があり，それらのシステムと連携し，予算要求，予算配当，予算執行管理等の業務のトータル支援が求められています。また，こうした業務では，各種情報が多岐にわたり，かつ紙で管理されているため，資料が散在していることや，同じ情報を何度も記述しているなどの問題があり

ます。

事業計画支援サブシステムは，予算要求の登録・管理，予算配当の作成支援，予算要求・配当のシミュレーション，予算執行等の管理を関連システムと連携し統合管理を行い，事業計画関係業務の効率化を図ります。

③ 調査情報管理サブシステム

現在，調査／照会依頼に対する調査票の作成に多くの時間を費やしています。これは調査対象となる資料や情報が散在しており，さらに情報収集後も調査票の作成，取りまとめに時間がかかっていることが原因となっています。

調査情報管理サブシステムは，調査状況・情報の一元管理と収集した情報の自動集計，報告書の作成を支援し，調査業務の効率化を図ります。

④ 設計積算情報管理システム

設計，積算の業務においては資機材メーカーから資機材カタログを取り寄せ，材料承諾届を作成したり，各種単価の比較や，数量計算書のチェック，積算など個々の作業に多くの時間を要しています。

これらの業務にまたがる情報の流通（電子データとしてのつながり）や手作業のシステム化による業務負担軽減を目的に，数量計算作成支援機能や，残土など処分費用算出機能などの提供により，数量取りまとめ，積算根拠資料作成などの設計業務を支援します。

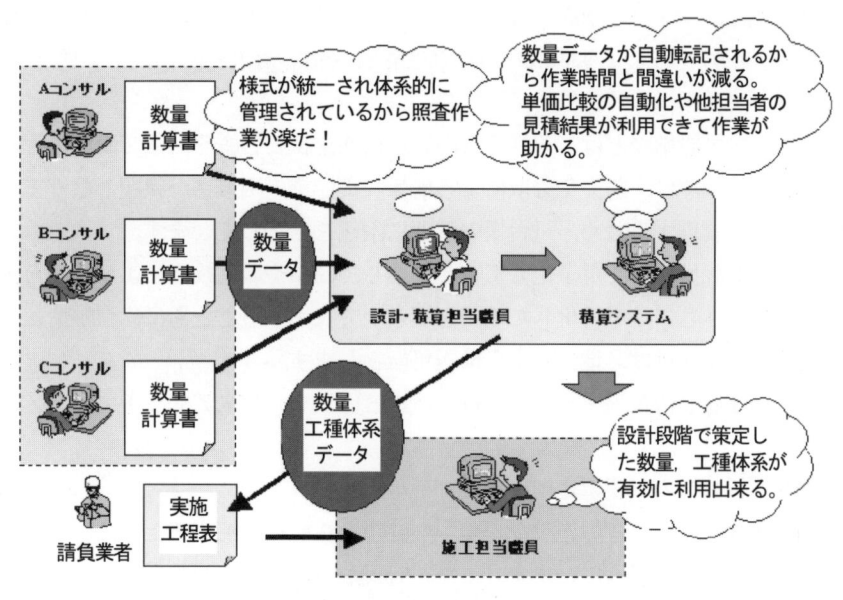

図 4.2.8 設計積算情報管理サブシステム

⑤ 発注図書管理サブシステム

現状の発注図書の原議は，図面，設計書，仕様書等の形式が統一されていない，また原議が紙ベースで管理されていることから，ひとまとまりの書類として電子的に管理することが有効です。発注図書管理サブシステムでは，発注図書を電子ファイルとして原議管理を行い，検索・閲覧・

第4章　土木分野における情報収集と活用の事例

履歴管理できる機能を提供することで業務を効率的に支援します。また，管理する発注図書をPDF形式に変換し，電子入札システムへ登録する連携機能を提供します。

⑥　関係者協議サブシステム

　設計積算や工事施工の業務において，府職員と関係者などで各種協議が行われていますが，その開催回数が多く，協議資料の作成などの負荷が高くなっています。そのため，協議資料の作成支援や，協議資料の共有化による協議回数の削減を実現するシステムの整備が求められています。

　関係者協議サブシステムは，協議情報や協議資料を電子化し，協議関係者間で共有することにより協議業務の効率化を図ります。

⑦　工事施工管理サブシステム（情報共有・電子納品）

　工事管理を行う上で，
- ・現場状況の把握，確認
- ・工事進捗の管理
- ・出来形管理

のため，受発注者間で施工にかかわる情報をやり取りしています。

　府職員は，複数の工事を担当し，また多くの移動時間をかけて直接現場に出向き施工管理業務を行う必要があるため作業負荷が多くなっています。

　工事施工管理サブシステムは，Webカメラなどを使用し遠隔での現場確認を行うことで効率的な現場施工管理を実現するとともに，工程管理機能などで適正な執行管理を支援します。

【注】なお，電子納品については，2003年9月から委託など全件と1.8億円以上の工事を対象としており，2007年度は9千万円以上の工事および橋梁上部工事と，順次，対象を拡大しています。

⑧　台帳管理サブシステム

　道路施設や電気機械設備などは，それぞれの管理情報を紙の台帳や図面で適切に管理しています。紙による情報管理では，遺失や分散による情報収集作業の困難さが課題となります。また，膨大な施設や設備を管理するため，紙台帳の管理に困難をきたしています。

　そのため，施設，設備情報を電子化して統合管理し，GISや属性検索により目的とする情報の参照を支援します。さらに，電子化した地図を端末上で表示するとともに，台帳情報，維持管理情報，事業情報等を関連付け，地図上から検索可能とします。

　また，点検・補修履歴情報等を収集，分析することにより，将来アセットマネジメントなどに活用します。

⑨　維持管理サブシステム（要望処理・パトロール）

　道路，河川，建物や水門などの施設を安全かつ健全な状態に維持するために，職員や請負業者でパトロール・定期点検を行っています。また，府民からの要望・連絡を受付けた場合には，施設の確認作業を行い，施設の支障が確認されたときは，補修工事等を実施します。これら維持管理業務の対象となる施設は数が膨大であり，大きな負荷となっています。

　そのため，点検・パトロールや要望処理の業務を支援し，業務の効率化を実現するシステムの整備が求められています。

　点検やパトロール，要望処理の結果などの電子的管理や，帳票出力，あるいはモバイル端末による現場での情報登録により維持管理業務の効率化を図る予定です。

4.2 地方自治体

(3) 対象情報

公共事業執行に係る情報は，事業単位，施設単位，技術単位で管理します。事業執行プロセスの中で事業に関する情報が集積され，工事が完了し施設が確定した段階で施設情報に反映していくことになります。技術情報は事業を執行していく上で，随時更新，参照していきます。

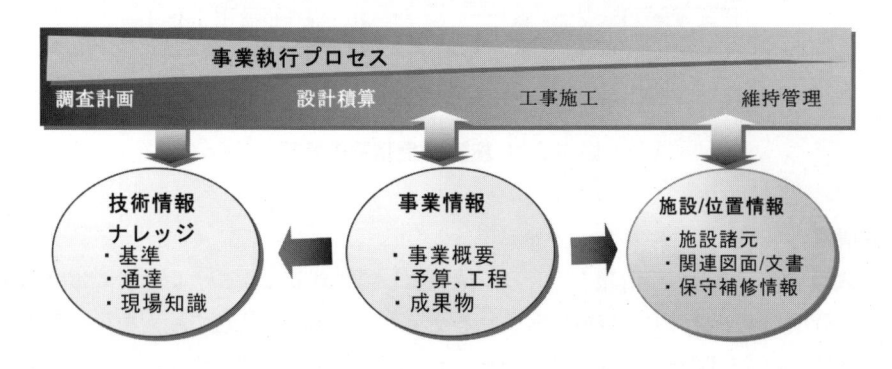

図 4.2.9 本システムにおける3つの情報管理の位置づけ

① 事業情報

事業に関する情報は，案件単位，作業単位に管理します。事業執行に係る情報として，事業内容，予算，工程，箇所等共通情報と事業執行の過程で作成された成果品など関連する情報が管理されます。

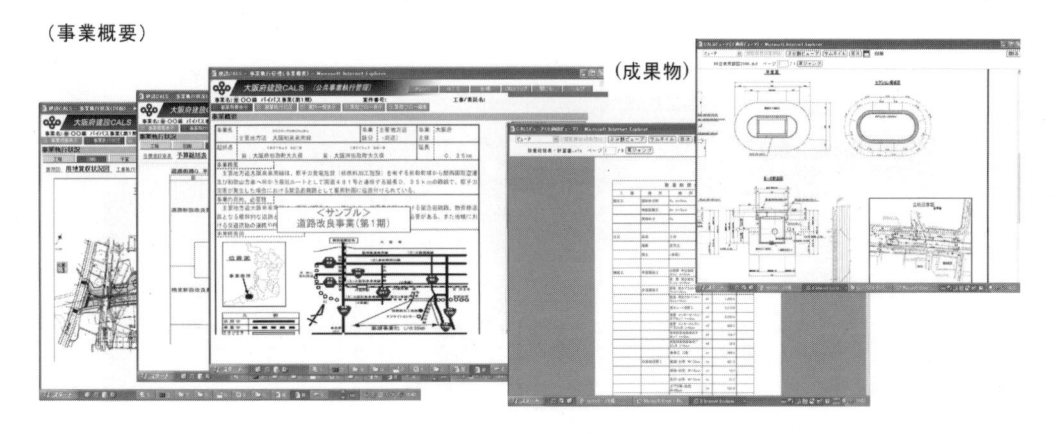

図 4.2.10 事業情報

② 施設/位置情報

施設，設備に関する情報として施設管理情報（諸元，図面，文書），保守補修情報（要望，点検結果等）を位置情報と合わせて管理します。施設情報から位置の参照および地図上の施設からの施設情報の参照が可能です。

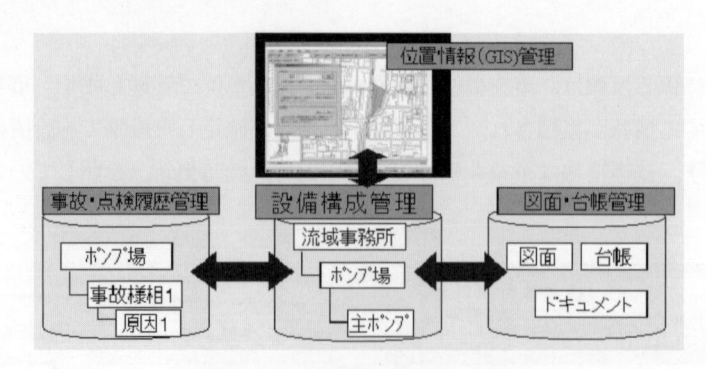

第4章 土木分野における情報収集と活用の事例

図 4.2.11 施設/位置情報の管理

③ 技術情報

　事業を執行する上で役立つ情報をナレッジ情報として管理します。ナレッジ情報は，共通データとして，分類，キーワード，資料に含まれる文字列など多様な観点で検索を行います。ナレッジ情報は文書は勿論，図面，各種イメージなども含めて対象としています。

(4) 情報の提供方法

① 作業に応じた情報提供

　作業に応じて必要となる情報を提供します。該当の作業を選択することによりシステムが自動的に必要な情報を提示しますので作業の均質化や最適化を支援します。

　公共事業執行管理支援サブシステムでは，各事業，案件に対して必要な作業や各作業で作成が必要となる文書，図面を示し，定型的な文書ではフォーマットを提示します。さらに，場面に応じて参照が必要となるガイド（指針）についても参照できます。

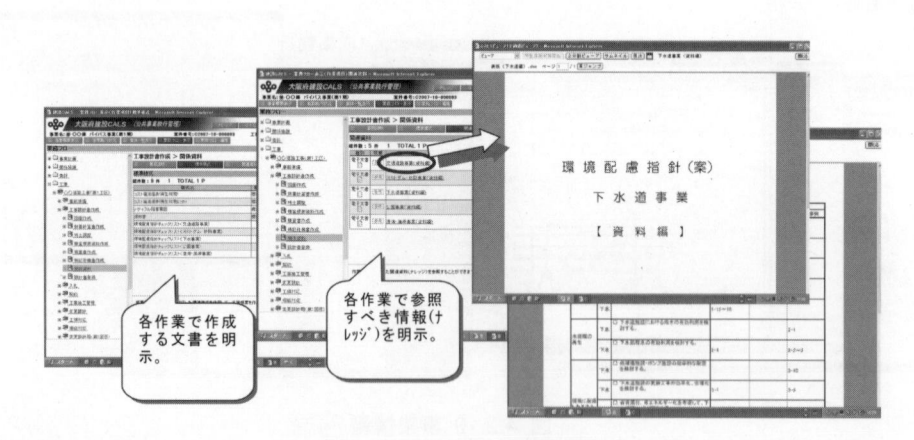

図 4.2.12 作業対応情報提供

② 対象選択による情報提供

　事業に係る情報や施設情報などは対象の事業，施設を指定することにより直接参照できます。

　公共事業執行管理サブシステムでは事業に関する事業概要，予算，箇所をはじめとする情報を，台帳情報管理サブシステムでは，施設に関する諸元，図面，位置情報等を管理し該当の事業，施

4.2 地方自治体

設を選択し内容が参照できます。

図 4.2.13 GIS 機能による施設情報提供

③ カテゴリによる情報検索

ナレッジ情報など多目的に使われる情報についてはカテゴリ（分類）による情報の検索が可能です。カテゴリは対象部門，技術分野，ドキュメント種類等で分けられます。

④ キーワードによる情報検索，提供

ナレッジ情報（基準，通達，ガイダンス，現場知識等）など多目的に使われる情報については，あらかじめ設定されたキーワードや指定した任意の文字列が含まれる文章，図面を検索します。

公共事業執行管理サブシステムでは，文書登録時に所定のキーワードを選択，登録し，登録したキーワードから該当の文書を検索することができます。また，参照したい工法，工種など自由な文字列を指定することにより登録されたワープロ文書，表計算，イメージ文書，図面から指定した文字列が含まれる文書を検索し，該当箇所が明示できます。

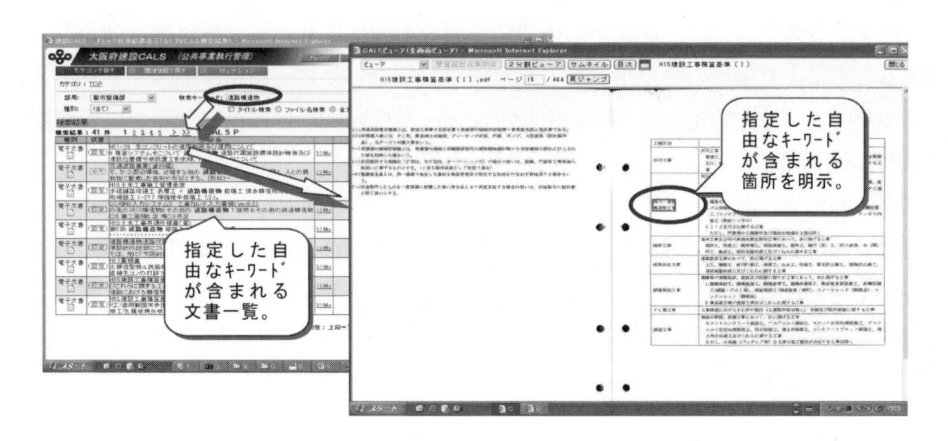

図 4.2.14 キーワードによる文書検索

⑤ 個人別情報提供

職員ごとに頻繁に用いる情報（事業情報，台帳，ナレッジ，地図情報）についてはあらかじめ個人情報として登録しておくことが可能です。また情報の検索方法も個人ごとに登録が可能です。

公共事業執行管理サブシステムでは，各職員の担当する事業やナレッジ情報を登録していくこ

第4章　土木分野における情報収集と活用の事例

とにより効率よく情報の選択が可能になります。同様に GIS では，各職員が担当する地域を指定することにより，初期表示で該当の地域の表示が可能になります。台帳管理サブシステムでは台帳の検索パターンを登録することにより業務にあった台帳検索を効率よく実施することができます。

図 4.2.15 地図上での情報提供例（要望受付箇所）

⑥　地図による情報提供

施設情報や住民からの要望など地理的に散在する対象に関する情報は，地図上で対象図形を指定して情報を検索できます。地図上の表示は対象ごとに設定されたレイヤを指定することにより当該情報のみの表示が可能です。

維持管理サブシステムでは，住民からの要望箇所を対象により，点，折れ線，多角形で地図上に配置することにより場所の特定が可能となります。登録した要望箇所は地図上で表示されますので，要望箇所の分布や特定箇所への集中状況など，補修計画などに役立てることが可能です。

(5)　情報の活用事例

①　過去事例の参照，流用

効率的な情報の活用として過去事例の参照，流用が挙げられます。過去の同型の工事に関する工法の参照や単価比較表の活用，各種協議における協議議事録の参照など過去の工事における情報の活用により新規工事の設計を効率化します。

4.2 地方自治体

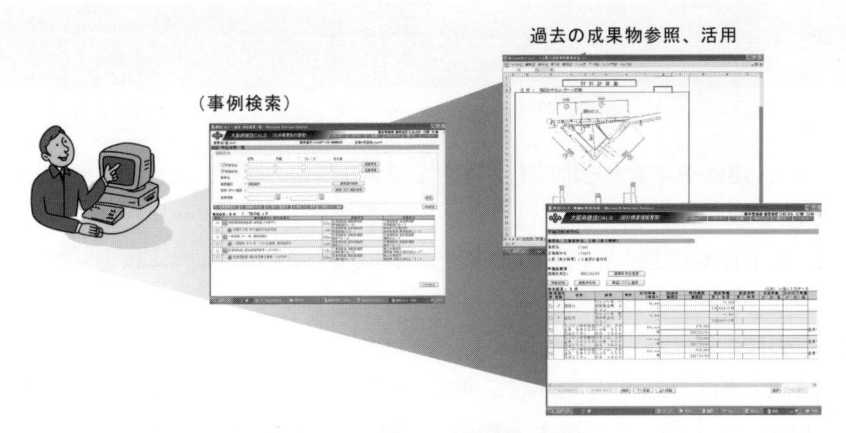

図 4.2.16 類似工事情報の活用

② 情報のフィードバック

　工事完了後の実績情報を，新規工事における設計，検査に活用することが可能です。過去の検査における指摘事項を設計時点で活用し，工事瑕疵担保期間終了後の不具合発生内容を検査でのチェック項目に反映し，施設の補修履歴を工事計画策定の際に活用することができます。

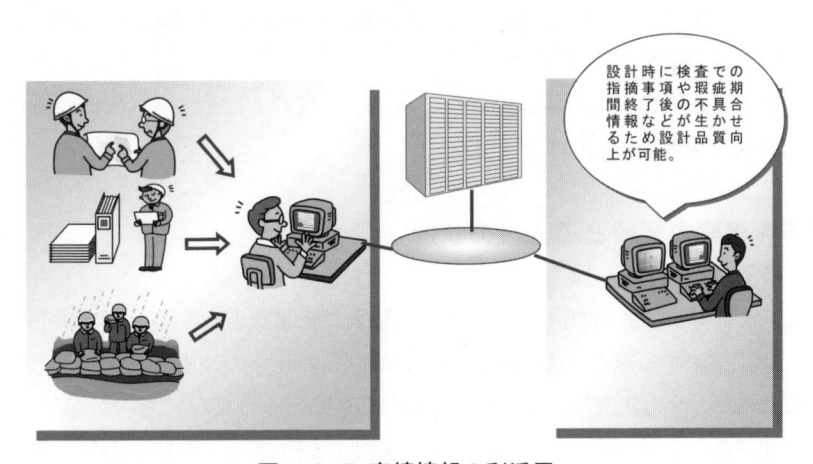

図 4.2.17 実績情報の利活用

第4章　土木分野における情報収集と活用の事例

4.3　鉄道事業者

　鉄道事業者は，規模や営業する地域もさまざまであり情報の収集および利活用についても各事業者で各々独自の取り組みを行っています。
　ここでは，JR東日本の建設工事部門における情報収集やその活用について述べます。

4.3.1　はじめに

　JR東日本建設工事部門では，本社建設工事部と東京・仙台・高崎に設置した4つの工事事務所，合わせて約1,500人の要員で年間約2千億円の工事などを実施しています。今後ともこの工事量を着実に推進するためには，効率的な業務推進やベテラン社員からの技術継承などが課題となっています。
　その課題解決のための一方策として，鉄道建設工事の調査計画から竣工に至るまでの「情報管理・共有」および新しい技術やノウハウを展開するための全体的な「技術力の向上」を目的に，業務の管理・支援・指導について，本社・工事事務所・現場が一体となって活用できる建設工事部門データベース（TERA；Total Engineering information system of RAilway construction）（以下「TERA」という）を構築しています。
　以下では，TERA構築の経緯と現在の状況，および設備のメンテナンス部門（維持管理業務）との連携を含めた将来展望について述べます。

4.3.2　TERA構築の経緯と導入後の状況

(1)　TERA構築以前の状況

　国鉄時代を含め，建設工事部門ではこれまでに膨大な工事などを実施してきました。それらを実施していく中で発生する数多くの情報については，その時々の技術および考え方により管理・共有していましたが，その状況は，データ化しているものとそうでないものが混在していました。また，データ化された各種図面などのデータも，以下に例示するようにそのデータを主に整備・活用する部署により複数のシステムで個々に管理されており，必要な情報の検索やその活用に大きな労力を必要としていました。

　例：東京工事事務所
　　・開発調査室（NSXPRES6000）：線路平面図，構造図，調査開発計画図等
　　・工事管理室（マイクロフィルム）：既設計情報（設計図，設計計算書）
　　・工事管理室（TOS-FILE）：竣工図等

　これら情報検索・活用を効率的に実施するため，技術情報を統合し，建設工事部門のあらゆる箇所から容易に検索・活用できるデータベースシステムの必要性が議論され，その構築に着手することとなりました。

(2)　データベース構築の基本的な考え方

　技術情報を統合するデータベースの構築を検討するにあたり，以下のように基本的な考え方が

整理されました。

一口に技術情報といっても，その形態・性格により一括データベース化することはシステム技術上にもコストパフォーマンス的にも困難です。このため，TERA は次のようなサブデータベースからなる統合データベースとして構築することとなりました。

① 図面情報データベース
・高い精度が要求される A0～A1 と大型な図面（ラスター・ベクター情報）
・色（カラー）を意識する必要がある。
・CAD ソフトでの活用が考えられる。
　対象：線路平面図，構造図（設計成果物，竣工図），調査開発計画図面（資料）等
　　　　　　　⇒既存の図面管理システムの拡張
　　　既設計情報（設計図・設計計算書）
　　　　　　　⇒既存のマイクロフィルムの電子化

② 技術資料データベース（共通課へ設置）
・高い精度を要しない，目で見れば解る資料
・多量で定型 A3 までの資料（イメージデータ）
　対象：地質調査報告書，大規模工事施工計画書等
　　　　　　　⇒既存の資料管理システムの拡張
　　　各種規程・連絡文書，安全管理（事故情報・要因分析情報），コストダウン情報，
　　　技術開発情報，建設工事部門情報（部内報，所内報等），文献保管情報
　　　　　　　⇒イントラネット・サーバの導入

③ 外部データベース
・社外建設情報 DB，各種統計 DB 等
　　　　　　　⇒インターネットの活用

(3) 導入後の状況

上記を基本的な考え方として，TERA は，2000（2000）年 2 月に使用開始されました。

TERA は，建設工事部門全社員が一般業務用として使用している JoiNET（JR 東日本統合オフィスシステム）端末より使用可能となっており，図面情報や技術情報を中心とした建設工事部門の情報検索・活用の基幹的なシステムとして利用されはじめました。

使用開始後，約 7 年半が経過していますが，その間，インフラの増強（サーバ群の機能向上など）に加え，下記のような改良を経て，現在も活用されています。

① 鉄道認定事業者制度や ISO システム導入への対応

2001 年度からの認定事業者制度や ISO9000s システムにおいては，必要な書類・資料などを適切に保存・管理していくことが求められています。そこで，それらの蓄積媒体として，TERA を活用しています。

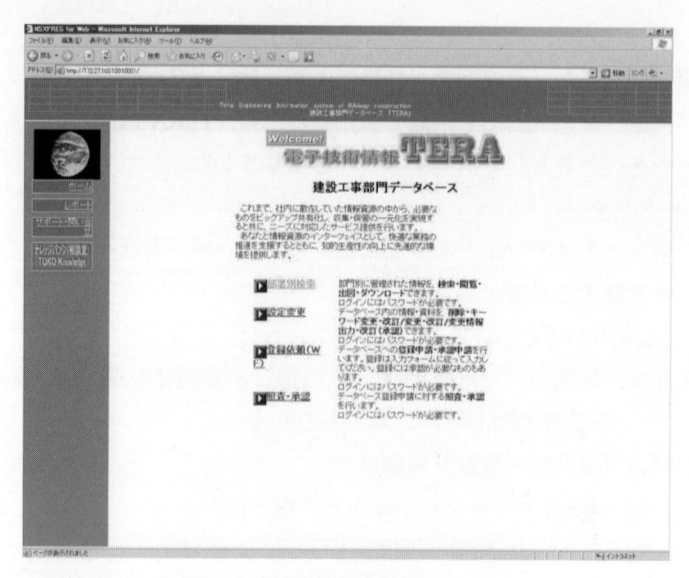

第4章　土木分野における情報収集と活用の事例

図 4.3.1　建設工事部門 DB TERA

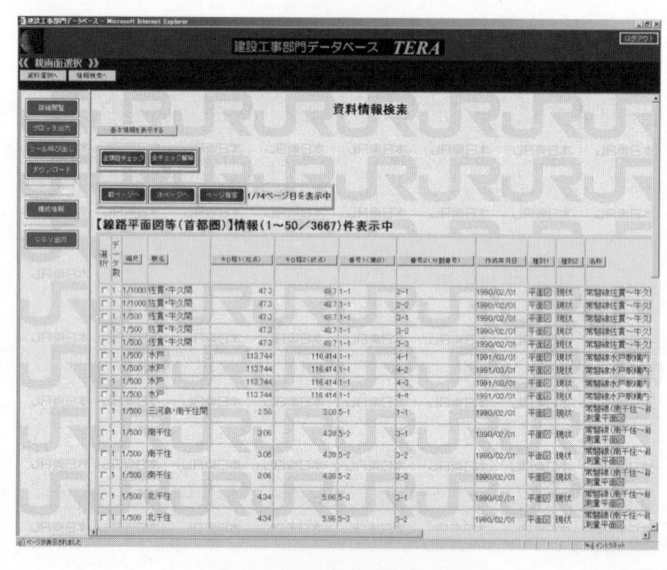

図 4.3.2　検索結果の例

② 耐障害性向上

　図面や技術情報など，建設工事部門共通の資産を保管・管理している共通データベースについて，従来は東京地区にあるサーバのみで管理していましたが，同等のレプリケーション DB を東北に設置しました。これにより，東京にある共通データベースに，何らかの理由（たとえば，地震等の被災）により障害が発生した場合でも，即座に東北のレプリケーション DB を活用した同等の共通データベース環境を維持することが可能となります。これは，建設工事部門の貴重な財産である設計図書等の各種技術情報のバックアップ対策だけではなく，建設工事部門，ひいては JR 東日本全体に対する防災対策の一環でもあります。

③ 鉄道 GIS システムの導入と既存資料との連携

GIS（Geographic Information System：地理情報システム）の技術を活用し，電子線路平面図，市街地図（デジタル地図），航空写真図（オルソ画像）で構成される「鉄道 GIS」を，TERA の機能として搭載し，地図情報をベースとした直感的な線路平面図情報（キロ程，軌道中心，橋りょう，踏切，建物上屋等の鉄道施設情報）の検索を可能としました。

また，GIS は，地物が描かれている電子地図を基盤とし，その上に位置情報と関連する情報を扱うことができますが，鉄道 GIS においては，電子線路平面図上の鉄道施設の位置情報により，既存の位置情報を持つデータベースとの連携が可能となります。

TERA では，まず電子化された地質調査報告書・地質柱状図等と，GIS との連携を実施しました。

図 4.3.3 鉄道 GIS

4.3.3 当面の課題と今後の方向性

前節で述べたように，TERA は，設計・図面情報や規程等技術情報の検索・閲覧や，認定事業者制度業務記録管理，ISO9000s 品質文書管理における各種資料の管理ツールとして，建設工事部門で活用されています。しかし，このシステムも使用開始後 7 年余が経過し，その間における IT の進展や，利用するユーザーの IT 能力の向上などに伴い，いくつかの課題が顕在化してきています。以下では，現在の課題と，その改善に向けた今後の方向性について記します。

① 情報の質にあわせた操作性の改善

TERA は，建設工事部門に散在した貴重な情報を，すべて 1 ヶ所に集約・管理することをひとつの目的として検討・実施されてきました。検討当時の IT では，費用的な問題もあり，情報の質の違いに合わせたデータベース構造の構築は困難でした。その結果，TERA は比較的管理することに主眼を置いた（言い換えれば自由度のあまり高くない）システムとなっているのが現状です。そのため，適切に管理していくべき情報に対して TERA の有効性は高いものの，共有を主眼とした情報の登録・検索・抽出には手間がかかっている状況となっています。

一方,その後のITの進展で,情報を共有するという観点からは有効であると考えられる,操作性に主眼をおいたシステムが後発的に発生しています。そこで,今後は情報の質により,複数のツールを使い分けていくことが有効であると考えており,TERAとしてその仕組みを整えていくことを検討されています。

② データベース化項目(コンテンツ)のさらなる強化

日常業務効率化の観点から,データベース化しておくべき情報は未だ複数存在しています。特に近年要求の高い情報は,計画・協議・設計・施工の各段階において社内外での検討過程で作成される資料の蓄積であり,今後,情報の整理・電子化を進め,TERAをより有益なデータベースにしていくことが検討されています。

③ メンテナンス部門との連携

建設工事部門で構築した構造物などは,その多くがその後社内のメンテナンス部門に引き継がれ,事業に供していくことになります。メンテナンス部門では,それらの構造物についてその後維持管理していくことになりますが,現在その情報はメンテナンス部門の別システムで管理されています。したがって,建設工事部門における新規プロジェクト検討時や,災害発生時などの復旧支援に際し,現存する構造物の最新情報を収集することに手間がかかってしまっています。

そこで,TERAに搭載した「鉄道GIS」機能を拡張し,地図情報から当該の構造物を検索し,そこから直接メンテナンス部門のデータベースから必要な情報を抽出する仕組みについて検討されています。同時に,メンテナンス部門側からも,「鉄道GIS」を経由して,建設工事部門側の必要な情報を抽出できる仕組みとしていくことが考えられています。

現在,TERAには,約14万件の情報が存在し,年間約5万回システムにアクセスされる状況となっています。

TERAの導入により,建設工事部門に散在した情報の多くがデータベース化され,同時に情報の電子化も進捗しました。一方,最新のITに対応した操作性の改善やメンテナンス部門との連携など,多くの課題も残っており,引き続き改善が進められています。

4.4　高速道路会社

4.4.1　はじめに

　老朽化路線をかかえる管理事務所では，日々の道路管理において突発的な道路損傷の対応が年々増加する傾向にあり，現地は安全を最優先とした緊急対応を実施せざるを得ない現状にあります。このため，維持管理費を前倒しして補修を実施しており，計画的な事業執行に与える影響も増大してきています。

　これらの状況を踏まえ，現地道路構造物の状況と整合した計画的な保全管理を実現していくために，現在の保全計画手法をさらに精緻化して計画精度をあげていく必要があると考えられます。本事例研究では，現在特に問題となっている高機能舗装の損傷を考慮した舗装修繕計画を中心に保全情報の利活用システムについて紹介します。

4.4.2　保全計画の精緻化
(1)　保全計画の精緻化の考え方とその必要性

① 道路構造物の管理を評価する評価指標（KPI）は，路線特性や建設条件，経年数，改良前の状態（点検・調査）等構造物ごとに異なります。このため，個々の道路構造物の管理単位ごとに標準のKPIによる評価に加え，新たなKPIを設定し，各KPI評価の度合いについて重み付けのシミュレーションを行ってその道路構造物に最も適した計画となるようデータマイニングを行っていく評価手法を採用します。

　※　KPI（key performance indicator）は，企業目標やビジネス戦略を実現するために設定した具体的な業務プロセスをモニタリングするために設定される指標で，KGI（key goal indicator）がプロセスの目標（Goal）として達成したか否かを定量的に表すものであるのに対し，KPIはプロセスの実施状況を計測するために，実行の度合い（performance）を定量的に示すものであります。

② 道路構造物の補修については，新工法を含む採用可能な補修工法を検討し，工法ごとの中長期的LCC（Life Cycle Cost）について一時的なコストパフォーマンスよりもより恒久的なコストパフォーマンスを視野に入れたトータル的な計画を実施します。

③ 道路構造物単位での検討に加え，道路構造物相互の影響を考慮し，道路を構造体として評価するとともに周辺環境への影響を考慮して計画遂行の効果が最大限得られるようにします。

(2)　改善目標の達成状況を評価する各指標（KPI）の検討

　当該箇所の舗装における損傷のメカニズムの解析を実施し，これを評価するKPIを設定します。最適な舗装のKPI（各指標）は，単純に数値化した指標値を個々に評価するだけではなく，路線・区間における路面損傷状況，補修状況，現在および過去の調査結果，道路保全環境（縦横断線形，勾配，気象特性等）の分析などから得られた現在の路面状況と複数の指標と組み合わせたパターンを作成し指標値を左右する各要素を把握し評価します。改善目標の達成状況を評価する各指標（KPI）の検討を図4.4.1に示します。

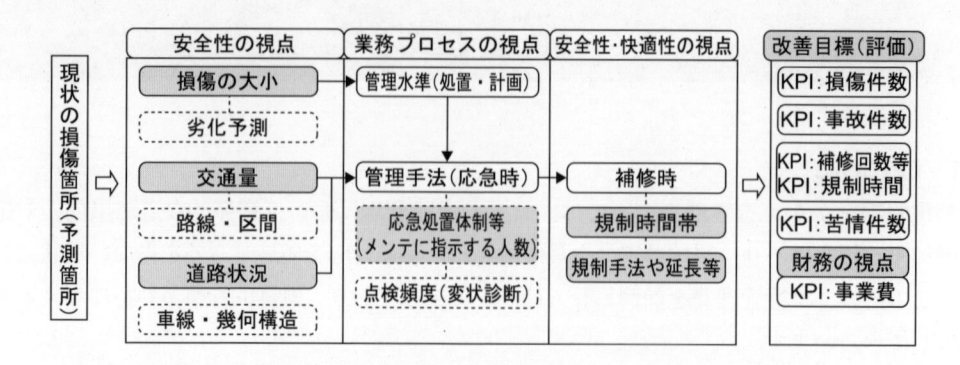

図 4.4.1 改善目標の達成状況を評価する各指標（KPI）の検討

4.4.3　路面損傷分析システムの検討例

　日本の高速道路のうち供用数 10 年以上を経過した老朽化路線の舗装においては，供用中の工事の施工条件の悪い中，繰り返される補修改良により新設路線に比較して特に舗装計画の精緻化が必要となってきています。ここでは，マネジメントシステムと日常点検管理システムとの複合を計り，これらの問題点に関し具体的に損傷分析を行った事例を示します。

路面損傷分析システム（例－1）
点検損傷箇所と路面性状測定ひびわれ評価との関係

【手法】
　　損傷地点，PMS（Pavement Management System）評価，構造物範囲を 10m 単位で統一し，各データ突合せ
　　点検損傷箇所と PMS ひびわれ評価の関係を把握する。（図 4.4.2）

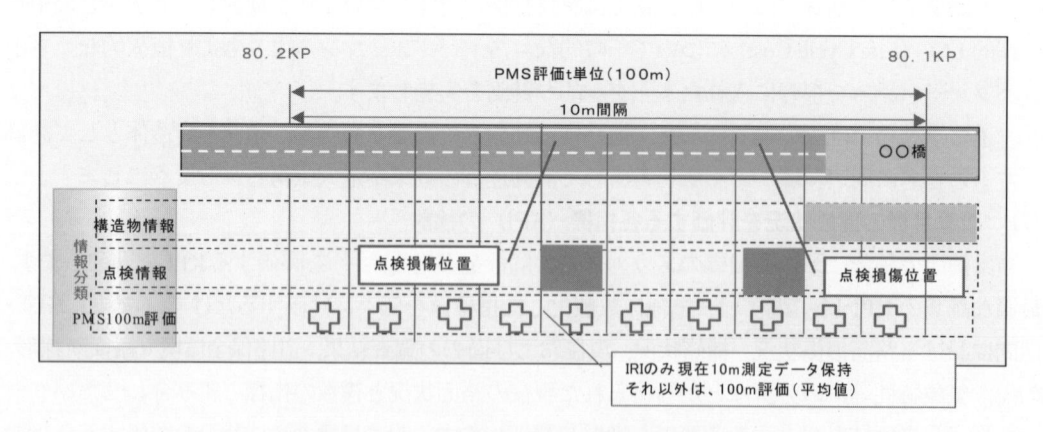

図 4.4.2　点検損傷箇所と構造物および PMS 情報の突合せイメージ図

4.4 高速道路会社

表 4.4.1 点検損傷箇所数

損傷項目 車線区分	ポンピング	ひびわれ	ポットホール	陥没	わだち	車線別計
上り第一走行（走行）	24	54	7	77	12	174
上り第二走行	2	8	3	53	12	78
上り追越	0	23	1	14	5	43
下り第一走行（走行）	2	74	133	1	30	240
下り第二走行	0	0	3	9	3	15
下り追越	0	20	0	9	9	38
下り走行（構造物区間）	0	6	3	0	9	18
下り追越（構造物区間）	0	2	1	0	1	4
合計	28	187	151	163	81	610

路面損傷分析システム（例－2）
　点検損傷箇所と路面性状測定ひびわれ評価と工事記録情報との関係

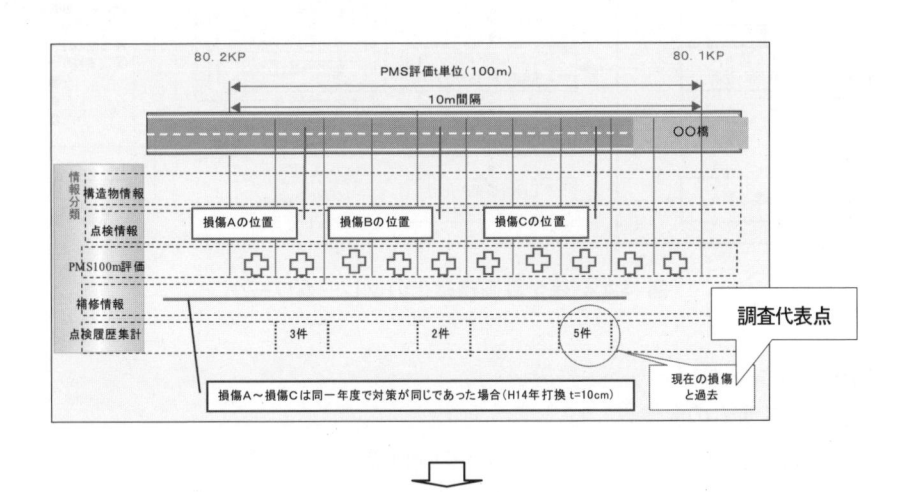

図 4.4.3 詳細調査箇所選定イメージ

4.4.4 保全計画精緻化のフレームワーク

舗装計画の精緻化を行い検討事例のような損傷分析を継続的にまた効率的に行うためには次の取り組みが必要であると考えられます。

(1) 保全計画精緻化のためのシステム導入

精度の高い保全計画の立案は，長期的な視点でかつ日々変化する現地状況に対しても即時計画の修正に対応していくことが求められます。しかし，精度の高い計画の立案は非常に労力と時間を要し，また，わずかな変更も計画全体に影響するため人的対応には限界があります。このため，

第4章 土木分野における情報収集と活用の事例

データの作成・蓄積・管理から分析の支援までを行う舗装支援システム（PSS : Pavement Supporting System）の導入が有効です。

(2) 組織連携を踏まえたPDCAサイクルの確立

総合的な保全計画を策定し，計画の実施およびその評価を行い，評価に基づく修正計画の策定を実施するPDCAサイクルを確立して継続的な保全管理を実施していきます。

(1)，(2)によるPDCAサイクル（Plan, Do, Check, Action）を踏まえた保全計画精緻化のフレームワークを図4.4.4に示します。

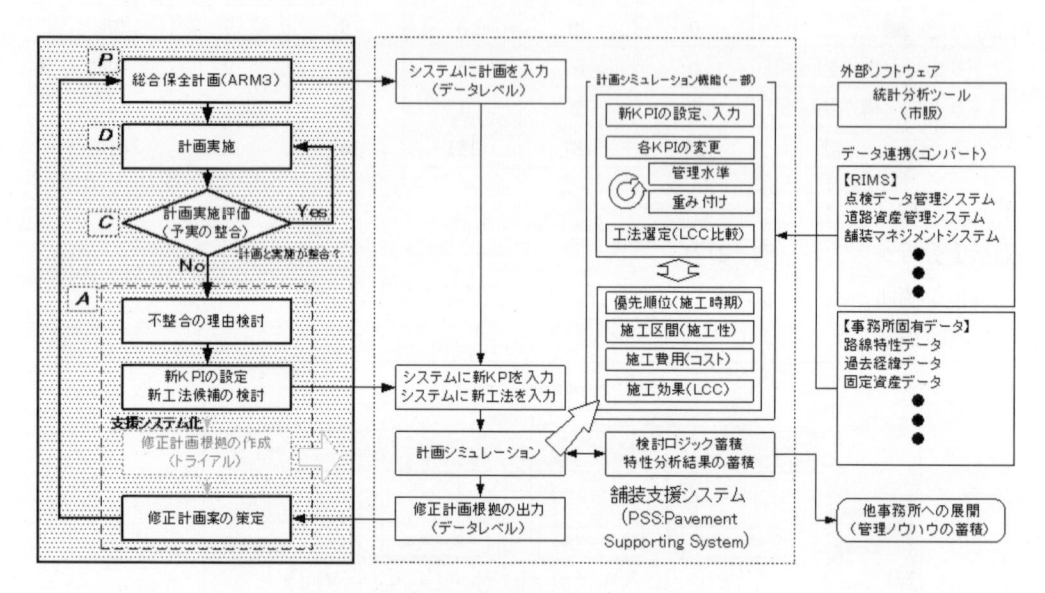

図 4.4.4 保全計画精緻化のフレームワーク

4.4.5 舗装支援システム

(1) 舗装支援システムの要件

保全計画の精緻化を実施するためには，従来の表計算を用いた手法では多大な労力と時間を要し，計画の修正などを手作業で実施することには限界があります。このため，道路構造物（オブジェクト）単位でのデータ管理を行い，計画の修正および新たなKPIの設定，統計分析，重み付け，シミュレーション等の機能を有するシステムが必要となります。ここで必要となるデータベースは，道路構造物単位に関係するすべての種類のデータを有機的に活用可能なオブジェクト指向型データベース構造である必要があります。また，データベースは業務に特化した構造とせず，道路構造そのものをモデル化したオブジェクト指向の再利用性の高いデータベース構造モデルの採用が不可欠です。現在，道路構造をモデルとしたオブジェクト指向型データベースとしては，JHDM（Japan-Highway Data Model）が提案されています。

(2) 舗装支援システムの機能

舗装の保全計画の精緻化を行うために舗装支援システムに必要な機能は以下のとおりです。

① データ入力機能
② データ管理機能

③ データ編集加工機能
④ データ出力機能

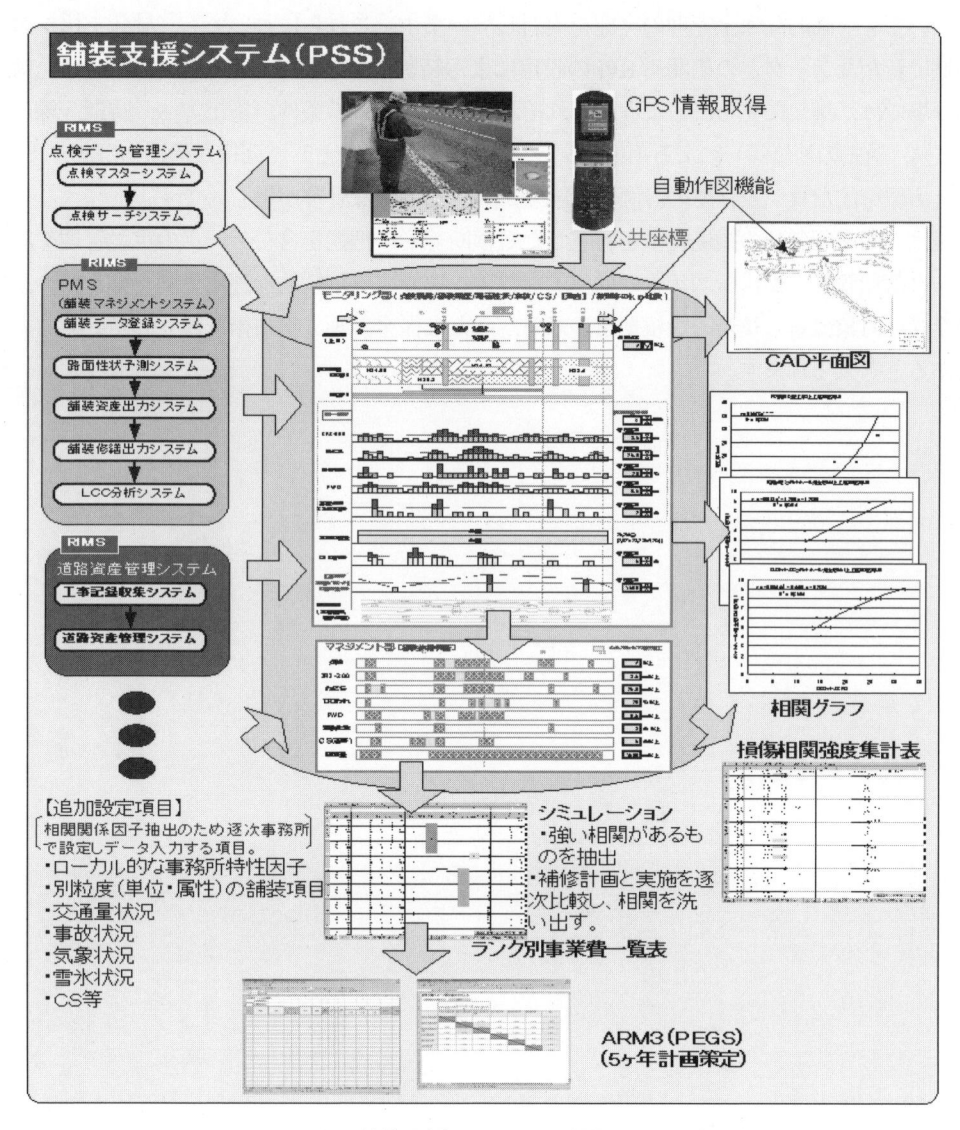

図 4.4.5 舗装支援システムの機能イメージ

(3) 舗装支援システムの導入効果
舗装支援システムの導入効果は次のようなものが考えられます。
① 手作業による保全計画見直し・評価からシステムによるリアルタイム修正が可能となります。
② 道路構造物単位で補修工法の検討，LCC を考慮した計画が実施できます。
③ 道路構造物単位での検討に加え，道路構造物相互の影響を考慮し，計画遂行の効果が最大限得られます。

4.4.6 新たな保全計画立案技術の確立

　今回の事例研究は，舗装をテーマに保全計画の精緻化に向けた検討方法や運用方法およびシステム化の検討について整理しましたが，そのほか橋梁やトンネルといった構造物の管理や維持作業についても計画的な保全管理の実施を検討しています。これらについても，舗装支援システムと同様に新たなデータとの相関やKPIの設定による精緻化が必要であると考えられます。保全管理の現場では，舗装に見られるようにそれぞれの構造物固有の条件（施工方法，時期，線形や勾配，気候，過去の補修等）による損傷ロジックが存在し，一つとして同様な構造物はありません。このため標準的なロジックでの計画では誤差が大きく適正な管理が難しいです。

　今後は，高機能舗装の損傷特徴を考慮した縦横断線形の把握を含むデータの定義管理や継続的なデータ蓄積管理，支援システムの効率的な改善を実施する継続的な運用体制を整えつつ，個々の保全管理対象に対し技術的な根拠を追求し，新たな保全計画立案技術を確立していくことが重要であると考えられます。

4.5　測量設計会社

4.5.1　物件管理活用事例

　ある測量設計会社では，日常業務における物件の管理などに情報活用の取り組みを行っています。経理管理上の基幹系システムの一つである生産管理システムとして，基本情報・物件管理情報および営業情報 DB・技術情報 DB・CS 情報 DB を連携させ，物件の管理を行っています。以下にその仕組みと概要（図 4.5.1）を示します。

(1)　概要

① 営業情報 DB と基本情報から物件情報を登録し，成約と同時に生産情報に移行します。
② 生産の進捗状況は会計情報とリンクしながら確認を行います。
③ 成果の確認を行い，成果 DB に取り込み，必要なデータのみを TECRIS に登録します。
④ 物件の納品後に顧客満足度調査を実施し，業務評価とともにお客様の満足度も記録します。
⑤ 最終的には，成果・評価 DB を介して営業・技術のデータベースに基本情報として蓄えられ，事業支援や技術提案などに利用します。

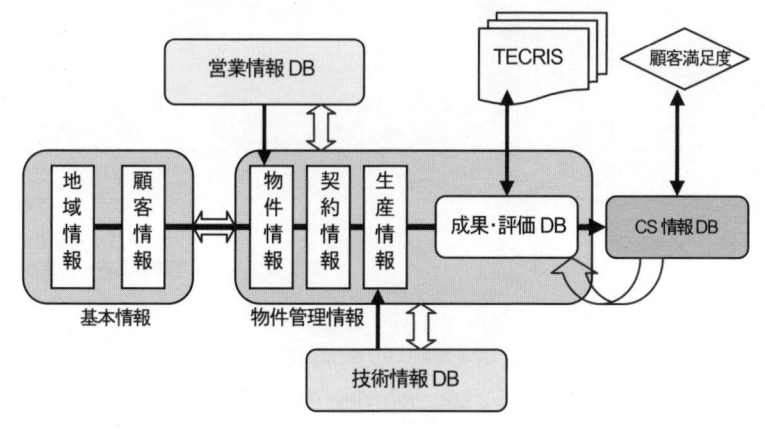

図 4.5.1　物件管理概念図

(2)　特徴

　日常業務の成否は，基本情報の更新と確かさによって決まります。もちろん業務成果に対する評価を正しく理解し，組織全体の『知』とすることが重要です。この基本情報の入力は，営業・技術職員以外でも可能とし，情報の鮮度を保つようにしています。特に複合化する業務に対しては，情報の精査が最大の鍵であり，それぞれの技術部門が持つ情報を総合的に連携させる必要があります。また，それぞれの DB は専門性を重視し，社会的なニーズを評価基準として構築しているものです。

第4章　土木分野における情報収集と活用の事例

4.5.2　空間情報活用事例

　ブロードバンドネットワークが普及し，パソコンの性能が向上したことによって，ホームビデオや映画などの動画やストリーミング配信された映像を、自宅のパソコンで再生することができるようになりました。それとともに，空間情報として映像情報を利用することに注目が集まっています。映像は地図として記号化する前の生の空間情報であり，人間の眼を通して多くのことを知覚できる情報ソースです。最近ではインターネット上でも衛星画像や航空写真が利用されることが一般化し，映像の持つ地理的空間の利用が広がっています。

　ある測量設計会社では，衛星／空中写真を通常業務に取り込み，実空間の分析などに活用してきました。さらに，地上における都市映像データベースの構築を始めたところです。これは，空間の持つ正確な情報をより具体的にリアルに把握するためのツールです。Googleに代表されるようにWeb上で調査地域の概要を確認し，また，都市映像（Location View[1]）により当該地点の微細な変化を事前に確認してから現地に向かうことで，効率的な調査・設計が可能です。

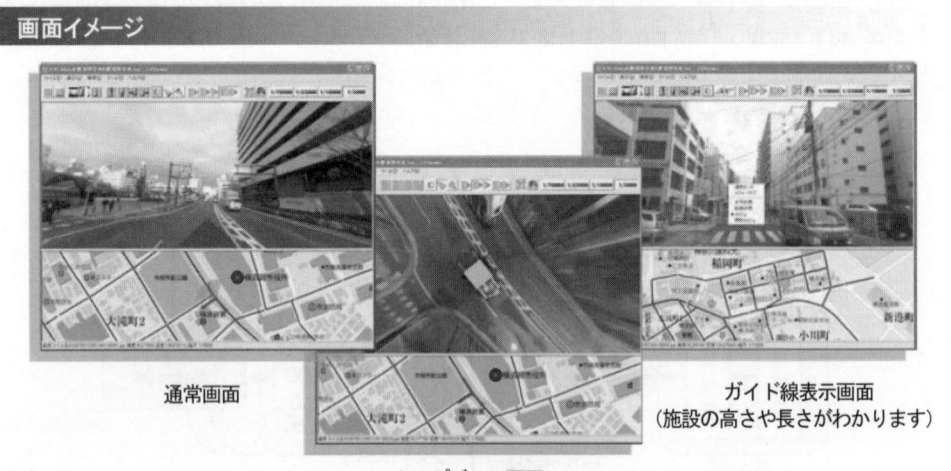

通常画面

トップビュー画面
（交差点形状がわかります）

ガイド線表示画面
（施設の高さや長さがわかります）

図 4.5.2　Location Viewの映像地図

(1)　都市映像データベースの特徴

①　シームレスな全周囲画像

　従来の道路映像は，前方向・横方向それぞれに独立したビデオカメラを用い，道路標識などを撮影していました。Location Viewは道路や特定の看板ではなく，街並そのものを撮影の対象としており，車両が通行可能な道路について全周囲のシームレス画像，すなわち道路縁から建物上空まで360度見渡すことのできる映像を，全方位カメラにより撮影します。

　Location Viewは，静止画レベルで全周囲約400万画素以上の有効画素数を有しています。これは，撮影方向の異なる複数カメラの同期撮影と合成により映像を生成するためで，一般の魚眼レンズで撮影した画像に比べ高解像度の映像を提供することが可能となりました。このような特性は，単カメラによる全周囲画像撮影に比べ，看板などの画像の判読を行う上で有利なものとなっています。

4.5 測量設計会社

後方向　　左方向　　前方向　　右方向　　後方向

図 4.5.3　全方位カメラによる全周囲シームレス画像

② 連続性

　Location View の撮影に利用している全方位カメラは，最大 30 フレーム/秒で撮影を行うことが可能であり，これを 100MByte/sec 以上の格納性能を持つ高速ストレージシステムに記録しています。例えば，時速 60km で走行しながら 15 フレーム/秒で記録した場合でも，おおむね 1m ごとに街並みの映像を記録することができ，連続した映像としてみることができます。これによって，同一地点の街並みをさまざまな視点からみることが可能になります。

図 4.5.4　撮影イメージ（1/15　60Km/h）

③ 道路地図とのマッチングと検索

　撮影時のカメラの位置座標は，車載の GPS や車速度センサ情報を用い，道路地図など既存の地図データとのマッチングを行います。位置精度はマッチングする地図に依存しますが，デジタル道路地図などにマッチングする場合は，道路地図の精度（縮尺 1／2,500〜1／25,000）に相当する位置精度を保有することができます。また，映像データベースを地図に関連づけて表示検索するために，従来の 2 次元地理座標としての管理ではなく，映像の撮影された点（撮影地点），撮影された方向，撮影された時間（季節）などの多次元時空間情報をメタデータとして管理しており，利用者に必要な情報を検索し提供することを目指します。

171

第4章　土木分野における情報収集と活用の事例

(2)　展望

　Googleによって地図の使い方が変わりつつあります。紙地図からデジタル地図へと進化し，より実空間を意識させるようになっています。この進化の波は，大きなうねりとなって実空間を表現する映像地図の世界へ向かっています。

　今後は年ごとに映像を取得し，地上映像アーカイブスとしてDB化を図り，さまざまな場面で利用されることを期待しています。例えば，まちづくりでは検討すべき箇所の空間認識が高まり，曖昧になりがちな風景の認識であっても責任ある議論が可能となります。また，さまざまな時代でまちづくりについての記録が残り，目標の捉え方や進め方など多様な主体との合意形成も可能となります。

【補足説明】
1)　Location View は実空間を表現する次世代の映像地図として，都市映像のデータベース化を行っているものです。なお，Location View はある測量設計会社の商標登録です。

4.6 建設コンサルタント

　建設コンサルタントの業務は企画・調査・設計等多岐にわたり，かつ多くの技術者が一つの道路や河川などに長年にわたって携わります。また，技術提案を行うためには，技術者個人が有している知識やノウハウにとどまらず，会社全体で有している有形・無形の知識財産を有効に活用することが求められます。その意味では，情報収集と活用を効率的，かつ迅速に行うことが建設コンサルタント業務の生産性のカギを握っているといっても過言でないかもしれません。

　本節では，建設コンサルタント会社であれば，多くの会社で取り扱っているであろう「TECRIS」や「Google」に着目し，複数の会社で取り組まれている事例を紹介することで，"役立つ情報の溜め方"について考えてみます。

4.6.1　TECRIS キーワードによる社内情報連携と業務の効率化

　建設コンサルタントの技術者が，業務や提案書作成に着手するにあたって，まず実施するのが過去の実績情報収集です。これは，当該地域や該当する構造物における過去の情報を知識として取得することはもちろん，同種・類似の事業や同様の技術的課題を解決した事例などさまざまな観点から情報収集しておくことにより，業務を効率的に実施するためです。特に，プロポーザルなどの技術提案を行うにあたっては，その傾向は顕著になり，さまざまな観点から多くの情報を迅速に探し出すことが，短い期間内での提案書作成に非常に有効となります。加えて，提案書に記載する業務実績として直接的にも利用します。

　一方，一定規模以上の業務（契約金額 500 万円（税込）以上（2007 年 5 月現在）の調査設計業務，地質調査業務ならびに測量業務）については，TECRIS[1]に情報を登録する必要があります。TECRIS に登録すべき情報には，業務名，工期，契約金額，および技術者名など，業務の基本的な情報はもちろん，技術情報として"キーワード"を登録することができます。これらの情報は，社内の契約管理データベース，技術情報データベースでも同様に中核となる情報であり，流用することが可能です。

　そこで，建設コンサルタント各社では，自社の TECRIS 登録情報をメタデータとして，各種の社内情報を連携させて蓄積し，技術者の情報検索・利活用を支援するための取り組みを行っています。

　ここでは，契約情報と技術情報（TECRIS の技術情報含む）を連携させ，電子納品成果（報告書）と技術提案書を保管・管理する事例を紹介します。

　以下の図 4.6.1 にその仕組みの概要を示します。

　電子納品に関する作業手順は以下のとおりです。
- 営業部門が，契約 DB に受注案件の基本情報を登録します。
- 契約 DB から技術情報 DB に，システムが基本情報（業務名，工期，技術者等）について自動更新を行います。
- 担当技術者が，TECRIS 情報の中の技術情報を入力します。

第4章　土木分野における情報収集と活用の事例

- ■担当営業が，技術情報DBを見ながらTECRIS情報をJACICに登録します。
- ■担当技術者は，成果CDを保管担当者に送付します。
- ■保管担当者は，成果CD受領確認の保管情報を入力し，成果CDは棚に保管します。

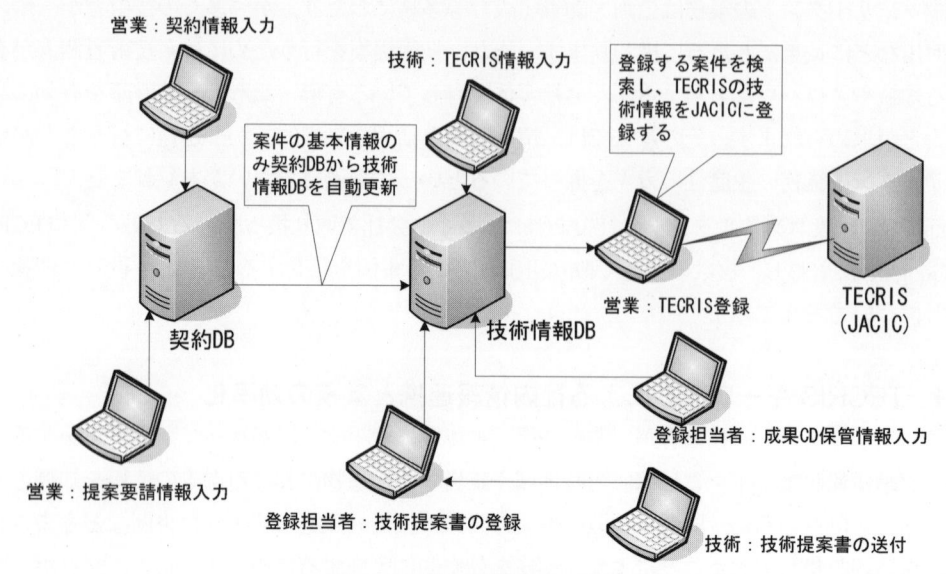

図 4.6.1 技術情報DBの概要

また，技術提案書に関する作業手順は以下のとおりです。
- ■技術提案要請受取り時に，営業から提案案件の基本情報を契約DBに登録します。
- ■契約DBから，技術情報DBにシステムが基本情報（業務名，工期，技術者等）について自動更新を行います。
- ■担当技術者が，技術提案書提出時に登録担当者に合わせて提案書を送付します。
- ■登録担当者は，技術情報DBに技術提案書を登録します。

図4.6.2および図4.6.3に技術提案書の検索画面を示します。基本情報からの検索も可能ですが，関連するキーワードからの検索を利用する利用者が圧倒的に多い傾向となっています。

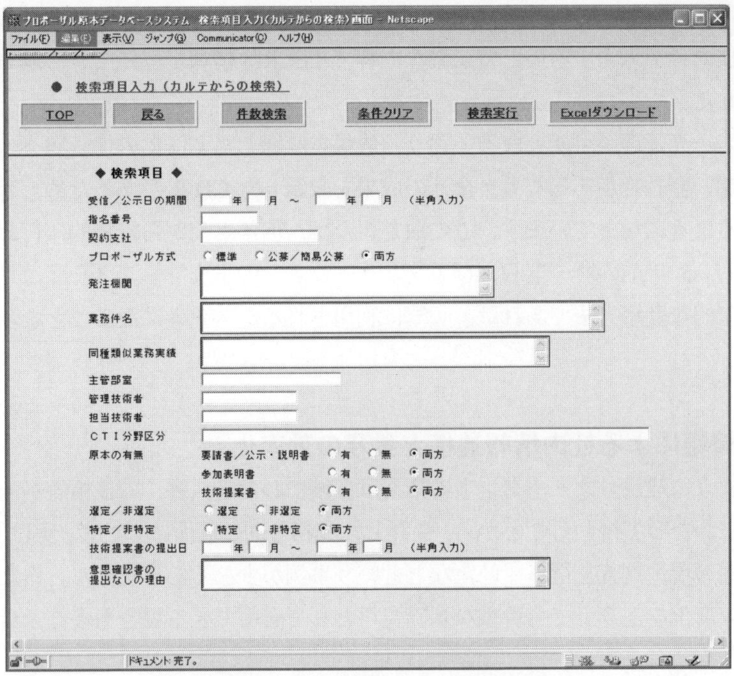

4.6 建設コンサルタント

図 4.6.2 基本情報からの検索画面

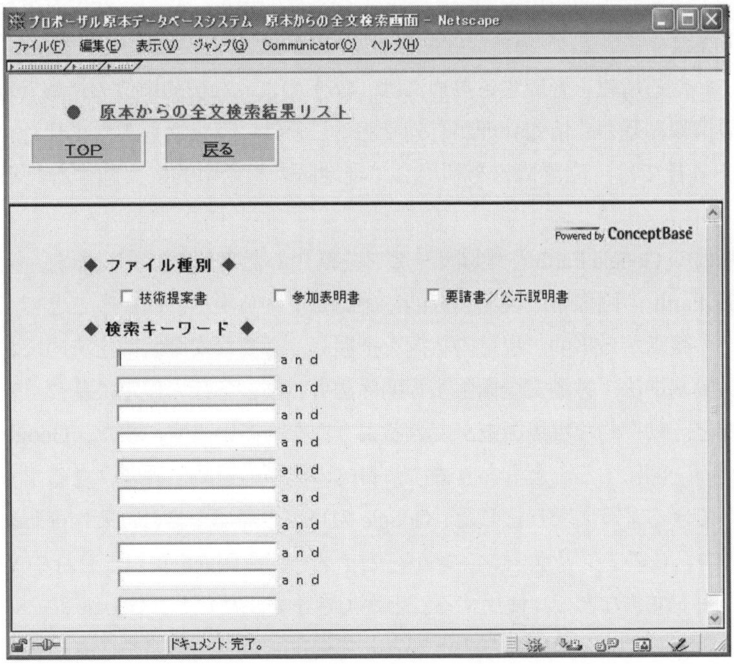

図 4.6.3 キーワードによる検索画面

　社内情報のシステム連携による効果を整理すると，契約情報と技術情報の連携を図ることができ，技術情報 DB で基本情報の入力一切がなくなりました。受注業務の技術情報の一元管理を可能にし，TECRIS に登録しない案件も登録するため，充実した技術情報の蓄積が可能となってい

175

ます。

　技術情報は技術者が入力することで正確な内容で TECRIS 情報を登録でき，過去の成果の検索を容易にしました。

　過去の成果の一元管理が可能となっており，成果を収録した CD-R の保管庫への有無は確実にしています。問い合わせがあっても，全社の成果を収録した CD-R があるため，容易に目的の成果を抽出できるようになっています。この取り組みは，何年も前から継続的に行われており，現在のシステムも，5 年前のハードおよびアプリケーションのままです。ユーザに目的と必要性が理解され，効率的な登録方法であれば，頻繁に利用されるシステムになることを示唆していると考えられます。

4.6.2　位置情報による社内情報連携と業務の効率化

　先に述べたように建設コンサルタントの業務は多岐にわたり，多くの技術者が一つの道路や河川などに長年にわたって携わることから，受託した業務と同じ箇所について，実は 10 年前にほかの技術者が同様の現地調査を行っていたなどという事例が少なくありません。また，過去の情報は，現地の経年変化を追う上でも貴重な基礎資料として活用できる場合も多く，会社の資産であるといえます。

　また，安全管理上の観点から事前に現地の状況を把握し装備を決めておくことや，場合によっては労働基準法，労働安全衛生法等関係法令および各社の規定に基づく安全対策を事前に決めておく必要があります。

　これら長年にわたる情報を管理するためには，4.6.1 のような契約単位の情報管理よりも，緯度経度などの位置情報に基づく情報管理が有効であることはいうまでもありません。そこで，建設コンサルタント各社では，位置情報を利用して現地調査を効率的に実施するための取り組みを行っています。

　ここでは，無償の Google Earth や地図サービスを活用した事例を紹介します。

　まず，Google Earth の画像を，現場調査前に確認してから現地に向かうことで，先に述べたように安全管理上の観点から事前に現地の状況を把握し，必要な安全装備を決めておくことや，場合によっては労働基準法，労働安全衛生法等関係法令および各社の規定に基づく安全対策を事前に決めておくなど，効率的な現場調査ができるようになっています。また，Google Earth の画像を使って，資料の一部にすることもあります。目的の場所の近隣に課題になるようなものがないか事前に準備ができるようになりました。Google のロゴの帰属を含む，著作権および帰属を保護するという条件で，このアプリケーションからのイメージを個人的に（ご自身の Web サイト，ブログ，またはワード文書などで）使用することができます。ただし，Google からの許可を得ることなく，他人に販売したり，サービスの一部として提供したり，書籍やテレビ番組などの商業用製品で使用することはできません。

4.6 建設コンサルタント

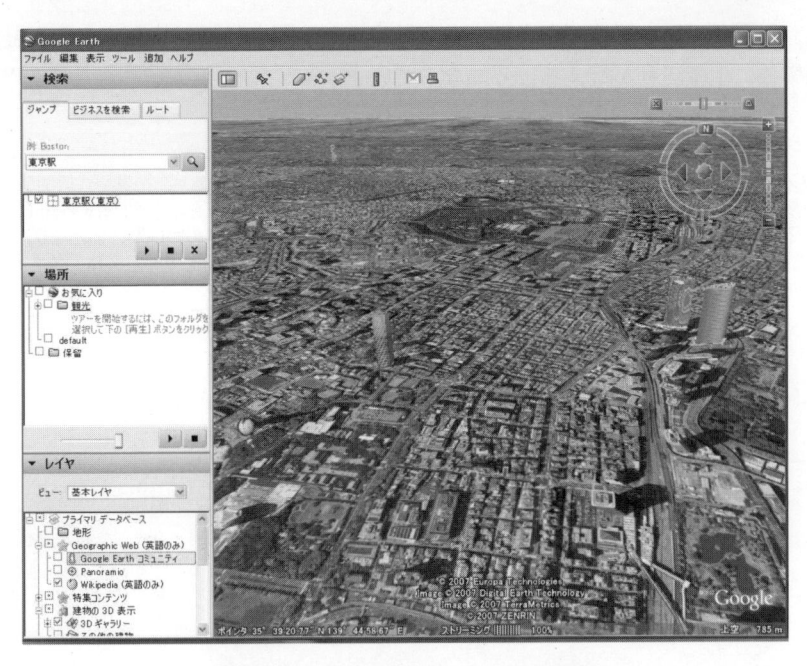

図 4.6.4 GoogleEarth の 3 次元画像

　また，現地調査で撮影した写真を社内でライブラリ化し，これと地図サービスを連携させることで，過去に撮影した写真を位置情報とリンクさせながら管理することが可能です。社外資料に利用する場合は著作権等に留意する必要がありますが，過去の業務成果を活用した効率的な資料作成や，担当技術者個人では実現が困難な土木構造物の経年変化を記録する作業に役立っています。

図 4.6.5 写真ライブラリの画面

177

第4章　土木分野における情報収集と活用の事例

　以上のように現在では，無償でさまざまなシステムが公開されているため，それをうまく利用すれば，効率的に生産活動が行えるようになっています。

【用語解説】
1) 「TechnicalConsultingRecordsInformationSystem（測量調査設計業務実績情報システム）」。公共発注機関が業務を発注する際に，より公正で客観的な企業選定（各事業の地域性，特殊性，企業の技術的適正を総合的にかつ公正に評価・判断）ができるよう支援することを目的として，共同で利用できるような実績データベースの整備が必要となり，建設省（現国土交通省）の要請により(財)日本建設情報総合センター（通称JACIC）が整備・運営している業務実績情報データベース。
　　出所：JACICホームページ（http://www.ct.jacic.or.jp/tecris/profile01.html）より。

4.7 ゼネコン

4.7.1 ICタグを用いた入退場管理システム
(1) 大型建築工事における入退場管理システム

作業員のヘルメット内部に装着したICタグを認識する装置として図4.7.1に示すアンテナゲートを開発しました。このアンテナゲートは，天井部のアンテナユニット，側面の制御ボックス，表示灯等で構成されています。

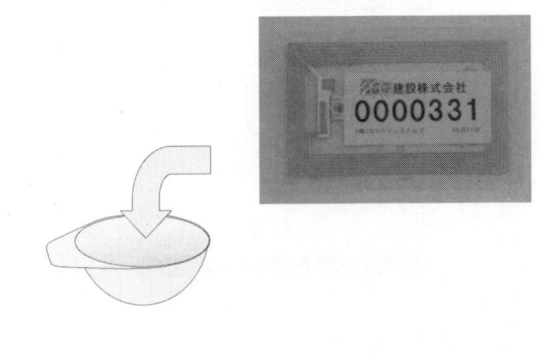

図 4.7.1 ヘルメット内のICタグ（左）とアンテナゲート（右）

ヘルメット内に装着されたICタグとアンテナの通信距離は約50cm（max）で，制御ユニットにはシステムを制御するコントローラ，アンテナユニットと接続されたリーダライタ，光電センサ等が内蔵されています。ICタグの識別情報は，コントローラを介してパソコンへ送信され，光電センサは，入口側，中央，出口側の3ヶ所に設置することで，検出順で作業員の通過方向を検知し，入退場の判別を行います。

作業員がゲートを通過した際は，音声と表示灯の点滅等によるガイドを行っています。入場の場合「今日も一日御安全に」，退場の場合「お疲れ様でした」などの音声が出されます。一方，ヘルメットにICタグを装着していない作業員，もしくは何らかの原因でタグを認識しなかった場合は「これより先は立入禁止です」という音声とともに表示灯が点灯（赤色）します。

本システムを適用した現場は，敷地面積約88,200m^2，延べ床面積約167,000m^2，地下1階，地上3階の大型ショッピングセンターで，大型スーパー，ショッピングモール，シネマコンプレックスの3ゾーンから構成されています。作業員はピーク時に3,000人／日の入場が予想され，始業前の朝礼時間には一時期に多数の作業員が入場することとなります。また，工事の進捗に伴って業範囲が拡大し，朝礼場所も分散・移動するためアンテナゲートを固定式から移動式に改造するとともに，現場事務所との通信方法も有線LANから無線LANに変更しました。

アンテナゲートのコントローラに記録されるタグの識別情報などのデータは，まず無線LAN

第 4 章　土木分野における情報収集と活用の事例

を用いてゲートから現場詰所に設置したサーバに送信し，現場詰所と本事務所は約 1km 離れていたため，この間の通信も無線 LAN を用いることとし，アンテナゲートのデータはサーバを中継して本事務所まで送信し集中管理しました。

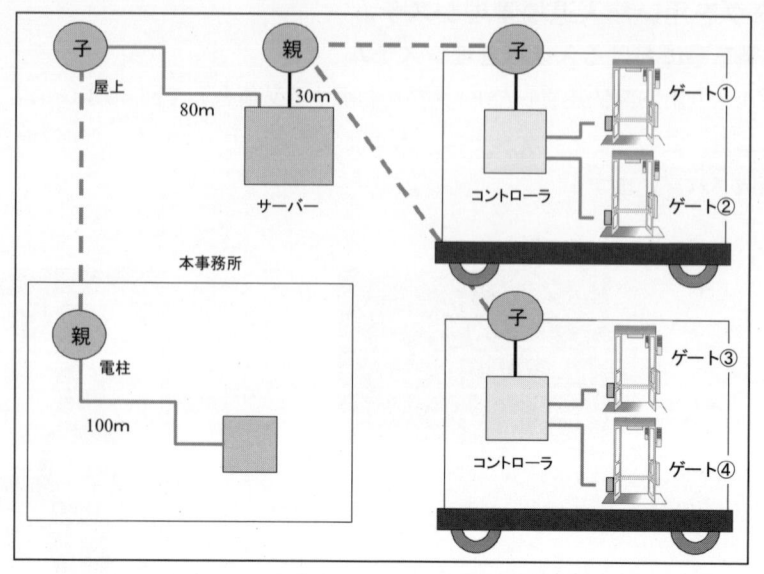

図 4.7.2　現場におけるシステム構成

こうすることで，リアルタイムでの入退場管理を行うことができるため，会社別の就労人数や安全管理に役立つ情報を事務所にいながら取得することが可能となります。

図 4.7.3　入退場管理パソコンの画面例

4.7 ゼネコン

(2) トンネル工事現場における入出坑管理システム

　工事中のトンネル現場では，誰が入坑中であるかが常に分かるように坑口に入坑表示板を掲げます。入坑の際に個人名の記された表示板を裏返すと，白色から赤色に名札が変わり，入坑者名が確認できるものです。この入坑表示板を IC タグとパソコンのディスプレイに置き換えることで，確実な入出坑管理と就労情報管理の効率化を図るだけでなく，両手が空いた状態で行動できるため迅速な入出坑が可能となります。適用した事例はシールドトンネルの工事現場で，坑内への出入りは立坑を昇降する必要があることにより，IC タグゲートは立坑の入口に設備しました。IC タグをヘルメットに装着しゲートのタグセンサで認識する方法は，基本的に大型建築現場に適用した入退場管理システムと同様となります。

　シールド発進立坑を防音ハウスで囲った現場管理室とビルの一室に設けた現場事務所は，国道をはさんで数百メートル離れており，またシールド掘進時の機械データなどの各種掘削情報は，現場管理室のモニターで管理する方式であったため，入退場の管理も現場管理室にて一元管理するシステムとしました。

　狭隘なトンネル現場で IC タグシステムを運用するためには，特に IC タグゲートの設置位置，据付方法に注意する必要があります。金属板などが近くにあって無線に障害が生じることもあり，事前に電波状況を確認したことが運用時のトラブル回避に役立ちました。また，ものが接触しても耐えられるゲートの構造にすることや，ゲート本体の固定方法も重要となりますので，これらの点に注意することで，トラブルも無く順調な稼動を続けることができます。

図 4.7.4 入坑状況

(3) 清掃工場解体工事における管理区域安全管理システム

　清掃工場では，ごみ焼却時に発生したダイオキシン類がプラント機器，煙突等に付着しています。清掃工場の解体工事は，ダイオキシン類を含んだ大気中での作業となるため，ダイオキシンの飛散による環境汚染を防止するとともに，作業員の安全と健康を守る必要があります。厳密な安全管理，作業環境管理を実施するために IC タグを用いた管理区域安全管理システムを構築しました。

　工場解体時にダイオキシン濃度が高くなる管理区域においては，各種集塵機を設備し隙間からダイオキシン類が漏れないよう常に負圧になるよう管理する必要があります。また，管理区域の出入り箇所にはクリーンルームを設備し，ダイオキシン類が着衣に付着して外部に持ち出されないようエアーシャワーによる保護具の洗浄が行われます。こうした高度な安全管理が要求される管理区域への入場は，事前に登録された有資格の作業員のみを可能とし，保護具を着用していない第三者が誤って入場することの無いよう，IC タグを利用した通門システムを設けました。本システムは，通門ゲートでヘルメットに装着した IC タグを読み取り，連動した電気錠の開閉により許可された者だけの入場が可能となる施錠・入出退管理を行うものです。また，管理区域内の安

全管理のため，デジタル粉塵計および監視カメラによる粉塵濃度のリアルタイム計測とモニタリングを実施しました。作業環境測定として，デジタル粉塵計の実測値と係数から DXN 濃度の測定値（換算値）を算出し DXN 濃度を管理しました。

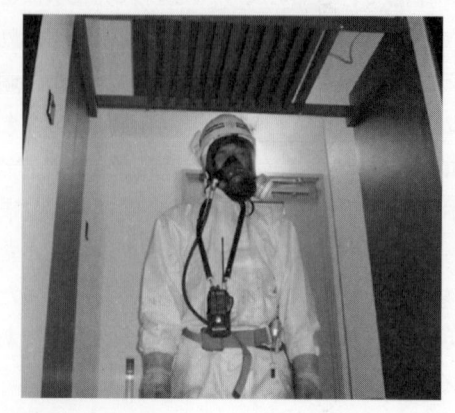

図 4.7.5 現場の状況（左）と入退場の状況（右）

(4) IC タグを用いた入退場管理システムのまとめ

これまで，バーコードや磁気カードによる入退場システムでは，機械による読み取り作業のため，作業員が多数の場合，入退場に多くの時間を要していました。

IC タグを用いた入退場管理システムを大規模建築現場に適用した結果，複数台ゲートの集中管理，無線 LAN 通信の採用，ゲート検知速度の向上などにより，大量の作業員の入退場管理が短時間に可能であることが確認できました。また，トンネル工事や清掃工場解体工事といった作業員の入退場状況，時間を正確に把握することが必要となる現場において，本システムの有効性が確認されました。

このように，IC タグを用いた入退場管理システムは，作業員に大きな負担を掛けることなく労務管理の効率化を図ることができるシステムとなっています。

4.7.2 重機施工支援システム

重機施工支援システムは土工事を対象としており，土工事の施工管理を目的としたものです。物理的にはサーバを中心とした事務所側の基幹システムと，重機側の移動体に搭載するシステムで構成され，現場に無線 LAN ネットワークを構築しリアルタイム通信の可能な環境を構築しました。

現場適用システム（アプリケーション）を構築するにあたり，ターゲットとするサービスを「施工管理」，「監督管理」，「機械施工（重機土工）支援」，「環境保全と安全」の 4 項目に絞り，現場に適用することにしました。

工事における施工管理は，工程・品質管理をはじめ，個々の管理項目があり，この管理を行うための多くの情報が設計情報を基に作成され，施工プロジェクトの中で新しく発生し再利用されています。今回紹介するシステムは，フィルダムにおける適用事例であり，盛立に関しては重ダンプ，ブルドーザおよび振動ローラが施工の主体となります。施工支援に関してはターゲットと

する施工機械はブルドーザおよび振動ローラです。施工管理では品質管理と出来形管理，および施工計画作成支援を行うことを目標としています。品質管理に関しては加速度解析による締固め度管理を行うこととし，出来形管理は移動体に搭載するシステムにおいてGPSによる重機の軌跡管理システムを利用し，重機の施工結果から取得した空間情報を用いて転圧結果をデータベースに保存し利用しています。重機の施工結果から得られる出来形は，当然GPSの計測精度に依存することから，精度の高い出来形計測は従来手法を適用するものとします。また，施工計画作成支援は3Dデータを用いて各重機に対して施工エリアなどの割り当てを行うものです。

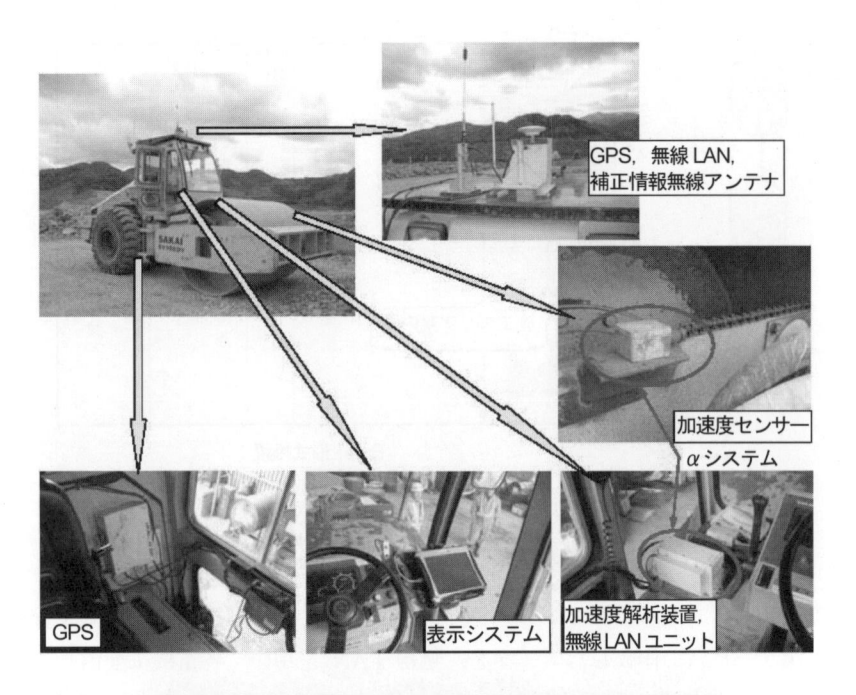

図 4.7.6 重機搭載システム（上）とシステムを利用した重機稼動状況（下）

　監督管理サービスは，施工者においては監督者（または発注者）に施工管理データなどを提出することが主体となります。本システムで扱う帳票は，品質管理・出来高データとなりますが，

第4章　土木分野における情報収集と活用の事例

それらのデータは施工中に取得されたデータをデータベースに格納後，必要なデータを取り出して利用します。基本的に 3D のデータをデータベースに格納し，3 次元 CAD をインターフェースとして利用しているため，任意の帳票出力が可能となりますが，下図 4.7.7 に示す出力例のようにユーザの負荷を低減するため，予め帳票のテンプレートを作成しメニュー上から簡単な選択で出力が可能なシステムとなっています。

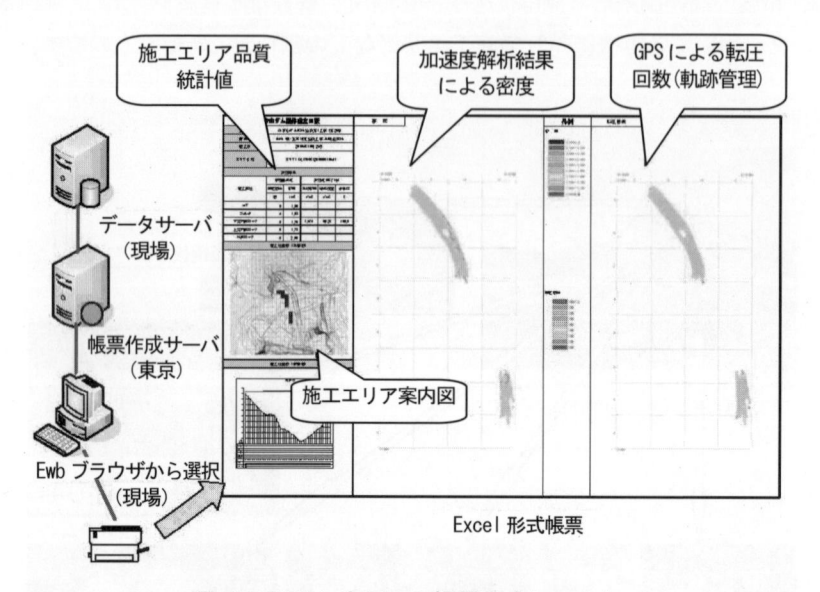

図 4.7.7 Web を用いた帳票作成システム

　重機施工支援サービスは，重機オペレーションのサポートを行っています。施工管理の中の施工計画作成支援サービスで作成したデータを，無線 LAN を用いて各重機に配信し，施工指示を行うものとなっています。本システムにおいては対象とする重機をブルドーザと振動ローラとし，重機オペレータに対して施工支援を行えるシステムとしました。無線 LAN を用いたリアルタイム施工管理は，施工現場から離れた事務所でも状況を確認することができます。

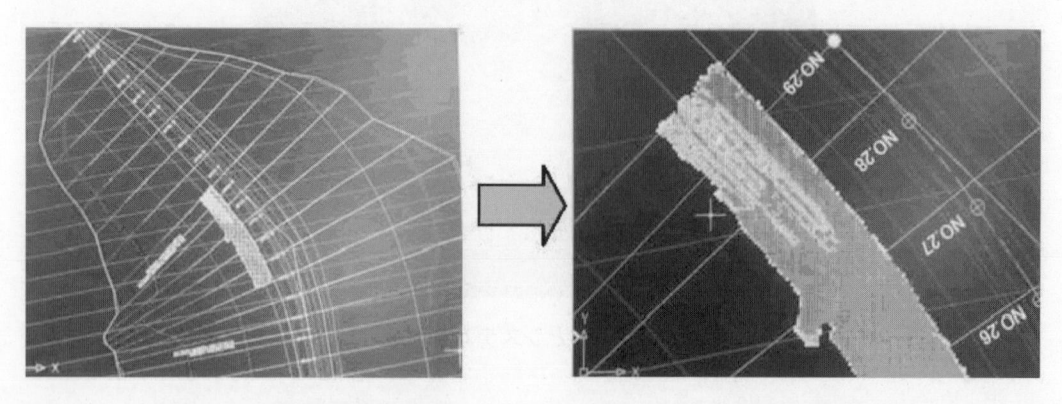

図 4.7.8 事務所側管理用パソコンでのリアルタイム施工状況確認画面

4.7 ゼネコン

　環境保全と安全サービスは，本システムで直接的に対応はしていませんが，重機の稼働状況のモニタリングが無線LANによりリアルタイムに行えることと，加速度解析による品質の自動取得の結果，重機土工の作業中に品質管理などの作業を行う必要が無くなり，安全管理に結果的に寄与することとなります。

　システムの構成は下図4.7.9に示すとおりで，データベース2台（現場事務所1，本社1），クライアントパソコン1台，重機搭載の管理システム（重機台数），および無線LANシステムで構成されています。

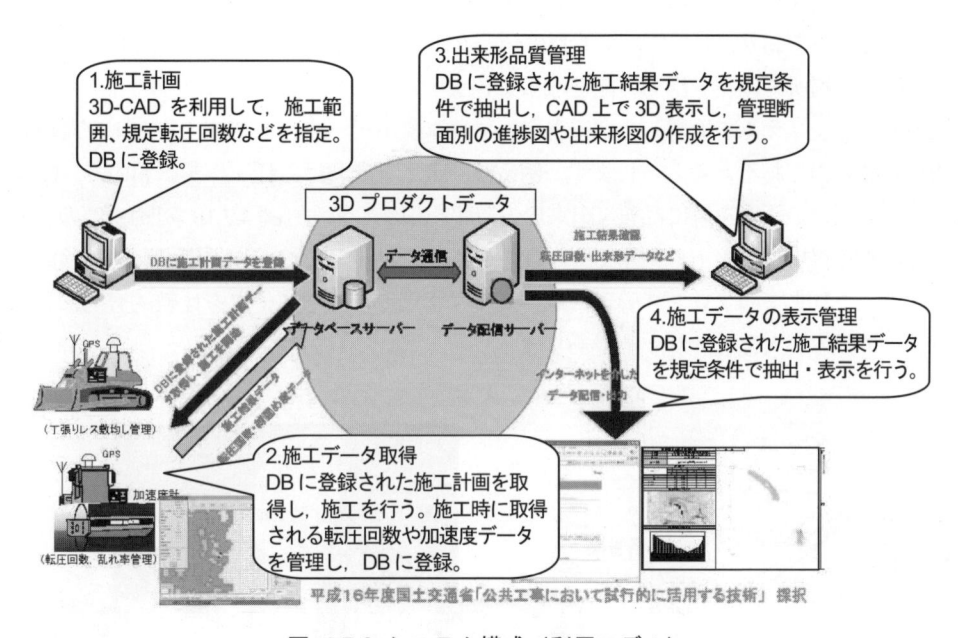

図 4.7.9　システム構成（利用モデル）

　データ作成には3次元CADを施工支援用にカスタマイズしたプログラムをインストールした管理クライアントパソコンを工事事務所に設置し，サーバ（事務所内および東京）とLANで接続しています。作成したデータはデータベースサーバに登録・蓄積し，重機オペレータは作業開始時にシステムを起動すると，無線LANを介して自動的に施工エリア情報を取得します。3次元データを利用し施工計画を作成できることから，職員は工程計画と実作業を検討しながら作業計画を作成し，先々の作業計画を蓄積することができるというメリットもあります。また，転圧管理（振動ローラー）に関しては，従来行われているGPSを用いた転圧回数管理（メッシュによる軌跡管理）のほか，加速度データを用いての品質管理結果も取得するため，面的な品質管理を行いそのデータをデータベースに蓄積し3次元情報として活用することで，品質管理の高度化とともに竣工後の維持管理データとしての利用も可能となっています。このシステムを利用し，各重機は自車に搭載されたシステムでサーバからの施工指示を取得し，その指示に従い整然と施工を行い，施工範囲の施工が終了すると施工完了の信号とともにデータを送り，新たに施工エリアを取得するという施工の繰り返しを行います。

　なお，本システムは無線LANの採用によりサーバと重機はデータ交換を行い，管理クライア

第4章　土木分野における情報収集と活用の事例

ントパソコンも施工現場にあることで，急な施工順序の変更や重機の故障などによる施工途中での重機間のデータ交換（重機の交代）も容易に行えるなど，柔軟な運用も可能なシステムとなっています。また，重機とサーバ間のデータ交換は，初期データ（施工エリア）の取得に関しては一時に連続して行わなければなりませんが，施工（結果）データは無線LANの状態をモニタリングしつつ，データトラフィックの平準化を図るため最短で2分間隔でデータをサーバに送信しています。帳票に関しては，現場のサーバに蓄積したデータを1日に1回本社のサーバと同期を取り，そのサーバ内で帳票の基礎データを作成し，Webブラウザにて任意のデータを抽出することにより帳票を簡易に作成するシステムを導入しています。なお，システムの標準では50cmメッシュの管理を行っており，1日に数十万点のデータが蓄積されますが，それらは最短1時間で帳票化され任意の場所で確認・出力可能となっています。

　以上のようなシステムで取得したデータは，プロダクトデータとして施工中および維持管理にも利用可能なものであると考えられます。例えば，土工事における転圧作業において，GPSや加速度センサからのデータを基に品質・出来形の情報を創出します（図4.7.10参照）。このデータは現場の管理や監督検査にも十分利用でき，任意の場所を抽出しそのデータを統計的に検討することも可能で，これまでのプロセス管理に比べ高度な管理と有益なデータを比較的容易に利用できる点は，システムの大きなメリットであります。

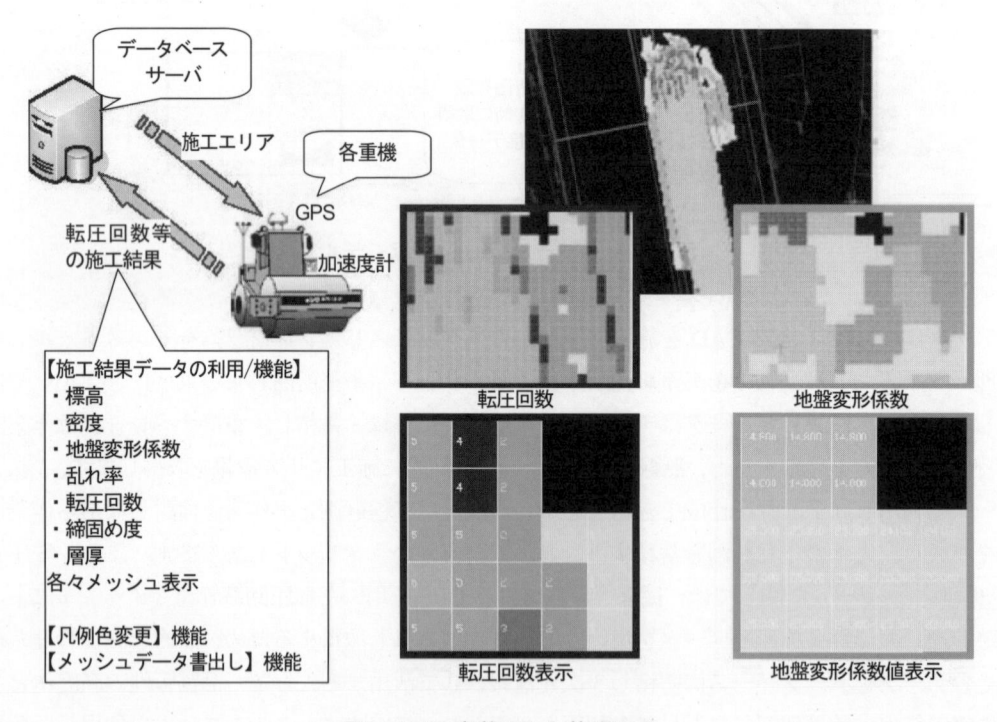

図 4.7.10　車載PCと管理画面

コラム

PLC

　PLC（Power Line Communication）とは高速電力線通信のことで，電気を送る電力線に映像や音声などの情報信号を乗せて送る通信技術です。情報信号は高周波の信号（4MHz～30MHz）に変換され，電力線に乗せることで双方向の通信が可能となります。

　簡単に言えば，「電源も情報通信もコンセントがあれば可能」となります。

　今まではパソコンを使ってインターネットを行う場合，パソコンの電源ケーブル以外に通信を行うための LAN ケーブルなどが必要でしたが，PLC ではパソコンの電源ケーブルをコンセントに差し込むだけでインターネットを楽しむことが可能となります。また，パソコンとプリンタを接続するケーブルも不要となります。

　新たな通信線の敷設工事も不要で，家庭内ではどの部屋でもコンセントがあるため，家庭でもブロードバンドネットワークが構築でき，さまざまな場所で簡単に情報のやりとりができるようになる，いわゆるユビキタスネットワークを実現する有力技術の一つとなっています。

第4章 土木分野における情報収集と活用の事例

4.8 電力会社

4.8.1 センサネットワークを利用した土木構造物の監視・計測

センサネットワークとは，無線通信機能を持った小型センサ（センサノード）を用いてネットワークを構成し，互いに自律的な通信制御を行いながら，センサが取得したデータの収集を行うシステムです。

土木分野では，以前から地盤や構造物の状態を監視する目的で各種のセンサが使用されてきましたが，大掛かりな装置や通信回線の設置が必要なためコストが高く，適用範囲は常設の大規模構造物に限定されていました。しかし，センサネットワークは小型・軽量で，現場に通信回線を敷設する必要がなく現場で容易に設置できるため，さらなる高性能化と低価格化により，小規模構造物や仮設構造物への適用や，災害対応などの場面での利用が進むといわれています。

東京電力では，水力発電所の土木構造物の監視・計測を目的として，センサネットワークを利用したモニタリングシステムを構築し，試験運用を実施しています。温度センサ，変位センサ，傾斜センサ等を，ダム堤体やのり面，開水路のコンクリート構造物などに設置し，データを無線通信でパソコン側に回収し，長期モニタリングを行っています。従来このようなモニタリングを行うためには，基地局まで信号ケーブルを敷設する必要があり，コストがかかるだけでなく，構造物の形状によっては設置が不可能なこともありました。しかし，無線方式のセンサネットワークでは，電波の届く位置にノードを設置すれば，ほとんどの場所にセンサを設置してパソコンにデータを回収することが可能であり，このシステムの有用性が確認されています。

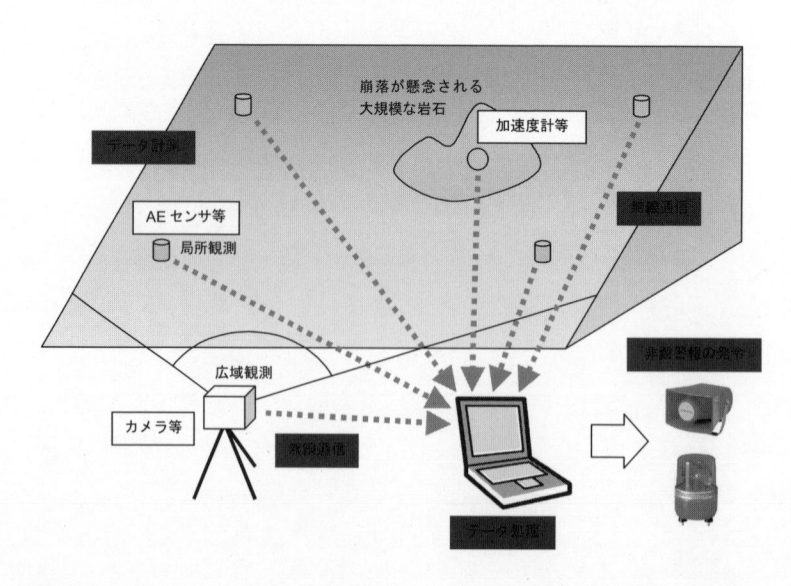

図 4.8.1 センサネットワークを利用したモニタリングシステムの構成

図 4.8.2 コンクリート構造物周辺の温度計測の例

図 4.8.3 ゲートウェイ（無線親局）

4.8.2 GIS を利用した地震被害想定システム

　電力会社では，自社が保有する電力設備の地震防災対策のため，従来からさまざまな地震防災情報システムを導入してきました。近年は GIS エンジンの技術が進歩し，国においても国土数値情報の整備・公開が進んできたため，防災情報システムを GIS と融合させることが容易になっています。

　東京電力では，国土数値情報（地形分類，表層地質，標高等）に基づく表層地盤モデルを作成し，対象地域の地震危険度，地震被害を推定し，その結果および収集した情報を GIS 上で一元的に表示・管理する「地震被害想定システム（InfoRisk）」を開発し，実際の地震防災対策業務に活用しています。広域の地震被害推定が行えるため，電力設備以外にも，道路や河川堤防などの線

第4章 土木分野における情報収集と活用の事例

状構造物の地震被害推定や耐震評価に利用することができます。

このシステムにより，地震発生前には地震被害の想定，防災計画の立案・見直し，復旧シナリオの策定，防災訓練等の対策検討を行うことができます。また，地震発生後には，地震発生直後の被害推定を行い，迅速な初動対応や各種の復旧対策を支援することができます。

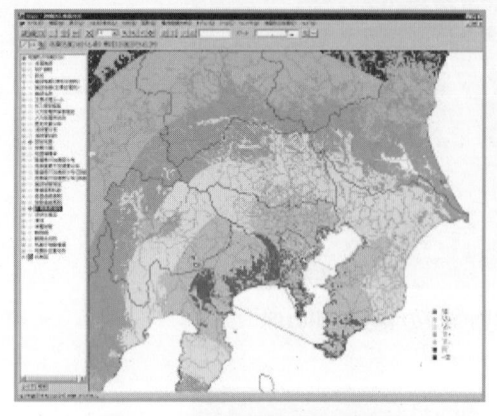

図 4.8.4 表層地盤分類の表示

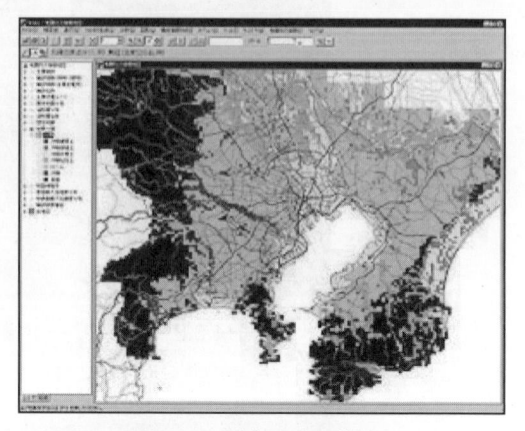

図 4.8.5 震度分布の推定

図 4.8.6 液状化危険度の推定

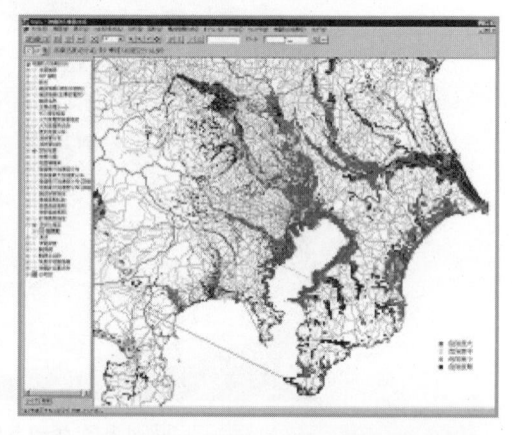

図 4.8.7 有効な避難・物資輸送経路の探索

4.9 ガス会社

4.9.1 高精度な基盤地図の利活用

　大阪ガスでは 1980 年代以降，ガス導管の保安確保を目的として地理情報システム（GIS）を用いた設備管理に取り組んできました。ガス導管のほとんどは道路に埋設されることから，基盤地図としては道路管理レベルの大縮尺基盤地図（1/1,000～1/500）の作成がベースとなっています。国土地理院や自治体が整備する地形図の高精度なものは 1/2,500 都市計画図等の中縮尺のものがほとんどですが，ここでは 1/1,000～1/500 の大縮尺基盤地図に関して述べます。

　大縮尺基盤地図は通常自治体の道路管理者から入手します。道路管理者は道路法に定められた道路台帳を作成する必要があり，道路台帳には道路現況や路線名，幅員などを詳細に記載した大縮尺の道路台帳付図が添付されています。

　道路には国道，都道府県道，市町村道等がありますが，量的に多いのは市町村道です。したがって自治体をまたがって広域に大縮尺地図を整備するということは個別の市町村から道路台帳附図をそれぞれ入手することになり多大な労力を要します。大阪ガスはアナログの時代からこのようなプロセスを経て大縮尺かつ高精度な基盤地図を整備してきました。また(財)道路管理センターのように政令市に関する高精度基盤地図を一括で管理し，地下埋設物も同じデータベースで管理する広域的な仕組みも実現しています。

　このようにして作成された大縮尺地図を利用したガス管の GIS 表示を図 4.9.1 に示します。

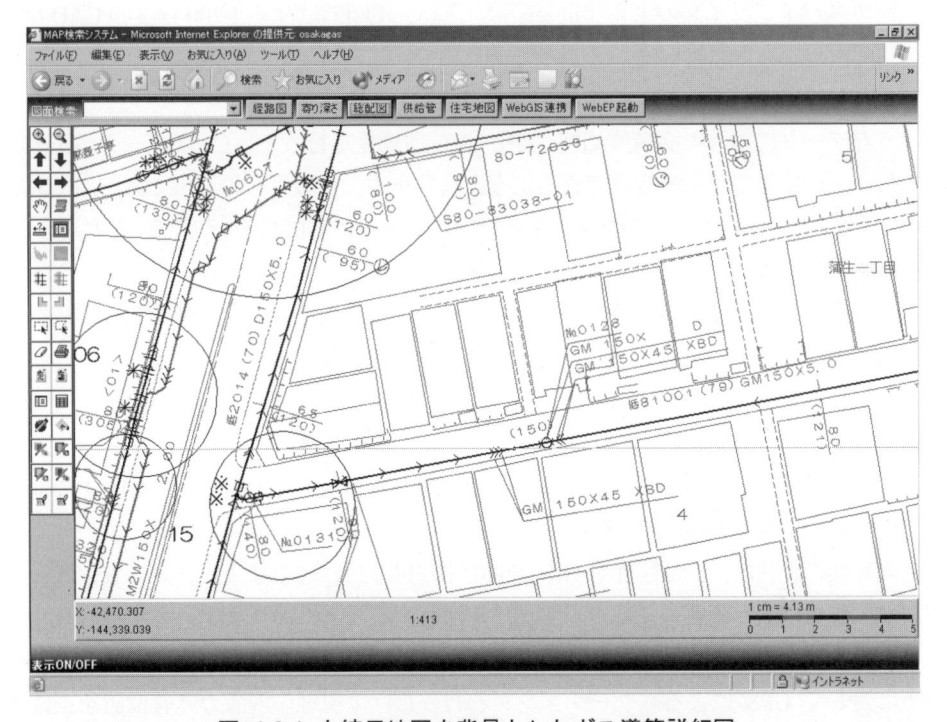

図 4.9.1　大縮尺地図を背景としたガス導管詳細図

第4章　土木分野における情報収集と活用の事例

　80年代から90年代にかけて道路台帳附図のデジタル化は紙地図をベースにデジタイザという機器を用いて行っていました。しかし近年GISやCADの機能が進歩したことから，自治体から入手する地図が紙図面であってもスキャナで取り込んだ画像（ラスタデータ）をうまく活用することで入力自体の手間はかなり軽減されています。また，自治体もGISに精力的に取り組んでいるところが多く，大縮尺データも電子化（特にベクトル化）して保有する自治体が数多く出てきています。大阪府ではこのような大縮尺データをベクトル，ラスタを問わず広域に官民に整備・流通するための仕組みづくりを過去4年以上にわたって取り組んでいます。

　今後大縮尺基盤地図の利活用を進めるためには上記のようなデータ共有のルール，制度の整備が急務であり，今まで個別自治体，あるいは個別のユーティリティ企業が独自に整備してきた高精度基盤地図の社会インフラとしての一元化が望まれます。

4.9.2　高精度な測位技術と基盤地図によるガス管の管理

　近年GPS技術が進歩したおかげで地物の位置を誤差数cm精度で正確に地球上の位置座標に結びつける技術（測位技術）が確立されています。高精度な測位技術の利用は，特に埋設環境下で目に見えないガス管のような設備の管理に有効になってくると考えられます。しかしいくら高精度な測位技術が利用できても測位データをプロットする地図側の精度が悪ければ対象地物の位置が正確に反映されません。つまり高精度な測位技術と高精度な基盤地図はセットで利用してはじめて機能する，ということを念頭におく必要があります。以下に2006年に大阪ガスが行った高圧ガス導管図面の高精度GPSによる標定作業について述べます。

　4.9.1で述べたように，ガス管の管理には縮尺1/500精度の地図が用いられることが一般的です。しかし高圧ガスパイプラインのような重要路線などは，地図ではなく1/200程度のCAD図面（竣工図）による管理が行われていることが多くあります。この竣工図は個別図面としての精度は高いのですが，位置座標を持たないために地図上の情報として活用できないのが欠点です。

　このようなデータに対して高精度GPSを用いた位置標定を行うと，CADデータが正確に地図上に貼り付き，GIS上でデータ管理できるようになります。大阪ガスの事例では，高圧幹線図面約3,400枚，延長570kmについてGPSによる標定作業を行いGIS化を行っています。

　GIS化手順としては以下のようになります。
① 各竣工図面1枚あたり2点，竣工図上で標定可能な現地構造物（道路隅切部など）を選定
② 高精度GPS測量（FKP測量）により上記構造物の位置座標を観測
③ 測量成果である位置座標をCADデータへ付与
④ 位置座標を用いたCADデータのGISインポート（貼り付け）

　現地GPS測量の様子を図4.9.2に示します。また標定されたCADデータをGIS上で基盤地図に貼り付けたものを図4.9.3に示します。

　これらの作業の意味は，一度図面をGIS空間の中に貼り付けてしまうと，ガス管位置などの地物が絶対位置座標（世界測地系に基づく座標）を保有することにあります。すなわちGISソフト上でマウスのカーソルをガス管に合わせるだけでガス管の絶対位置座標が表示されます。あとはその位置に対してGPSによるロケーティングを行うだけで現地の埋設ガス管位置を正確に出すことができます。

図 4.9.2 高精度 GPS 測量（FKP 測量）による現地測量

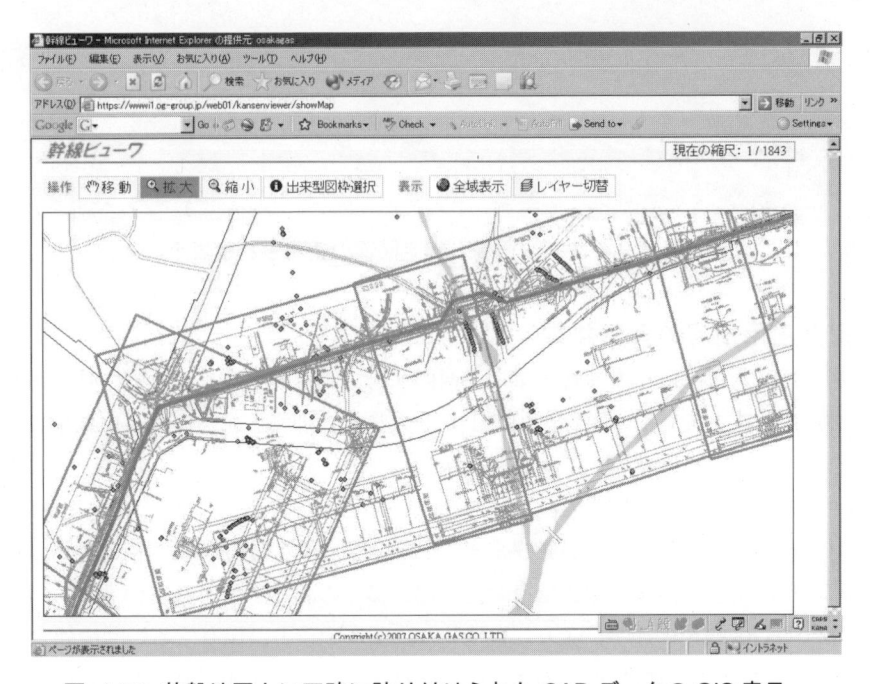

図 4.9.3 基盤地図上に正確に貼り付けられた CAD データの GIS 表示

　ガス管の位置は通常，地図に表示される道路縁からの「寄り」と「深さ」といった相対的な位置で管理されますが，道路拡幅などにより周辺地形が変化するとその都度地形図を更新しなければなりません。一方で絶対位置座標でガス管を管理することができれば周辺地形の変化にかかわらず絶対位置でガス管位置を特定できます。さらに GIS 上で航空写真によるオルソ画像を活用すれば，ガス管位置をよりビジュアルに，現地状況に合った形で表現することができます(図 4.9.4)。
　このような絶対位置座標によるガス管管理は，高精度 GPS によるロケーティングがさらに小型化するなど進化しなければ，なかなか日常作業で用いることは困難です。しかし管理する設備の重要度の高いものから順番に整備していくなどのステップで利用していくと日常業務にも十分活用できます。位置座標管理に対しては，GPS 測位技術だけでなく GIS の機能高度化が大きく貢献

第4章 土木分野における情報収集と活用の事例

しており，CAD/GIS の相互運用，ラスタ/ベクタの混在利用等が GIS 上で実現できることでより手の届く技術として利用できます。

図 4.9.4 オルソ画像と標定図面の重ね合わせ表示

4.9.3 道路占用情報の官民共有

　道路占用とは，上下水道，ガス管，電力・通信ケーブル等のインフラを道路敷内において埋設等により占用することで，この道路占用により埋設物を管理する企業体は占用数量に応じた道路占用料金を自治体（道路管理者）に対して支払います。

　道路占用情報の官民共有に関しては，政令市においては(財)道路管理センターによる集中システムにより管理されているケースがあります。しかしデータの流通および相互利用，官民業務の大幅な効率化や，中小自治体への普及を考えた場合多くの課題が残されています。

　一方で昨今の GIS 技術の進歩により，自治体，民間企業双方が保有する地図情報および GIS をうまく相互利用すると双方の業務を効率化できるケースもあります。ここでは大阪ガスと門真市において実現した道路占用情報の官民共有について述べます。

　4.9.1 で述べたように，大阪ガスでは 80 年代から自治体の道路台帳付図を入手して広域の大縮尺データを整備してきました。一方で自治体側も道路管理業務に GIS を活用しているところが多くあり，そのような場合，両者の地形図精度がほぼ一致するならば GIS 上で道路占用情報を相互流通させ，両者の業務の効率化をはかることができます。

　門真市は道路情報をただ GIS として保有しているだけでなく，図形的に構造化して活用しています。具体的には道路をポリゴン化（多角形化）しており，その結果そのポリゴン内に含まれる道路占用物を GIS の空間演算機能を用いて抽出することができます。大阪ガスと門真市では，この機能を用いて門真市域の道路に含まれるガス管の数量を GIS から抽出し，それを基に道路占用物件の管理のみならず占用料金算出，徴収業務にデータを活用しています。

　図 4.9.5 に GIS によるガス管データの数量抽出を示します。図中緑色の部分が門真市が管理す

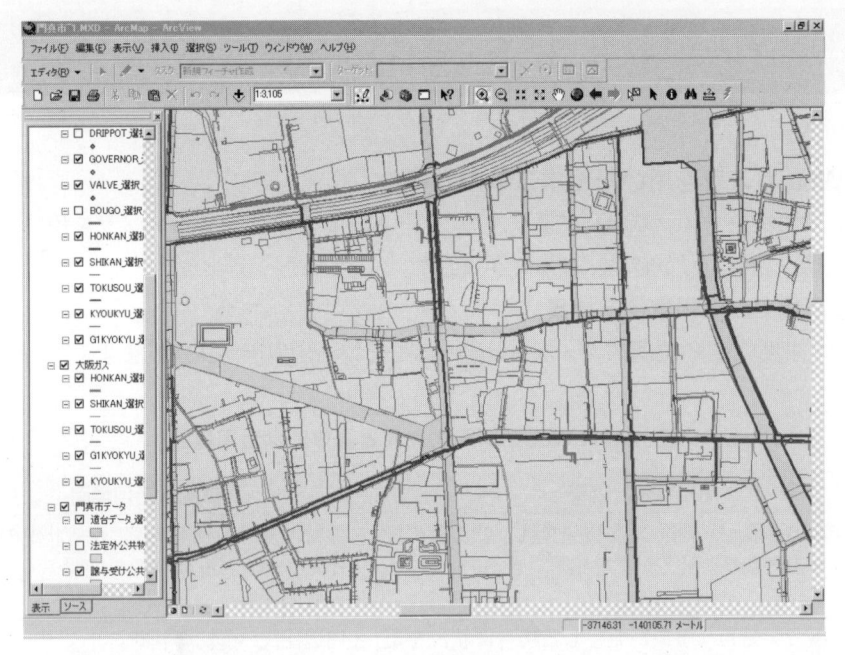

図 4.9.5 道路ポリゴンによる占用物件（ガス管）の数量抽出

る道路のポリゴンであり，その中の赤い線が門真市の道路内に含まれるガス管を示しています。

ポリゴンにより切り出されたガス管データは管径別に延長集計され，その集計データをもとに道路占用料金が算出されます。

GIS化されていない場合，このような占用数量の算出はガス工事の際に個別に申請する道路占用許可申請の積上げにより算出されます。しかしガス工事の数は多数で，ガス管数量などの情報は設計図ベースのものとなります。したがって実際の工事で変更になった竣工後の数量と設計数量の違いに基づく積上げの誤差の累積により占用数量が実態と乖離することもあります。このような違いをGISを用いて現実の数量に合わせ，さらには多数の個別申請書類の管理を省略し，GISによる棚卸し数量の管理に専念することで官民双方の業務を大幅に効率化することができます。

このような仕組みが自治体をまたがって普及することで，広域にインフラを提供する電力，通信ガスのようなユーティリティ企業の業務が簡略化され，将来的にGIS上での占用物件の電子申請が可能になればさらに業務の効率化が進められることになります。

4.10 通 信

4.10.1 Webカメラを用いた土木工事の効率化

監視カメラや街角カメラの普及により，インターネットを介したWebカメラを用いて遠方の工事現場の映像を見ることが容易になってきました。

(1) 工事現場での活用事例と効果

現場全体を把握できる位置にカメラを設置することで活用場面が広がります。

表 4.10.1 Webカメラの効果と具体的な活用場面

	活用事例と効果	具体的な活用場面
進捗	作業の進捗，作業者の状況を把握し，次工程の段取りのためのタイミングを確認できる。	・機材，資材の到着状況，保管状況の把握 ・作業者や人員配備状況の把握 ・天候の把握
判断	現場で突発的な事象が発生した場合に状況を迅速に把握し，適切な判断ができる。	・周辺住民への影響判断 ・周辺交通への影響判断 ・工事中断や再開の判断
安全	現場が無人になる夜間休日にも状況把握が可能となり，現場の安全性の向上が期待できる。	・不審者や子供の立ち入り有無の確認 ・荒天時の資機材の養生状態の確認 ・体操など日々の安全行動実施の確認
PR	周辺住民の協力を得ることで円滑に施工が進められる。	・住民の工事への理解心醸成 ・新工法など発注者，施工者の技術PR

(2) カメラと通信手段の現状

Webカメラには市販の監視用ネットワークカメラが利用可能です。屋外常設のために防水ハウジングの併用と電源の供給環境が必要となります。現場事務所にブロードバンドインターネット

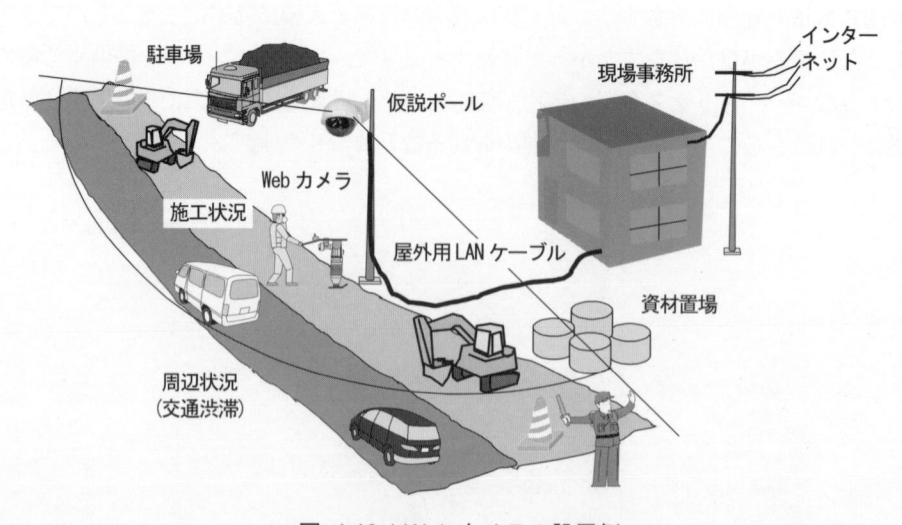

図 4.10.1 Webカメラの設置例

回線（ADSL 回線や光回線）を引き，そこからカメラまで屋外用 LAN ケーブルで接続します。LAN ケーブルで DC 電源も供給できる PoE（Power over Ethernet）が有効です。

(3) 課題

① プライバシーと個人情報保護

周辺住民のプライバシーと作業者の個人情報保護に考慮した設置運用が必要です。

② 動画像ガイドライン

公共工事での Web カメラ活用促進のためには国や自治体による動画像を用いた確認検査要領や実施ガイドラインの策定が望まれます。

4.10.2　モバイル機器を使用した点検作業の効率化

インターネットと接続された携帯端末や携帯電話などのモバイル機器を活用したシステムを利用することにより，土木設備の点検作業の効率化が可能となります。

(1) 漏れの無い点検と点検履歴を使った不具合発生傾向の把握

点検対象を順に漏れなく表示するモバイル機器（図 4.10.2A）を使って点検結果を管理することで，対象の設備について必要な点検を確実に行う，点検結果の整理が自動化する，といった効果が得られます。また，特定の設備についてサーバに蓄えられた過去の点検結果をリアルタイムに参照・一覧する（図 4.10.2B）ことで，不具合の発生傾向の把握が容易に行えます。

(2) 現場設備の詳細情報取得

排水ポンプ設備や換気設備などの現場の電気・機械設備の情報が，オンライン監視システムを使って収集されていれば，モバイル機器を使ってその情報をリアルタイムに参照する（図 4.10.2C）ことができ，現場でより正確な現状把握が可能となります。

(3) 不具合発生状況の迅速な伝達

道路や管路などの延長を持つ設備の点検では，現場の位置情報や，写真を入れた不具合発生状況報告を，簡単に事務所側に送付する（図 4.10.2D）ことが可能となります。事務所側では地図を使って，その不具合発生状況を把握する（図 4.10.2E）ことや，また，現場側では周辺で発生している不具合を把握する（図 4.10.2F）ことも可能となります。

第4章　土木分野における情報収集と活用の事例

A. 点検対象を順に表示
C. オンラインデータを参照
D. 現地の不具合発生状況を報告
F. 処置すべき不具合の一覧を参照
B. 点検結果を一覧
E. 不具合箇所を地図上に表示
排水設備　換気設備

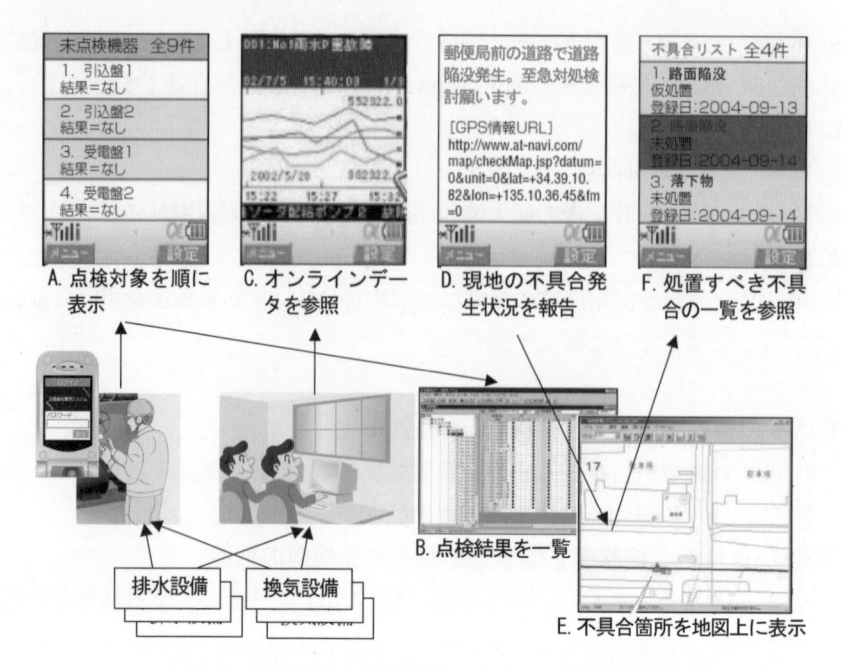

図 4.10.2　モバイル機器を使用した点検作業の概要

4.10.3　高精度 GPS による測量の効率化

カーナビゲーションの普及などにより GPS 測位は施設維持管理分野でも身近な存在となってきました。

(1)　高精度 GPS 測位の概要

よく知られているように，その測位結果には誤差（数 m～数十 m）が含まれているため，そのままの精度では施設管理に有効に使用することはできません。この誤差を補正することにより高精度な測位を可能としたものが高精度 GPS 測位です。

GPS 測位は，衛星が発信している電波を地上の受信機を用いて受信することで，衛星が電波を発信した時刻と受信機で受信した時刻の差，すなわち電波の到達時間を計測することにより衛星－受信機間の距離や位置を求められます。

しかし，衛星の時計のずれ，衛星軌道誤差，電離層や対流圏の影響，受信機時計のずれ，さらには周辺環境のマルチパスなどにより，求めた衛星－受信機間の距離には誤差が含まれ，その結果計算した位置には数 m～数十 m 程度の誤差が含まれてしまいます。そのため，正確な位置情報を得たい場合は，前述したとおり，誤差を補正する必要があります。一般的に知られている誤差の補正方式としては，以下があります。

① 長時間観測

長時間（30 分以上）測定により，マルチパスなどの観測環境による誤差を軽減させます。

② 複数点での同時測位

複数の点で同じ GPS 衛星を観測することにより，衛星軌道の誤差，対流圏および電離層による電波遅延等の共通誤差要因を消去します。

③ 電子基準点の利用

国土地理院が全国約 1,200 ヶ所に設置した電子基準点（座標が既知の点で GPS 連続観測を行っている）の観測データを利用して，さまざまな要因による誤差を計算します。

これらの誤差補正方式を利用して，現在，複数の高精度 GPS 測位方式が実用化されています。高精度 GPS 方式による測位の概要を図 4.10.3 に示します。

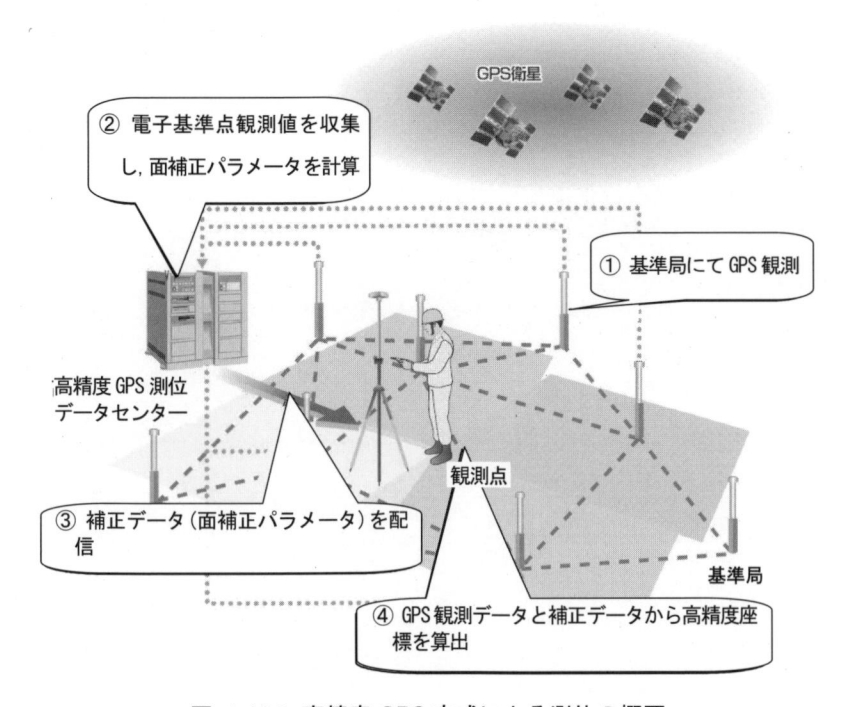

図 4.10.3 高精度 GPS 方式による測位の概要

(2) 施設維持管理分野での活用事例と効果

例えば，高精度 GPS による測量を道路の施設（道路照明灯，道路標識，カーブミラー等）管理に用いることで，道路施設管理・データ更新作業の効率化が期待されています。また，道路位置情報の整備が絶対位置で進むことで，官民境界が明確化し，官民境界管理業務の効率化，境界訴訟等に係る問題解決の迅速化，事業実施の効率化に繋がる可能性があります。

第 5 章　情報収集と活用のための心構え

　現在はネットワーク上からさまざまな情報が入手できますが，その活用にあたっては注意しなければらないことがたくさんあります。
　本章では，土木分野一般の情報公開について述べ，公開情報を活用する場合の留意点を示しています。それに続いて，セキュリティに関する法律や制度的な側面について，さらにはセキュリティに関する技術の紹介も行っています。また最後には，その理解がなかなか厄介な知的財産について触れています。

第 5 章　情報収集と活用のための心構え

5.1　情報の公開

5.1.1　土木分野における情報公開とは？

　土木分野における情報公開の特徴のひとつに，ほかの分野とは異なり「公益」につながる部分が多くあり，情報の発信源あるいは所有者が行政機関である場合が少なくないということがあります。

　したがって，一部の情報については情報公開法に基づき，非開示となる可能性があります。（参照：「行政機関の保有する情報の公開に関する法律（通称：情報公開法）」第 5 条）情報公開法では，以下の 6 項目が不開示情報として位置づけられています。

① 個人に関する情報又は個人の権利利益を害するおそれがあるもの
② 法人その他の団体に関する情報又は事業を営む個人の当該事業に関する情報であって，公にすることが必要であると認められる以外の情報
③ 国の安全が害されるおそれがあると認められる情報
④ 公共の安全と秩序の維持に支障を及ぼすおそれがあると認められる情報
⑤ 行政機関内部又は相互間における審議，検討又は協議に関する情報のうち，公にすることにより，率直な意見の交換もしくは意思決定の中立性が不当に損なわれるおそれがあるもの
⑥ 行政機関が行う事務又は事業に関する情報で，公にすることにより，当該事務又は事業の適正な遂行に支障を及ぼすおそれがあるもの

　このように，土木分野では法律にもとづいて，情報を非公開とすることがあるということが特徴的です。

　一方，社会一般の情報公開の流れに沿って，社会の安心・安全に対する国民ニーズの高まりも相俟って，従来は開示されていなかった各種のハザードマップが開示されるようになってきています。ここでハザードマップとは，ある災害に対して，その危険区域などを地図上に表現し地域住民に分かりやすい情報提供を行うことを目的としています。

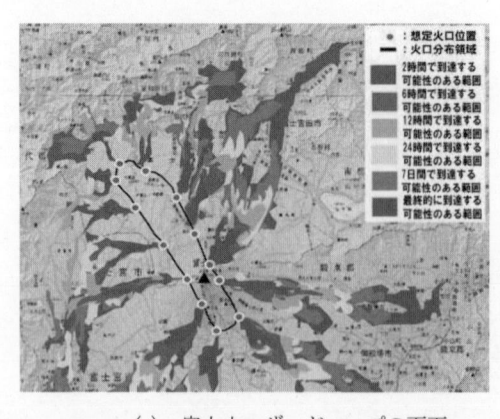

(a)　富士山ハザードマップの画面 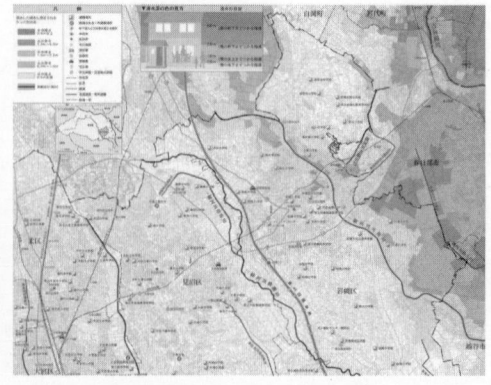　　　(b)　利根川ハザードマップの画面
図 5.1.1　ハザードマップの提供事例

5.1 情報の公開

　また防災関連情報のように，国民の安心・安全に直結する情報については，リアルタイム性が要求されます。リアルタイムに情報提供されている防災情報，道路情報の代表的なインターネット上の公開サイトの画面を紹介すると次のとおりです。

(a) 国土交通省防災情報提供センター
http://www.bosaijoho.go.jp/

(b) 日本道路交通情報センター
http://www.jartic.or.jp/

図 5.1.2 リアルタイム情報の提供事例

　上記のように，インターネットという媒体を用いることによって，国民に有益な情報が無料でどんどん提供されてくるようになっています。

　しかしながら，土木分野の情報公開には，同じ土木の専門家集団の中の閉じた状態での情報公開と，土木分野に携わったことのない一般の方に対する情報公開とがありますが，従来後者が軽んじられてきた傾向があると言わざるを得ません。従来の情報提供者側の視点に基づく専門用語による情報開示から，情報の受け手である一般人が理解できる分かりやすい言葉に変更して情報開示する方向が最近顕著となってきています。この事例として，「洪水等に関する防災情報体系のあり方について（提言）」（2006年6月22日）における改善案の一部を紹介すると次のとおりです。

表 5.1.1 洪水等に関して改善を行う用語・表現（抜粋）[1]

		現　行	改　善　後
水位情報で用いる用語		計画高水位	はん濫危険水位
		危険水位	はん濫危険水位
		特別警戒水位	避難判断水位
		警戒水位	はん濫注意水位
		指定水位	水防団待機水位
河川の洪水警報等で用いる用語		（○○川）洪水情報	○○川はん濫発生情報 ○○川はん濫危険情報
		（○○川）洪水警報	○○川はん濫警戒情報
		（○○川）洪水注意報	○○川はん濫注意情報

第5章　情報収集と活用のための心構え

　次に土木構造物はライフサイクルが長く，多くの関係者がかかわることから，構造物の製造過程において情報共有（情報公開）を行うことに大きな意義があることは，CALS/ECの施策等でも論じられてきているとおりです。しかしながら，特に公共事業においては契約上甲乙関係というものがあらゆるフェーズで存在することになります。ここで甲が発注者であり，乙が受注者ですが，この受発注者間においては共通仕様書などで「守秘義務」が課せられます。このことにより，受注者側が当該事業に関しての情報公開を発注者の許可なしには行うことはできないこととなっています。ただ，受注者における成果品の発表に際しての守秘義務については，発注者の承諾を受けた場合には，その限りではないと規定されており，公表することが可能となっています。要は，受注者は「守秘義務」の規定により，勝手に知り得た情報を第三者に発表することはできませんが，発注者の許可があれば，論文発表などが可能な道が開かれているということです。

5.1.2　公開情報を利用する

　一般に論文などを書く場合の公開情報の利用にあたって留意すべき点は，文献引用元との事前協議の必要性の有無や著作権との関連の明確化が重要であり，これは土木分野に限定したものではありません。参考までに「土木学会論文集投稿の手引（2005.11.15）」[2]では，参考文献の取扱いについて，次のように規定しています。

（前略）

5.10　参考文献

　登載可となった論文は電子ジャーナルとして公開され，論文中の参考文献についてはクロスリファレンス機能が個別に付加されます。参考文献のリンク間違いを防ぐために，以下に示す書式や記載場所などに関する注意事項を必ず守って下さい。

a) 参考にした文献は引用順に番号をつけて本文末にまとめて記載し，本文中にはその番号を右肩上に示して文末の文献と対応させて下さい。

b) 参考文献は，論文登録後に時間が経過してもたどれるものだけを挙げてください。すなわち，インターネット上のホームページアドレスや私信などを参考にした場合は，本文末の参考文献に挙げずに本文中または脚注で示してください。

（後略）

　土木分野の場合，その事業の性格から情報発信源は公的機関である場合が多くなりますが，発信される情報のうち，特に観測情報のようにリアルタイム性を求めるものについては，瞬時値としての暫定的なデータであるリアルタイム情報（速報値）と，公的性格を帯びた欠測補填処理などデータ品質の妥当性をチェックした確定情報（公称値）とがあることに注意する必要があります。

　したがって，同じ情報であっても利用場面に応じてこの両者の情報の使い分けが必要となるケースがあることに留意する必要があります。

　また，国立国会図書館ではインターネット情報の収集利用に関する制度化の動きがあります。これは関係法令を整備し，国立国会図書館がインターネット情報を収集（複製し固定）することができることとするとともに，収集したインターネット情報を利用に供する方法などについて定めるというものです。この中で，以下のような人権侵害情報などが含まれている場合には，利用

制限措置を講じるとされています。
① 人権侵害情報：名誉毀損（中傷誹謗，侮辱，差別を含む）およびプライバシー侵害（肖像権侵害を含む）が裁判により確定したもの，そのほか公開することにより人権を侵害することが明らかであるもの
② わいせつ物・児童ポルノ（係争中または裁判により確定したもの）
③ 国の機関などが発信した情報で公開しないものとして取り扱うことを当該機関が公的に決定したもの
④ 著作権を侵害して発信された情報
⑤ そのほか，違法性が明白であるなどの理由で，利用に供することが適切でないもの

前述の土木学会の参考文献の取扱いにもあるように，インターネット上の情報は，特定の例外情報を除いて公開情報として扱うことができますが，いつまでもインターネット上で参照可能であることは保障されていないため，参照先とする場合にはこの点に注意しなければなりません。

5.1.3 企業のコンプライアンス

(1) コンプライアンス

コンプライアンスは，一般に「法令遵守」と訳されます。比較的新しい用語ですので，インターネット上での Wikipedia で調べると次のように定義されています。「コンプライアンス（Compliance）とは，要求・命令などに従うこと，応じることを意味する英語。近年，法令違反による信頼の失墜が事業存続に大きな影響を与えた事例が続発したため，特に企業活動における法令違反を防ぐという観点からよく使われるようになった。こういった経緯からか，日本語ではしばしば「法令遵守」と訳されるが，「コンプライアンス＝法令遵守ではない」という考え方を持つ専門家もいる。」

日本企業によるコンプライアンス経営の取組の経緯は，1995年頃からの住専，銀行，証券，商社などにおける企業不祥事が顕在化し，社会の企業不信が高まったことに端を発しており，1996年12月の(社)日本経済団体連合会の「経団連企業行動憲章」の改定を機に始まったといわれています。その後2002年10月に改定された行動憲章では，次のように記載されています。

表 5.1.2 企業行動憲章－社会の信頼と共感を得るために－[3]

2002年10月15日

企業は，次の10原則に基づき，国の内外を問わず，全ての法律，国際ルールおよびその精神を遵守するとともに社会的良識をもって行動する。企業は，単に公正な競争を通じて利潤を追求するという経済的主体ではなく，広く社会にとって有用な存在でなければならない。
1. 社会的に有用な財，サービスを安全性に十分配慮して開発，提供し，消費者・ユーザーの信頼を獲得する。
2. 公正，透明，自由な競争を行う。また，政治，行政との健全かつ正常な関係を保つ。
(中略)
9. 経営トップは，本憲章の精神の実現が自らの役割であることを認識し，率先垂範の上，関係者に周知徹底する。また，社内外の声を常時把握し，実効ある社内体制の整備を行うとともに，企業倫理の徹底を図る。
10. 本憲章に反するような事態が発生したときには，経営トップ自らが問題解決にあたる姿勢を内外に表明し，原因究明，再発防止に努める。また，社会への迅速かつ的確な情報の公開と説明責任を遂行し，権限と責任を明確にした上，自らを含めて厳正な処分を行う。

第5章　情報収集と活用のための心構え

したがって，コンプライアンスの観点からは，企業にとっては悪い情報あるいは都合の悪い情報であっても積極的に開示しなければならないことになります。

(2)　ブログ

ブログとは，個人や数人のグループで運営され，日々更新される日記的なWebサイトの総称であり，今後ますます企業，個人にかかわらず，簡単にインターネット上に情報発信できるブログの活用は盛んになってくると想定されます。ブログのメリットは，企業の観点からみれば，オフィシャルではありますが一方通行の情報提供となりがちなホームページとは一線を画し，経営者自らが社会あるいは株主に自分の考えや思想を伝えることで，より企業の社会的存在価値を増大させることが可能であるといった考え方もあります。また，個人のブログを活用した製品やサービスのPRもアフィリエイト（成果連動型広告）として確実に普及しています。

ただ，ブログのメリットが増大する裏にはデメリットも増大していることを考えなければなりません。ブログの社会浸透による企業の注意点として挙げなければならないことに「コンプライアンス（法令遵守）」の問題があります。最近米国で「ブログで会社をクビになりました」というニュースがありました。某航空会社の乗務員が機内で撮影した写真を個人ブログに掲載したことが発端で，それが会社のブランドを傷つけたということが原因のようです。会社員は，悪意を持って掲載したものではまったくないのです。このように，個人にとってはどうでもないことが企業にとっては重要なことだったりすることが多分にあります。言い換えれば，個人が悪意なく発した情報が，会社組織や顧客，さらに社会にマイナスインパクトを与えてしまうということです。また問題が表面化した後には，個人の権利と義務の問題，さらに社会生活を行う上での倫理観を問われることになると想定されます。このような事態を避けるために，企業と構成員の間で事前になんらかの約束ごとを取り付けておき，相互が合意しあうという動きも出てくる可能性も否定できません。

【参考文献】
1)　国土交通省　洪水等に関する防災用語改善検討会：「洪水等に関する防災情報体系のあり方について（提言）」，2006年6月22日
2)　土木学会：「土木学会論文集投稿の手引き」，2005年11月15日
3)　(社)日本経済団体連合会：「企業行動憲章」，2002年10月15日

5.2　情報セキュリティとは

　さまざまな情報が氾濫している現代では，私たちの仕事や生活の中でコンピュータやインターネットなどのIT活用は欠かせないものとなりました。しかしその一方では，コンピュータウィルス，スパイウェア，ハッキング，クラッキング，フィッシングなど新たな脅威もたくさん生まれています。世の中が便利になると新たな脅威が生まれ，コンピュータウィルスとワクチンソフトのようにいたちごっこが繰り返される日々。最近は，個人情報や機密情報の漏洩に関するニュースには事欠きません。その中で，頻繁に用いられている「情報セキュリティ」という言葉。情報セキュリティとは一体何なのでしょうか？

　ここでは，土木情報といった言葉からは離れてしまいますが，少し一般的な情報セキュリティに触れます。

5.2.1　さまざまな脅威

　はじめに，コンピュータやインターネットの世界で，一般的にどのような脅威があるのか，その言葉と意味を少し勉強しましょう。

① コンピュータウィルス／ワーム

　コンピュータに被害をもたらす不正なプログラムの一種で，コンピュータの不正動作や，ディスクに保存されているファイルが破壊されるなどの被害を起こします。多くのウィルスはEメールを経由して感染します。

② スパイウェア

　コンピュータを使うユーザーの行動や個人情報などを収集し，マーケティング会社やスパイウェアの作成元にデータを送付するソフトウェアです。中には，マイクロプロセッサの空き時間を借用して計算を行ったりするアプリケーションソフトもあります。アプリケーションソフトと一緒に配布される場合も多く，ユーザが気づかないうちに利用条件を許諾して，インストールしてしまうこともあります。

③ ハッキング／クラッキング

　本来は，高い技術を駆使してシステムを操るといった意味を持つ言葉ですが，他人のコンピュータやシステムにインターネットなどのネットワークを経由して不正に侵入し，悪意を持って操作する行為を表す言葉として使われています。

④ フィッシング（詐欺）

　インターネットやEメールを使った詐欺の一種で，会員制Webサイトや有名企業になりすまして，ID，パスワード，銀行口座，クレジットカード番号等の個人情報を入手し，架空請求や預金引き出しなどの被害を及ぼします。

5.2.2　守るべき情報は何か？

　まず，私たちが守るべき情報とは何なのでしょうか？非常に難しい問題です。一口に情報といっ

第5章 情報収集と活用のための心構え

てもさまざまなものがあります。個人情報や機密情報は当然として，お客様からいただいた仕事の資料や電子メール，自分の会社の製品情報，あるいは営業用に持っているお客様の情報や携帯電話のメモリ（電話帳）など。その情報の状態も紙であったり電子ファイルや CD，あるいは会社で管理されているデータベースなどさまざまです。それらの中で，一体どれが守るべき情報なのかというと，立場や状況によっても異なりますので，単にこれだけを守ればよいといったことにはなりません。

簡単に言ってしまうと"すべての情報資産"は守らなければならないということになります。そう言ってしまうと身も蓋もないですが，守るべき情報としてのレベル差はあるものの，その対象から外れるものはないと考えるべきです。また同じ内容の情報であれば，その状態や媒体によって守るべきレベルが左右されないということも重要です[1]。

5.2.3 情報セキュリティとは？[2,3]

情報セキュリティは，前項に挙げたような「情報資産を保護する」ということが目的になると思いますが，では情報資産の何を保護するのでしょうか？情報セキュリティの3大基本理念として広く浸透しているのが「情報セキュリティにおける C.I.A.」です。これは，以下の3つの属性から定義されています。土木用語であれば，「3K（機密性，完全性，可用性）」と略すところですが，情報用語なので CIA（Central Intelligence Agency：アメリカ中央情報局）を模したところが少々お洒落だと思いませんか？

① 機密性（Confidentiality）

情報が組織や個人によって定められたルールどおりに保護されること。

例えば，情報漏洩やなりすまし，著作権侵害などからの保護に相当します。

② 完全性（Integrity）

情報の正確性や完全性が維持されること。

例えば，不正アクセスや誤動作などの防止に相当します。

③ 可用性（Availability）

システムを必要に応じて利用・制御ができ，正当な利用者の使用を妨げないこと。

例えば，不正アクセスや大量アクセスによるサービス妨害（DoS 攻撃：**D**enial of **S**ervice attack），ウイルスや天災などからの防御に相当します。

図 5.2.1 情報セキュリティにおける C.I.A.

5.2 情報セキュリティとは

　また，ISO/IEC 17799（情報セキュリティ管理実施に関する国際規格）およびJIS X 5080（情報セキュリティ管理実施に関する日本工業規格）では，保護する情報資産については文字どおりあらゆる情報のこととして，決して電子的なデータに限定してはいません。先にも述べたように，情報そのものはさまざまな形態が存在しますし，紙やメモ，電子的なデータ，これらが印刷，複製，加工されたりしながら伝達し，場合によっては会話やうわさとして伝達されることも示唆しています。

　以前は情報セキュリティというと，バックアップ，ウイルス対策，暗号化，ファイアウォール等の技術的な対策が中心と考えられていましたが，現在ではIT対策中心ということではなく，情報全般を企業や組織の資産（情報資産）と考え保護することを情報セキュリティとして捉えるようになっています。つまり，技術的な対策はもとより，物理的・人的なセキュリティも含めて，電子的に保管されている情報から，紙媒体での記録，通勤電車やエレベータ内などの公共スペースでの会話まで，ビジネスに関するあらゆる情報が保護対象範囲と考えられています。場合によっては，仕事帰りにちょっと一杯やりながらの会話まで，その対象と考えられるのです。

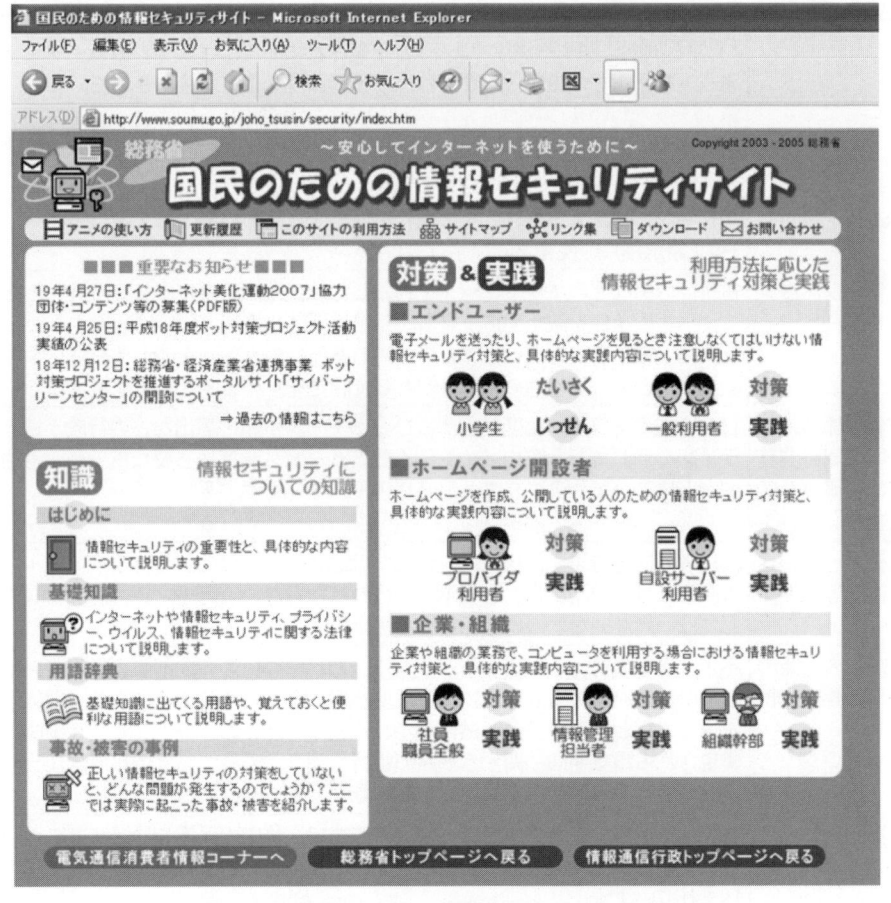

図5.2.2　国民のための情報セキュリティサイト

（出典：総務省　http://www.soumu.go.jp/joho_tsusin/security/index.htm）

第5章　情報収集と活用のための心構え

　総務省では『国民のための情報セキュリティサイト』[4]といったWebサイトで，個人レベルと企業レベルに分けて，具体的にどのようなことに注意すべきかを分かり易い言葉で説明しています。個人レベルの情報セキュリティでは，インターネット利用時の注意事項や個人情報が流出することでの危険性など犯罪に巻き込まれないための対策が記載されています。企業レベルでの記載は，非常に簡単に書かれていますので，詳細を知りたい方は，経済産業省のWebサイト[5]もお勧めします。情報セキュリティガバナンスや認定制度，法律，ガイドラインといった情報も得ることができます。

5.2.4　情報セキュリティに関する法律や制度 [6, 7]

　情報セキュリティに関する法律や制度もさまざまなものがあり，この場ですべてを網羅することはできませんが，法律に関しては先に紹介しました『国民のための情報セキュリティサイト』に掲載されている中で，主要なものの概要を表 5.2.1 にまとめています。また，情報セキュリティ

表 5.2.1　情報セキュリティに関する法律

名　　称	内　　容
刑法	「犯罪と刑罰に関する法律である」と定義されます。例えば，コンピュータやインターネットを利用した犯罪・事件では，以下のような条文が適用されています。 第175条（わいせつ物頒布等），第230条（名誉毀損） 第234条の2（電子計算機損壊等業務妨害），第246条（詐欺） 第246条の2（電子計算機使用詐欺）
著作権法	著作物などに関する著作者等の権利を保護するための法律です。 （差止請求権），（侵害とみなす行為）
電子署名及び認証業務に関する法律	電子商取引などのネットワークを利用した社会経済活動の更なる円滑化を目的として，一定の条件を満たす電子署名が手書き署名や押印と同等に通用することや，認証業務（電子署名を行った者を証明する業務）のうち一定の水準を満たす特定認証業務について，信頼性の判断目安として認定を与える制度などを規定しています。
電子署名に係る地方公共団体の認証業務に関する法律（公的個人認証法）	行政手続オンライン化関係三法のひとつです。申請・届出などの行政手続きをオンラインを通じて行う際の，公的個人認証サービス制度に必要な電子証明書や認証機関などについての決まりごとが盛り込まれています。
特定電子メールの送信の適正化等に関する法律	利用者の同意を得ずに広告，宣伝または勧誘などを目的とした電子メールを送信する際には「未承諾広告」と表示しなければならないことや，拒否者に対しては送信してはいけないなどの規定を定めた法律です。
不正アクセス行為の禁止等に関する法律	不正アクセス行為を禁止するとともに，これについての罰則およびその再発防止のための都道府県公安委員会による援助措置などを定めることにより，電気通信回線を通じて行われる電子計算機にかかわる犯罪の防止およびアクセス制御機能により実現される電気通信に関する秩序の維持を図り，もって高度情報通信社会の健全な発展に寄与することを目的とした法律です。
有線電気通信法	有線電気通信の設備や使用についての法律で，秘密の保護や通信妨害について規定されています。また，2002年には「ワン切り」に対する罰則（第13条の2）が盛り込まれています。
個人情報の保護に関する法律	個人情報の有用性に配慮しながら，個人の権利利益を保護することを目的として，民間事業者が，個人情報を取り扱う上でのルールを定めています。これとは別に，行政機関の保有する個人情報の保護に関する法律もあります。

に関する評価，認証制度については，代表的なISMS（情報セキュリティマネジメントシステム）適合性評価制度などの概要を表5.2.2にまとめました。

表 5.2.2 情報セキュリティに関する評価・認証制度

評価，認証制度	内　容
ISMS（情報セキュリティマネジメントシステム）適合性評価制度[6]	国際的に整合性のとれた情報セキュリティマネジメントに対する第三者適合性評価制度で，個別の問題ごとの技術対策のほかに，組織のマネジメントとして，自らのリスクアセスメントにより必要なセキュリティレベルを決め，プランを持ち，資源配分して，システムを運用することを目的として，技術的なセキュリティ対策と組織全体のマネジメントの両面からの取組みを評価するものです。組織が構築したISMSが認証基準（ISO/IEC 27001）に適合しているかを，審査登録機関に審査申請し認証を取得します。
情報セキュリティ監査制度[7]	経済産業省が公表した「情報セキュリティ監査研究会報告書」[8]を引用すると『情報セキュリティにかかわるリスクのマネジメントが効果的に実施されるように，リスクアセスメントに基づく適切なコントロールの整備，運用状況を，情報セキュリティ監査人（情報セキュリティ監査を行う主体）が独立かつ専門的な立場から，国際的にも整合性のとれた基準に従って検証または評価し，もって保証を与えあるいは助言を行う活動』となります。この制度では，情報セキュリティ管理基準の項目の一部のみの監査を受けることも可能で，情報セキュリティ監査を実施することによって，組織の情報セキュリティ対策のレベルが向上し，結果的にISMS認証取得レベルにまで到達するような仕組みとなっています。
プライバシーマーク制度[9]	日本工業規格「JIS Q 15001個人情報保護マネジメントシステム―要求事項」に適合して，個人情報について適切な保護措置を講ずる体制を整備している事業者などを認定して，その旨を示すプライバシーマークを付与し，事業活動に関してプライバシーマークの使用を認める制度です
ITセキュリティ評価・認証制度（JISEC）[3]	IT関連製品のセキュリティ機能・品質をISO/IEC 15408にもとづいて検証する制度です。評価は，第三者機関（評価機関）が評価対象となる製品，システムについて，セキュリティ機能および目標とするセキュリティレベルをセキュリティ評価基準に基づいて適合していることを検証します。認証は，認証機関が評価の結果についてセキュリティ評価基準に基づいて適切に実施されていることを検証します。

5.2.5　情報セキュリティに関する犯罪・事故 [10]

過去に発生している犯罪や事故は，インターネットなどで容易に検索することができると思いますので，以下では情報セキュリティに関連して，どのような犯罪や事故があるのかを説明します。

① 情報の漏えい

ここ数年，官，民を問わず最も多く発生している犯罪・事故です。住民基本台帳，カード会社，信販会社，通販会社，プロバイダ，携帯電話会社と業種を問わず発生する可能性があるものです。社内の機密情報の流出による利益の損失，顧客（個人）情報の流出による信頼の損失により，企業ではその存続にかかわるほど大きなダメージを受ける場合もあります。

② 情報の改ざん

ホームページの改ざんや情報資料の改ざんが上げられます。ホームページの改ざんは，愉快犯であったり企業，団体のイメージを傷つけるものが代表的といえます。また，業務上の資料や集計データ，見積書の金額など，意図せず間違えてしまった場合にも，お客様からの信用を損なう

第5章　情報収集と活用のための心構え

事故と考えられます。

③　サービスの停止

オフィスのネットワーク化に伴い，業務上のシステムのほとんどがオンライン化されている現在，その基幹システムが停止することは企業活動そのものが停止してしまう可能性があります。また，オンラインでのサービスを提供している会社にとっては，事業継続性の観点からも対策を必要とする事故です。

④　コンピュータウィルスへの感染

組織内のコンピュータがウィルス感染した場合，被害者が加害者となってしまう場合が往々にしてあります。最初に感染したファイルやデータが壊れたり，コンピュータの復旧作業に要する労力や費用の直接的な被害のほかに，2次感染によってネットワーク上のすべてのコンピュータが被害を受けたり，場合によってはお客様へも被害を拡大させる可能性があるものです。

細かく見れば，もっと多くの犯罪・事故があると思いますが，それらを引き起こす要因としては，主に以下の4つになります。

- 外部からの不正行為
- 内部からの不正行為
- 内部の運用（操作，処理）ミス
- 自然災害や偶発的に起こる事故

なかでも一番の問題は，内部からの不正行為であるといえます。これは，いかに強力なセキュリティシステムを用意しても，内部からの不正行為を防ぐことは非常に困難だからです。情報漏えいに関する犯罪・事故は，約8割が内部犯行であるとも言われています。また，内部の運用（操作，処理）ミスも，頻繁に発生する可能性がある事故といえます。これらのことについては，会社で頭を悩ませている方も多いのではないでしょうか。

仮に予防対策として，全社統一的にギチギチのセキュリティポリシーやルールを策定し，それらを強制しても，業務の実態に合わなければ現場からの反発などで，運用，管理が全く実行されなくなります。また，ルールばかりでがんじがらめになって，本来の目的である利便性が損なわれる事態も避けなければなりません。予防対策には，それぞれの事業や環境にあったバランスが必要です。

何事も同じであると思いますが，いかに仕組みやルールがあったとしても，それを有効に運用することが大切で，最後は個人の心がけに寄るところが大きいといえます。常日頃からの意識と，企業は常に社内へ啓蒙していくことが必要です。皆さん，大事な会社の情報やお客様の情報が記録されたノートパソコンを好き勝手に持ち歩いていませんか？仕事のメールを自宅のパソコンへ転送して大丈夫ですか？大事な資料を持って帰宅途中に，カバンを電車の網棚にのせて居眠りなんてありませんか？自分の身の回りのちょっとした意識を高めていくことは，事故を防止するうえでは非常に重要なことです。

【参考文献】
(社) 情報サービス産業協会，http://www.jisa.or.jp/
(財) 日本特許情報機構，http://www.japio.or.jp/profile/profile06.html
経済産業省：「情報政策／個人情報保護」http://www.meti.go.jp/policy/it_policy/privacy/index.html
1)　山口　英：「山口英の10分間セキュリティ責任者強化塾」，http://www.atmarkit.co.jp/im/cop/index.html

2) 伊藤良孝：「知ってるつもり？「セキュリティの常識」を再確認」，
http://www.itmedia.co.jp/enterprise/articles/0410/26/news048.html
3) （独）情報処理推進機構，http://www.ipa.go.jp/
4) 総務省：「国民のための情報セキュリティサイト」，http://www.soumu.go.jp/joho_tsusin/security/index.htm
5) 経済産業省：「情報セキュリティに関する政策，緊急情報」，http://www.meti.go.jp/policy/netsecurity/index.html
6) 「（財）日本情報処理開発協会」，http://www.isms.jipdec.jp/isms/
7) 「NPO 法人日本セキュリティ監査協会」，http://www.jasa.jp/
8) 経済産業省：「情報セキュリティ監査研究会報告書」，http://www.meti.go.jp/policy/netsecurity/audit.htm
9) （財）日本情報処理開発協会　プライバシーマーク事務局，http://privacymark.jp/
10) 月間情報セキュリティ，http://www.monthlysec.net/

5.3 これだけは知っておきたい情報セキュリティ技術

5.3.1 情報セキュリティ技術とは？

　近年，公共機関や企業などから情報漏洩に関するニュースをよく耳にします。2003年に個人情報の保護に関する法律が成立し，個人情報保護の重要性が叫ばれるようになりましたが，企業や公共機関の情報も守るべき大切な資産であることに変わりありません。

　情報の紛失・破壊・漏洩等の脅威は以前より存在していました。しかし，ほとんどの情報がコンピュータで管理され，コンピュータがネットワークによって繋がっている現在では，これらの脅威や実際に起きたときの被害数や規模は以前より大きくなっています。現実に，ウィルス感染や不正侵入などのインシデントにより業務停止した企業や，内部犯行やファイル交換ソフトなどにより情報漏洩を起こした結果，被害者に多額の賠償を支払った企業があります。図5.3.1はホームページへの不正アクセスなどから情報漏洩を起こし，ホームページを停止，もしくは利用者へ賠償金を支払った事例です。

　インシデントの発生を未然に防ぐ，もしくは可能性を低減する，インシデントが起こってしまったときの被害の拡大を食い止めることなどの対策が行われています。たとえば，ウィルス対策ソフトを導入する，自然災害による情報破壊への対策としてデータを東京と大阪の二拠点で持つ，というような対策があります。このような技術のことを情報セキュリティ技術といいます。

　本項では，代表的な情報セキュリティ技術について紹介します。

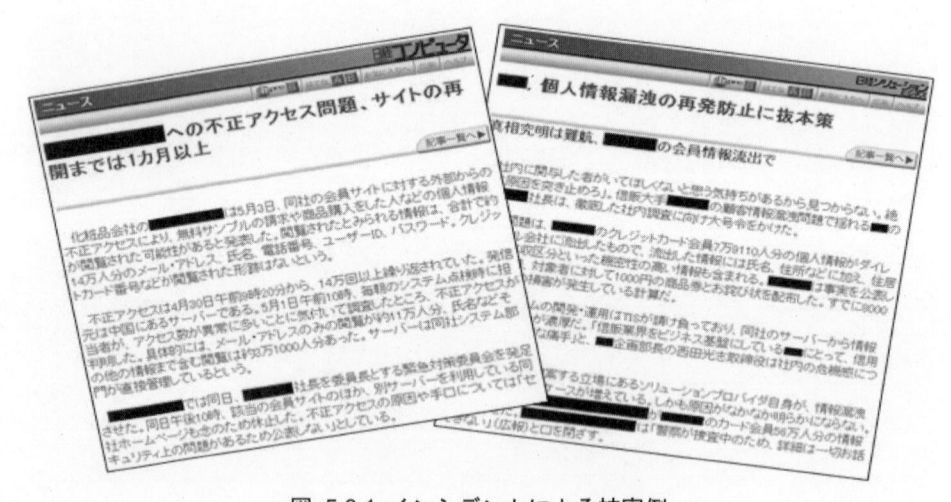

図 5.3.1　インシデントによる被害例
（出典：ITPro http://itpro.nikkeibp.co.jp/）

5.3.2 個人識別・暗号に関する技術

(1) 個人識別に関する技術

① 本人しか知らない情報による認証

　一般的に，インターネットにおいては，ユーザ ID と呼ばれる記号により個人を識別し，そのユーザ ID を入力した人が本人であることを確認する目的でパスワードが利用されます。パスワードは本人しか知らない情報という原則のうえで成り立っていますが，現実には生年月日や電話番号など，推測しやすい文字列をパスワードとして設定する人が多数存在しています。また，パスワード入力中の画面やキーボードを見られる，ネットワークを流れる情報を盗聴される，などというリスクを抱えています。パスワードによる認証は，簡単に安価で利用できるというメリットがある一方，パスワードが推測されたり盗まれたりした場合，不正アクセスを許してしまい，個人情報が盗まれる事件が発生したことがあります。

　このようなリスクがあることから，ほかの方法による認証方法が開発されてきました。

② 本人しか持っていない物による認証

　パスワードの弱点を補完するために，図 5.3.2(左)のような一定時間ごとに表示が変わる小型機器（トークン）をあらかじめ配布しておき，その内容をパスワードとして入力を求めることによってセキュリティを高めます。パスワードは，ネットワーク上で盗聴されるリスクを抱えていますが，ネットワークに流すパスワードを毎回変更することによって，盗難されても二度と使えないので安心です。この技術は，インターネット銀行などで普及しています。トークンを使った認証は「本人しか持っていないもの」による認証といえます。

③ 本人の身体的特徴を利用した認証

　指紋や虹彩など，本人の身体的特徴を利用した認証のことをバイオメトリクス認証といいます。高度なセキュリティが要求される建物への入館や，銀行の ATM 等で利用されています。コンピュータにおいては，パソコンのログイン等に利用されています。図 5.3.2(右)は，市販のノートパソコンに内蔵された指紋認証装置です。ただし，指紋や虹彩等のバイオメトリクス情報をコンピュータに記憶させることに対して，抵抗を感じる人もいます。

図 5.3.2 トークン（左）とノートパソコンに付属の指紋読み取り機（右）

④ 2つ以上を組み合わせた認証

最近の一部のシステムでは，上記の3つの本人しか知らない情報による認証，本人しか持っていないものによる認証，本人の身体的特徴による認証の2つ以上を組み合わせることにより，より強固な認証システムが作られています。例えば，銀行のATMでは，本人しか持っていないカードに，本人しか知らない暗証番号を組み合わせてお互いが持つリスクを低減しています。コンピュータの認証においても，たとえばパスワード認証と指紋認証を組み合わせるといったことで，高度なセキュリティを実現しています。

(2) 暗号に関する技術

現在コンピュータで主に使用されている暗号は，その鍵の種類によって2つに分けられます。

① 共通鍵暗号

暗号化と復号に同じ鍵を使用します。暗号化する人と復号する人の間で，予め鍵を交換しておく必要があります。暗号化および復号にかかる時間が短いというメリットがあります。無線LANにおける通信や，WORDやEXCELなどのファイルの暗号化などで利用されています。

② 公開鍵暗号

暗号化と復号に異なる鍵を使用します。一方の鍵で暗号化されたものはもう一方の鍵を使わないと復号できないという特徴があり，一方を公開することができます。複数間で相互に通信しても，共通鍵方式よりも少ない個数の鍵で通信することができます（図5.3.3参照）。デジタル署名などで利用されています。

共通鍵方式による1000社間の相互通信

2社の組み合わせ毎に鍵が必要なので、1000社間で通信すると、499500個の鍵が必要。

公開鍵方式による1000社間の相互通信

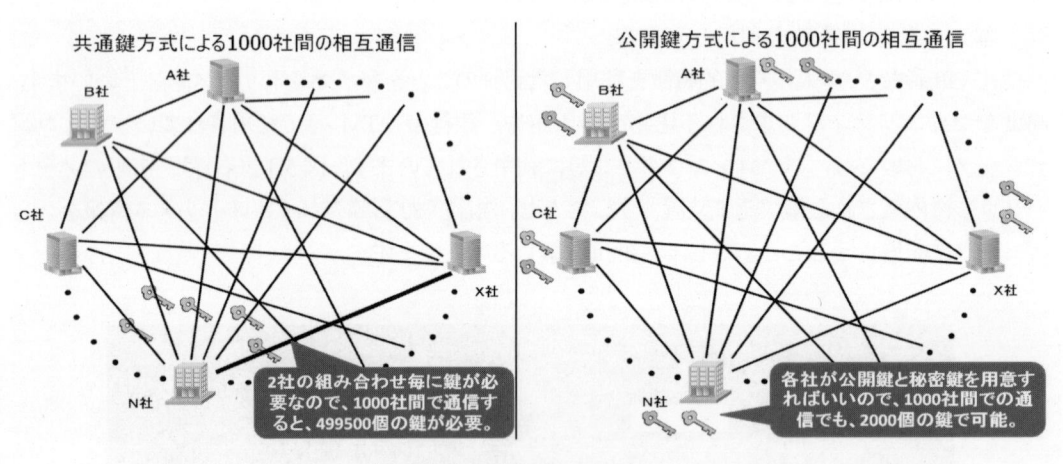

各社が公開鍵と秘密鍵を用意すればいいので、1000社間での通信でも、2000個の鍵で可能。

図 5.3.3 鍵方式の比較

③ 共通鍵暗号と公開鍵暗号の組み合わせ

共通鍵方式は公開鍵方式より暗号化や復号にかかる時間が短く，公開鍵方式は鍵の配布が容易というそれぞれのメリットがあります。パスワードを入力するときなどに利用するホームページでの暗号化通信では，双方のメリットを活かした通信が行われています。図5.3.4のようにまず公開鍵暗号を利用して共通鍵を交換し，その後の通信内容はその共通鍵で暗号化して通信しています。

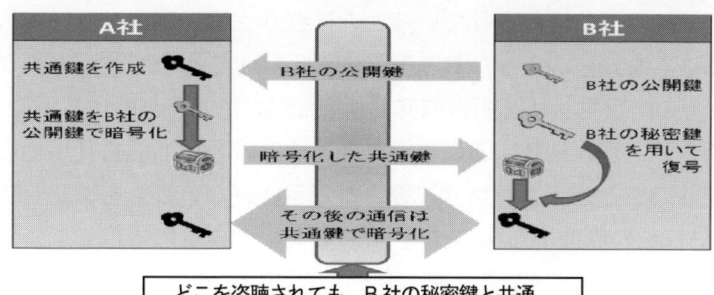

5.3 これだけは知っておきたい情報セキュリティ技術

図 5.3.4 公開鍵と秘密鍵の組み合わせ

(3) 暗号化技術の安全性

もし，計算機を使って強引に解読しようとすると，どの程度時間がかかるのでしょうか？鍵がある場合は，ホームページにおける暗号化通信を見ればわかるように，一瞬で復号できます。この復号時間を仮に 0.01 秒とします。つまり，1 回の計算で復号できれば 0.01 秒で復号されると仮定します。すべてのパターンを計算して無理やり解読しようとすると，平均して 5.4×10^{28} 年かかります。これだけ時間がかかるため，コンピュータの進化のスピードを考慮に入れても，情報自体が持つ重要性も数年後には低下しますので，データ盗聴などに対しては，今のところ安全だといえます。

では，逆に暗号化していると必ず安全なのでしょうか？実は暗号化通信は，途中の経路を盗聴から守ってくれますが，接続した相手の正当性は保証してくれません。せっかく暗号化していても，通信している相手が意図しない相手では情報を第三者に送信してしまい，全く意味がありません。このリスクを回避するための仕組みに，電子証明書があります。ホームページを見ている時，暗号化通信を開始すると右下に鍵マークが表示されます。このとき，鍵マークをクリックすると図 5.3.5 のように詳細な鍵の情報を見ることができます。

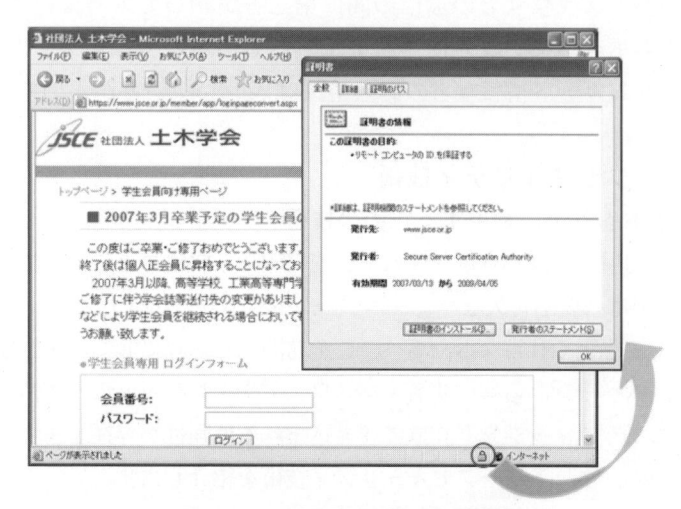

図 5.3.5 電子証明書の詳細情報

正確には，電子証明書の情報を見ていることになります。証明書とは，公開鍵の発行者が接続先であることを認証局と呼ばれる第三者が保証するものです。インターネット・エクスプローラなどのブラウザに証明書の有効期限などの情報を判断する機能があるため，通信している相手の正当性を確認することができます。暗号化通信を利用する時，最低限ドメイン名称が正しいことと，ブラウザに警告が表示されないことを確認してください。アドレスバーの「://」の直後から次の「/」までの間に今まさに接続しているページのドメイン名称が表示されています。また，暗号化通信を開始する時に図5.3.6のような警告が出ることがあります。

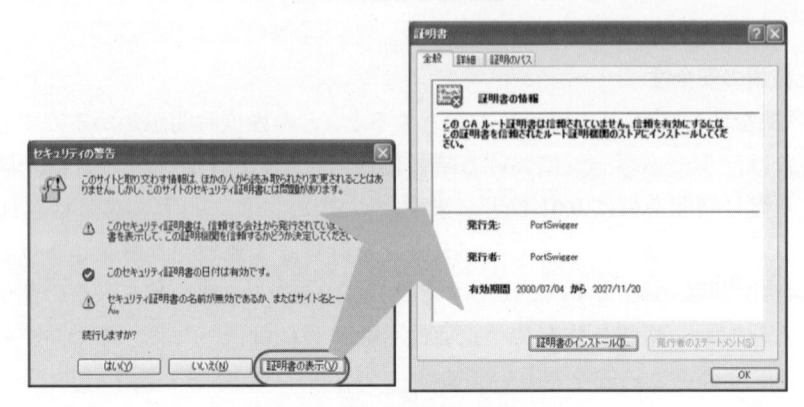

図 5.3.6　電子証明書のエラー

　これは何を意味しているのかというと，送られてきた証明書が認証局による保証を得られていないということです。ほかにも証明書の情報が接続先と一致していない，もしくは証明書の期限が切れている，などのためにこの警告が表示されることがあります。その原因がホームページの管理人の不注意によることもありますが，接続したのが詐欺ページであることや，サーバとブラウザとの通信の間に第三者が割って入っているなどのこともありえますので，そのホームページの使用を中止した方がよいでしょう。また，最悪でもパスワードやクレジットカード情報などの個人情報は入力しない方がよいでしょう。

5.3.3　ネットワークセキュリティ技術
(1)　インターネットを安全に利用するための技術
　インターネットを利用すれば，有益な情報を迅速に確認，収集できるだけでなく，情報の発信もできるため，現在では必要不可欠なコミュニケーションツールの1つとなっています。しかし，利用者の意図に反し，悪質で有害なホームページを訪問させられてしまい金銭を要求される事件や，偽装されたホームページからユーザ名・パスワードやクレジットカード情報といった個人情報などが漏洩してしまうフィッシング詐欺に巻き込まれる危険性が存在します。以下では，これらを未然に防ぐための，ネットワークセキュリティ技術を紹介します。
① 　Webフィルタリング技術
　Webフィルタリング技術とは，ユーザが要求したホームページなどの情報を事前に検査し，有

害で危険な情報が含まれている場合は表示させないための技術です。参照できないホームページをリスト化したブラックリスト方式や参照できるホームページをリスト化したホワイトリスト方式など，複数のフィルタリング方式が存在します。いずれのフィルタリング方式にもメリット・デメリットがあるため，複数の方式を併用するのが一般的です。

最近では，Yahoo!Japanが社会貢献活動の一環で無料のフィルタリングサービス（Yahoo!あんしんねっと）の提供を開始するなど，教育機関や企業だけでなく，家庭でもWebフィルタリング技術の利用が一般的となりつつあります。言い換えれば，有害で危険なWebページが多数存在するため，インターネットを利用する際は，注意が必要ともいえます。

② フィッシング対策技術

フィッシング詐欺に遭わないためには，個人情報などを不用意に入力しないこと，また入力する場合はそのホームページのURLが正規のURLであるかを注意深く確認することが基本です。フィッシング詐欺サイトの多くは，以下の例のように，ユーザの注意を紛らわすために，正規のURLやホームページのデザインと酷似させています。

例　正規　URL：http://www.abc-bank.co.jp
　　偽物　URL：http://wwwabc-bank.co.jp（"www"の直後の"."が存在しない）

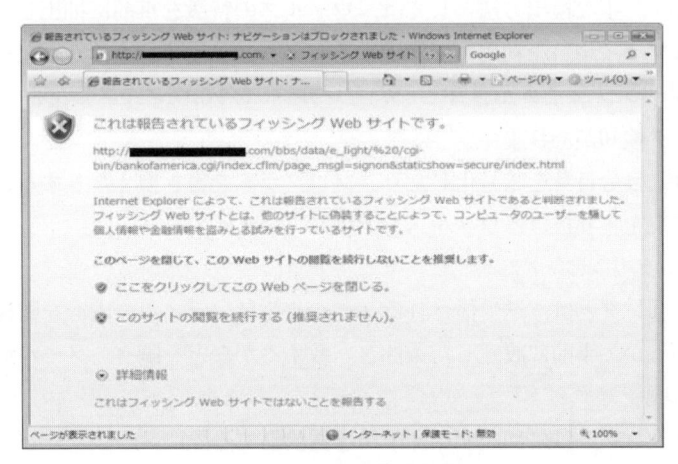

図　5.3.7 IE7の警告画面

ユーザによる目視確認だけではなく，Internet Explorer 7（以下「IE7」という）などのブラウザに標準で搭載されているフィッシング詐欺検出機能を使用し，システム的にも確認することが大切です。例えば，IE7でフィッシング詐欺検出機能を有効にしておけば，フィッシングホームページに接続を試みると，アドレスバーが赤くなりブラウザ上に警告画面が表示されます（図5.3.7を参照）。ただし，公開されたばかりのフィッシングホームページは検出できない可能性もあり，この機能だけに頼ると危険であることも忘れてはいけません。

(2) コンピュータをウィルスや不正アクセスから守るための技術

ウィルスや不正アクセスにより重要な個人情報などが外部に漏れてしまうというインシデントが多発しています。これらのインシデントとしては，オペレーティングシステムやアプリケーショ

ンの不具合であるセキュリティホール（ぜい弱性）を悪用される場合やユーザの不用意な操作によって有害なプログラムを実行してしまう場合，ダウンロードしてしまう場合などが見受けられます。

このような脅威については，経路が多数存在する上に手口が巧妙になっているため，各脅威に対応したセキュリティ技術（対策）を併用し，何重にも対策を実施することでセキュリティレベルを高める必要があります。

① 修正ソフトウェアの適用

セキュリティホールを塞ぐためには，ソフトウェアやハードウェアの開発元から提供される修正ソフトウェアをこまめに適用することが重要です。例えば，Microsoft Updateにアクセスすると，セキュリティパッチの適用状況を確認できるので，適用されていない修正ソフトウェアが検出されればそれをインストールします。

なお，Windowsに標準で備わっている"自動更新"機能を利用すれば，自動的に修正ソフトウェアのダウンロード，およびインストールが実行できるため，ユーザが意識しなくても常に最新の状態が保たれます。

② ウィルス対策ソフト

ウィルス対策ソフトとは，ウィルスの特徴や挙動からウィルスを発見し，可能であれば駆除するソフトウェアです。主な検出方法としては，ウィルスの特徴を事前に抽出したパターンファイル（ウィルス定義ファイル）を利用して検出するパターンマッチング検知，とウィルスの動作概要を利用してパターンファイルが存在しないウィルス（未知ウィルス）であっても検出できるヒューリスティック検知があります。

しかし，最近は，自分自身を暗号化したり，プログラムを書き換えたりすることでウィルス対策ソフトによる監視をすり抜けるウィルスも出現しています。

③ メールフィルタリング

メールフィルタリングとは，送受信されるメールや添付ファイルの内容を監視し，ユーザに害を与えるものであるか，事前に設定した条件と一致するかなどを調べ，メール通過の許可，および拒否を判断する機能です。

メールフィルタリングには，ユーザがメールを送受信する際にメールサーバなどで監視，および判断する種類とユーザのコンピュータで監視，および判断する種類が存在します。

④ 不審ホームページおよびプログラムへの対応

危険に遭遇しないためには，不審なホームページを訪問しないこと，および不審なプログラムや添付ファイルを不用意に開かないことが重要です。

不審サイトへの対応としては，前述のWebフィルタリング技術等が有効です。

不審なプログラムや添付ファイルについては，開く前に送信者へその内容を確認することやウィルス対策ソフトによる検査，拡張子の確認などを実施してください。

⑤ ファイアウォール

ファイアウォールとは，直訳すれば"防火壁"です。これは，コンピュータシステムとネットワークや社内ネットワークと社外ネットワークの境界などで通信を監視し，事前に設定した条件に基づき，不正なアクセスがないか否かを判断する技術です。

身近なものとしては，Windows XP 以降で標準で搭載されている"Windows ファイアウォール"が挙げられます。

(3) セキュリティ対策ルールを守らせ，一元管理するための技術

セキュリティ対策ルールとして修正ソフトウェアの適用やウィルス対策ソフトのインストール，定義ファイルの頻繁な更新を呼びかけても，ユーザがセキュリティ対策を実施せず被害に合う事例が多く見受けられます。そこで，事前に定めたセキュリティ対策の遵守状況に基づき，問題があるコンピュータの社内ネットワークへの接続などを強制的に制限するアクセスコントロール技術（Network Access Control）が注目されています。

アクセスコントロール技術を使った製品を導入すれば，認証・監査・隔離・治療（問題への対応）といったセキュリティプロセスを一元管理した上で，ユーザに確実にセキュリティ対策ルールを遵守させます。これにより，ネットワーク全体のセキュリティレベルが飛躍的に向上するだけでなく，管理者の負担も大幅に軽減されます。

例えば，Lockdown Enforcer（図 5.3.8 を参照）ではコンピュータシステムだけでなく IP 電話や PDA，プリンタといった IP 機器全般を対象にでき，さまざまな IP 機器が混在する大規模ネットワークでも効率的なアクセスコントロールを実現できるという特徴などがあります。

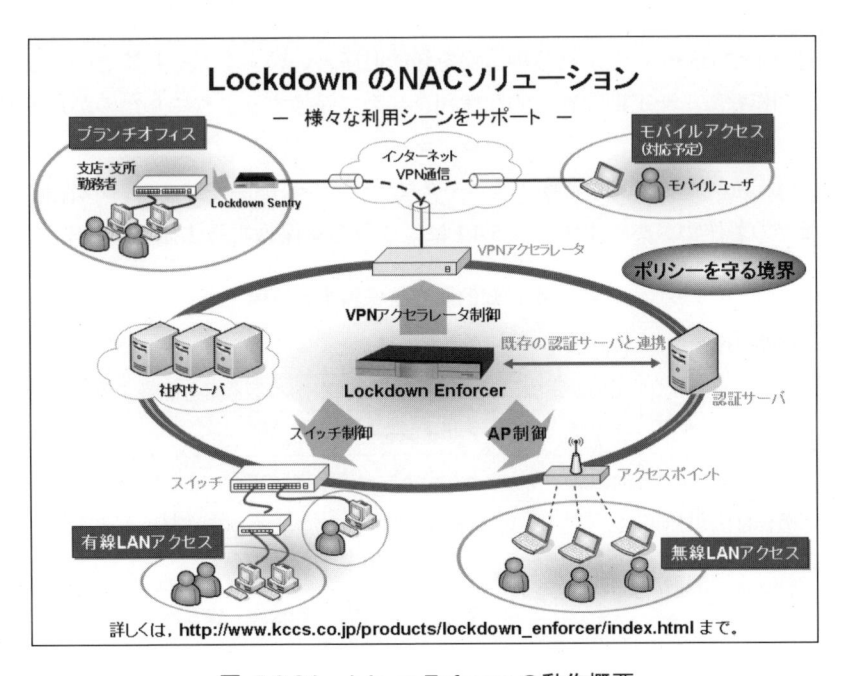

図 5.3.8 Lockdown Enforcer の動作概要

第 5 章　情報収集と活用のための心構え

5.4　知的財産とは

5.4.1　知的財産権とは？

　私たちは，建設事業のいろいろな場面で知的財産権の恩恵や影響を受けています。例えば，1997年に恩賜発明賞を受けた球体シールド工法はわが国で開発された工法であり，1989年12月から1997年にかけて一連の特許が取得されています。この工法はシールドトンネルを直角に曲げて作ることのできる世界でも稀有の技術で，特許権を持つ企業および使用許諾を受けた企業以外が使用することはできません。特許を取得するためには研究開発された技術を人より先に登録する必要があります。したがって，論文などで公表する前に特許取得のための出願をしなければなりません。

　他方論文について述べますと，自分が書いた論文が，たとえば土木学会の論文集に掲載される場合には，著作権を土木学会に譲渡することを了解しなければなりません。そして土木学会はこの論文が他所の人に無断で引用されないように管理します。このような特許や著作権のことを知的財産権といい，世界的に大切にする仕組みができています。

(1)　知的財産権

　人間の研究開発や工夫から生まれる創造物を知的財産といいます。そしてこのような知的財産を生み出した創作者に，一定期間独占的な権利を与えて保護するようにしたのが知的財産権制度です。

　知的財産には，独創的な発明や考案，ユニークなデザイン，商品やサービスの名前である商標，音楽や小説などの著作物があります。表 5.4.1 に，これらを保護する法律を示します。

表 5.4.1　知的財産を保護する法律

産業財産権法	特許法	発明を保護する。
	実用新案法	発明の中の物にかかわる考案を保護する。
	意匠法	デザインを保護する。
	商標法	トレードマークを保護する。
著作権法		絵画・音楽・小説等人の創作活動の中で文化的な創作物を保護する。
		複製権・翻訳権・翻案権・貸与権・領布権などで構成される。

　このほかに不正競争防止法，回路配置に関する法律，種苗法等が産業財産権に関係してきます。産業財産権という用語は，2002年の知的財産戦略会議において，産業の健全な発展を目的とするという観点から，従来の工業所有権に代って用いることに決められました。

　企業の立場から見ると知的財産は人材・物資・資金と同じように価値を持つものになります。

(2)　知的財産の保護と尊重

　企業は，これまでの優秀な労働力・広大な土地・巨額な金融資産を基礎とした経営戦略から，

技術・特許・ノウハウ・ブランド等の無形資産を重視した経営戦略に変換しなければいけないという意見が多く聞かれるようになってきています。こうなると企業の価値評価は有形資産だけを対象とするのではなく，これまで貸借対照表に計上されてこなかった無形資産も評価の対象となり，その管理が重要になってきます。たとえば，コンサルタント企業などは自社が過去に設計した実績が財産になるのであり，このような無形の財の価値が企業価値を左右することになってきます。

企業が新しい技術や工法・製品を研究開発するには多大なエネルギーを必要とします。ですから，でき上がった新製品や新工法を特許などで守り，独占的に利用・販売して研究開発費を回収するとともに利益を上げるために努力をします。ところがこのようにして開発された新製品や新工法が他人の手によって模倣され，安く製造されるようになれば，開発者は大きな損害を受けます。

アジア諸国で特に中国・韓国等における模倣品や海賊版による被害について特許庁が2004年に調査した報告書では，日本企業の被害額は売上金で18兆円，利益ベースで計算すると1兆153億円にのぼると報告されています[1]。2007年4月11日の新聞各紙は米国が中国の知的財産権保護が不十分だとして世界貿易機構（World Trade Organization：以下「WTO」という）への提訴を発表したと報じています。

以前から日本企業が開発したオートバイ・自動車・家庭電化製品等の模倣品，アニメーション・コミック等の海賊版が中国などにおいて製作されていることは新聞紙上でも取り上げられていましたが，米国のWTO提訴というこの発表で，より認識が明らかになりました。このような模倣品や海賊版による被害は金銭面だけでなく，間違った使い方をされることで人間の健康や安全へ悪影響を及ぼすこともあり，さらに暴力団や犯罪組織の資金源になるという危険性もあり，対策が必要です。

日本国内における保護の方法としては表5.4.1に示した法律がありますが，海外諸国を対象にした場合にはWTOの相互批准などを通して知的財産を保護していくとともに，相手国の知的財産を尊重する考えを植えつけていく必要があります。

(3) わが国の知的財産戦略

わが国では2002年2月に，当時の小泉首相が国会における施政方針演説で「知的財産戦略会議を立ち上げ，必要な政策を強力に推進する」と述べたことにより改革が始まりました。同年3月には首相を本部長とする「知的財産戦略会議」が官邸に設けられ，同年7月には「知的財産戦略大綱」が発表されました[2]。知的財産戦略大綱は，その提言の中で「知的財産基本法」の立法を挙げており，その法律は2002年11月の臨時国会で成立しました。

知的財産基本法の第1条（目的）は「この法律は，内外の社会経済情勢の変化に伴い，わが国産業の国際競争力の強化を図ることの必要性が増大している状況にかんがみ，新たな知的財産の創造およびその効果的な活用による付加価値の創出を基軸とする活力ある経済社会を実現するため，―――中略―――，知的財産の創造，保護および活用に関し，知的財産の創造，保護および活用に関する施策を集中的かつ計画的に推進することを目的とする」[3]と述べています。

この法律が，米国においてレーガン政権によって打ち立てられた，いわゆるパテント重視政策，通称プロパテント政策にたとえられるものです。この法律に基づいて，2003年以降毎年「知的財

産推進計画」が立てられ，知的財産を尊重し活用しようという試みが継続されています。

5.4.2 特許取得までの流れと費用

知的財産権には，特許のほかに実用新案・意匠・商標等がありますが，ここでは特許を例に権利を得るための出願から取得までの流れと費用について述べます。

(1) 特許出願までの流れ

研究開発が終わると成果を学会に発表しますが，その前に特許出願すべき内容か否かを十分に検討することが大切です。学会で発表してしまえば，既知の事実として扱われ，特許の取得は不可能となります。

特許を出願するには個人で出願する方法と，特許問題の専門家である弁理士に依頼して出願してもらう方法の2つがあります。図5.4.1は特許出願から登録までのフローを記載したものです。

本人が出願する場合と弁理士に依頼する場合に分けましたが，要はこれらの作業を自分で行うか，それとも代理で行ってもらうかの違いです。出願された後は特許庁の仕事で，矢印の部分は特許庁とのやり取りになります。この部分は弁理士に依頼しても，出願した本人が必ず確認することになります。

(2) 特許取得までの費用

特許を取得するためには，特許庁に特許願いを出し新規の発明であることを認証してもらう必要があります。ここでは発明者本人が特許申請をして特許を得るケースを例として示します。

① 本人出願の場合

発明者本人が特許を出願するには図5.4.1に示した図式に従ってすべての作業を自分で行う必要があります。発明の内容の説明である明細書，権利を取りたい範囲を示す特許請求の範囲，図面等をパソコンで作成し，それをフロッピーデスクなどに納め，発明協会の共同利用端末などから特許庁に出願します。同時に申請書に申請料16,000円の特許印紙を貼りつけて特許庁の窓口に持参します。

特許出願後3年以内に審査請求を行う必要があります。審査請求の料金は基本料金168,000円に特許にしたい請求項のそれぞれ1項目ごとに4,000円を特許印紙で支払います。例えば請求項が10項目ある場合には40,000円加算されますから合計208,000円になります。さていよいよ特許として認められると，特許料として最初の3年目までは基本料2,600円に加算される請求項10項目で2,000円×10＝20,000円，合計22,600円を支払います。この特許料は年を経ると次第に高くなります。

多忙な人や資金に余裕がある人は専門家である弁理士に依頼することができます。その場合には出願から特許取得までの各段階で弁理士に対する報酬が発生します。

② 外国に特許出願の場合

外国に特許を出願するには，専門家である弁理士に委託することになります。その場合，外国の弁理士に直接依頼することもできますが，たいていは日本の弁理士を通して各国の弁理士に出願をしてもらうことになるでしょう。

出願依頼をするときは英語で十分ですが，最終的には各国の言語となります。出願文書を英文で作成する費用も含めて，出願費用だけで1ヶ国あたり100万円程度かかるといわれています。

5.4 知的財産とは

重要な発明で数ヶ国に出願する必要があれば，すぐに数百万円もの費用となるので，個人が実施することはなかなか難しいことです。

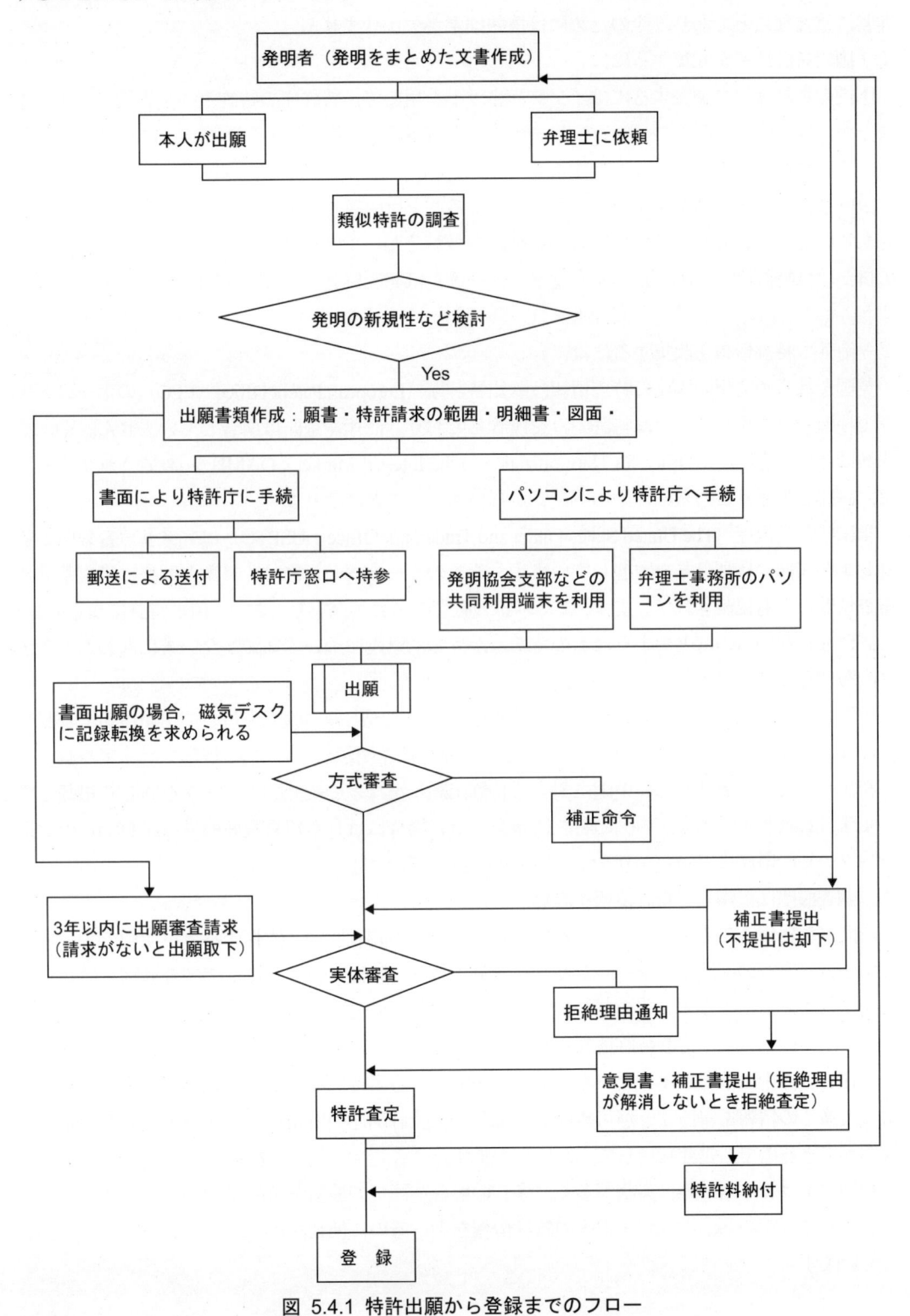

図 5.4.1 特許出願から登録までのフロー

5.4.3 特許に関する情報の収集と活用

特許を出願する場合にかぎらず，研究開発にあたって，従来の技術や特許の動向を知ることは非常に重要なことであり，そのためには情報検索が欠かせません。

① 国内特許情報を収集するには

国内の特許情報を調査するにはインターネットを用いて，特許庁の特許電子図書館で検索することができます。その際に特許庁のサーチファイルの編成に用いられる分類記号 FI や特許庁が作成する詳細な分類のためのコード体系 F タームを利用します。ただし，1993 年（平成 5 年）以前に公開された発明・考案をキーワードで検索することは困難です。しかしその場合でも，出願番号あるいは公開番号あるいは公告番号か登録番号が分かっていれば，調べることができます。このほかには特許庁や全国の知的所有権センターまたは発明協会で，公報を閲覧することができます。

② 海外の特許情報を収集するには

英国をはじめ欧州の国々の特許情報は欧州特許庁（European Patent Office：EPO）のホームページで検索できます。ここでは特許のみを所管しており，商標や意匠は所管していません。別に欧州共同体商標意匠庁（Office for Harmonization in the Internal Market：OAMI）が設置されているので，商標や意匠はこちらのホームページから検索することになります。

米国特許商標庁（The United States Patent and Trademark Office：USPTO）はアメリカ合衆国の特許および商標の権利付与を掌握しています。そこのホームページには，日本と同様に審査基準や審査便覧なども掲載されています。よくみると教育の項目が充実しており，何が特許になるのか，特許にならないものはどのようなものであるか，知的財産について知識がない人にもわかりやすい内容になっています。

中国の対応が注目されています。中国特許庁では中国国内の出願人に対して出願情報や審査基準などを公開し，権利取得をしたい人に対して手続方法を明示しています。毎年アニュアルレポートを出しており，海外からの中国に対する特許出願状況などの統計的なデータを詳しく掲載しています。われわれ日本人が中国の特許情報を得たい場合には日本貿易振興機構（JETRO）の北京センター知的財産権部がわかりやすく情報を提供しています。

③ 調査機関に依頼して特許情報を収集

時間がない場合や資金に余裕がある場合には，専門の調査機関に依頼する方が便利です。特許庁ホームページの関連ホームページリンクを見て特許情報提供業者リストで調査機関を検索して依頼することもできます。このほかに特許事務所に依頼することも可能です。

④ インターネットにより特許情報を収集

現在は世界中の情報がインターネット上に公開されるようになり，ホームページを見ることによって多くの情報を得ることが可能になりました。特許関連の情報もインターネット上で簡単に検索ができるので，是非利用してみたいものです。

利用言語は日本語以外は英語が多く，多くの場合英語での検索が可能です。

表 5.4.2 は日本・欧州・米国・中国の特許情報を調べるのに便利なホームページのアドレスを示しています。

5.4 知的財産とは

表 5.4.2 日本・欧州・米国・中国の特許情報を調べるのに便利なホームページアドレス

① 日本

機関名称	用途	ホームページアドレス
日本国特許庁	制度の概要，審査ガイドライン，報道発表等	http://www.jpo.go.jp/indexj.htm
特許電子図書館	特許・意匠・商標の特許公報，審判過程の検索可	http://www.ipdl.ncipi.go.jp/homepg.ipdl
NRIサイバーパテント	特許公報だけでなく技報が収録	http://www.patent.ne.jp/
農林水産省品種登録	種苗登録に関する検索	http://www.hinsyu.maff.go.jp/
経済産業省	不正競争防止法に関する情報	http://www.meti.go.jp/policy/competition/index.html
日本商標協会	商標の情報検索	http://www.jp-ta.jp/
弁理士会	弁理士の紹介・無料相談の情報	http://www.jpaa.or.jp/
パテントサロン	知的財産関連のニュース	http://www.patentsalon.com/

② 欧州

機関名称	用途	ホームページアドレス
The UK Patent Office	特許情報入手	http://www.ipo.gov.uk/
European Patent Office	欧州の特許情報	http://www.european-patent-office.org/index.en.php
OAMI	欧州の商標検索	http://oami.europa.eu/en/default.htm
GB esp@cenet		http://gb.espacenet.com/search97cgi/s97_cgi.exe?Action=FormGen&Template=gb/EN/home.hts

③ 米国

機関名称	用途	ホームページアドレス
米国特許庁	特許公報の検索，商品区分の確認が可能。審査ガイドラインなども掲載されている。	http://www.uspto.gov/
Google Patent Search		http://www.google.com/patents

④ 中国

機関名称	用途	ホームページアドレス
JETRO 北京センター	中国知的財産権関連法の検索	http://www.jetro-pkip.org/
発明協会アジア太平洋工業所有権センター	産業財産権侵害対策・制度のガイド	http://www.apic.jiii.or.jp/
日中法研究会の窓	中国知的財産関連法の実例・データ・法規目次検索	http://www006.upp.so-net.ne.jp/TTS/link3.htm

【参考文献】
1) 特許庁：「模倣品被害の経済的影響に関する分析調査」，2004年2月，http://www.jpo.go.jp/
2) 知的財産戦略会議：「知的財産戦略大綱」，2002年7月
3) 「知的財産基本法第1条」，2002年法律第122号

コラム

パテントトロール

　パテントトロールとは，現に実施していない特許そしてこれからも実施することがない特許を利用して，大きな利益を得ようとする企業をいいます。

　米国では，パテントトロールが実際に製品を作っている会社に対して，その製品は特許を侵害しているといって，多額の賠償金を得ている例が報告されています。2004年から2005年にかけてパテントトロールが起こした訴訟で話題になったのが，携帯型通信端末・ブラックベリー事件とマイクロソフト・ウィンドウズ事件です。いずれも特許権の侵害が認められ，多額の損害賠償が認められたのですが，特許権侵害による差止めが行われると，誰も米国のビジネスマンに広く使われているキーボード付の通信端末ブラックベリーやウィンドウズが使用できなくなってしまうので非常に困る，という事態が生じました。

　米国内の日本企業を対象に特許侵害であるとの提訴がされた例もありますが，この場合にも多額の和解金が支払われたといわれています。今までのところ，これらの例の多くはITや医療・自動車などに限られているようです。

　これから建設産業も海外に進出することが多くなると予想されますから，建設技術を対象にした特許訴訟が起こる危険性は高いといえます。

　その危険性をできるだけ排除するには，わが国の各建設関連企業がしっかりした特許政策を持ち，すぐれた技術は国内外で特許を取得しておく必要があります。

第6章　土木分野における情報収集・活用の未来

> 土木分野における情報収集・活用のための情報基盤の整備は官民を問わず目を見張るものがあります。しかしながら，他産業に比較して生産の基盤となる建設現場では，先端技術や通信技術の導入が遅れている感があります。土木情報もあらたな技術の導入・普及により，その収集方法・活用法も大きく変革することが期待されます。
>
> 本章では，"建設ユビキタス"，"土木技術者の情報リテラシー"，"多次元CAD"に視点をあて，土木分野の次世代の姿，土木技術者のあるべき姿を分かり易く説明します。

第6章　土木分野における情報収集・活用の未来

6.1　建設ユビキタス時代の実現に向けて

　ユビキタスの概念は，家電製品・衣類・住居・道路等，ありとあらゆる場所に情報通信技術が存在する状態こそが「第3世代の利用形態」だと言われるようになり，インターネット環境やモバイル環境（＝移動通信環境）が急速に充実した2000年頃からは，ユビキタスが「実現可能な概念」として注目されてきました。

　建設現場でのコミュニケーションツールの変遷をみても，電話回線，FAX，無線から衛星通信（携帯），携帯電話，PHS，モバイルツールと変遷し，音声だけでなく，通信速度の進歩と通信量の拡大，通信料金の低価格化を追い風に，データ，静止画像，動画像とあらゆる情報をリアルタイムに共有できる環境が実現されてきました。土木分野では，多種多様な情報を広範囲でしかも屋外でのコミュニケーションが要求される特殊性から，建設ユビキタスの実現には，土木分野のための通信基盤，情報基盤が必要となります。建設環境は，厳しい自然環境（雨，雪，高温多湿，粉塵等）の中で，使用場所も山中，地下，高速道路，超高層建造物，海上，水中，さらには多様な業種・業態，従事者の高齢化・さまざまな年齢構成・外国人労働者の増加など，「いつでも」，「どこでも」，「誰でも」を前提としたユビキタス実現には，どれも克服するには課題が多く，他産業に比べ厳しい使用条件を考慮する必要があります。他産業で実用化されている技術が土木分野でそのまま転用されると考えるのは非常に安易な発想であり，土木分野，特に生産現場では自然現象が相手であり，常に利用者（国民）の安全・安心を担保する義務を有する観点からも他産業に比し，高い信頼性と安全性が求められます。しかしながら，ユビキタス技術は，土木情報の収集と活用にとって予想しない効果を生み出す可能性があります。本章では，建設ユビキタスの実現による効果や必要な要素技術，具体的な利用イメージを紹介します。

6.1.1　建設ユビキタスへの取組み

　国土交通省では，ユビキタスネットワーク技術をユニバーサル社会の実現に役立てることを狙い，2004年から自律的移動支援実証実験[1]（http://www.jiritsu-project.jp/）を神戸（近畿整備局）で実施しています。実際にエリア内の道路や建物に各種ICタグを設置し，携帯ユーザ端末として導入した新型UC（ユビキタスコミュニケータ）を介し，ユーザーに多様な情報を提供する実験を実施しています。移動に関する情報を「いつでも，どこでも，だれでもが活用できるシステムの構築」を目指しており，その実用性を確認しています。デモンストレーションのメニューをみると，目の不自由な人への音声ガイドとして，点字ブロックや工事用のコーンに電子タグを埋め込み，道案内やう回の方法などを知らせるシステムの実用を試みています。車いすで移動する人向けには，バリアフリー情報を案内し，さらに，体の不自由な人でも街を安心して移動できるように，人の手助けが必要な際のSOS信号の受・発信機能を試行しています。また，神戸市内に位置情報を持ったインテリジェント基準点（ICタグ内蔵，図6.1.1）の設置など，さまざまな取組みを実施しています。

　一方，土木分野でも，国土防災，国土管理，情報化施工等の効率化，コスト低減の施策と相まっ

6.1 建設ユビキタス時代の実現に向けて

図 6.1.1 インテリジェント基準点

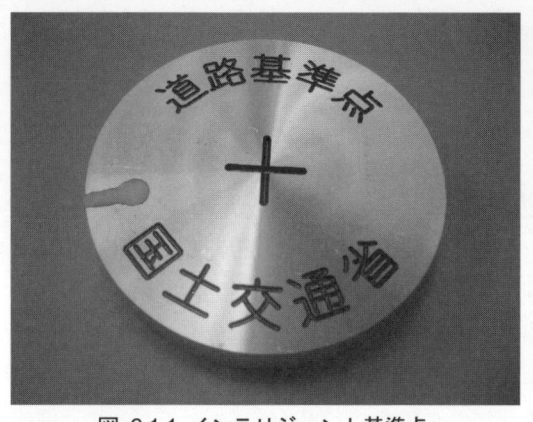

図 6.1.2 IC タグを内蔵した杭（情報杭）

て，近年，急速にユビキタス技術の利用可能性が検討されてきています。公物管理（構造物の管理・メンテナンスの効率化，4.8.1），防災や災害監視，安全管理・労務管理（4.7.1），品質管理・資材管理（資材・機材のトレーサビリティの管理），土地の境界杭・基準点杭の情報化を目的とした情報杭（IC タグを内蔵したプラスティック杭，図 6.1.2），工事車両の稼動管理，都市環境モニタリング分野などにおいても IC タグやセンサネットワークを利用した研究開発が進められており，今後の発展が期待されます（図 6.1.3）。一方で，土木分野でユビキタス関連技術を適用して行おうとする場合，屋外でしかも劣悪な自然環境でシステムを維持していかなければならないこと，現状のネットワークや電源設備が利用できない環境が少なくないこと，加速度・ひずみ・

公物管理
・道路施設管理
（街路灯・標識の管理・ガードレール・街路樹管理 など）
・公共施設の運用・保守管理
（建物，資材，公園，消火栓）
・基準点管理（座標・管理者）
・交通情報取得
（歩行者・車流動把握，交通量・渋滞長の把握，駐車状況の把握）など

自律移動支援
・歩行者誘導，歩行者ITS
・誘導システム，横断歩道位置
・地下街位置測定・誘導
・自動化・ロボット化支援
・機械稼動管理 など

防　災
・被災・被害状況の把握
（変状把握，生存者探索，救援者の位置把握）
・水害警報・避難判断支援
・地スベリ挙動監視 など

防犯・セキュリティ
・公共施設のセキュリティ・テロ対策
（侵入，振動，温度，倒壊などの検知）

災害監視
・火災・地震・洪水・倒壊・爆破 の監視
（煙，火，温度，ガス，振動，音，水圧 モニタ）
・被害状況の把握 など

環境監視
・環境データの取得
（気温，湿度，CO_2，振動，騒音データなどの取得）
・ヒートアイランド現象把握
（道路温度の測定など）
・保水性舗装の効果把握 など

品質管理・資材管理
・資材・鉄筋・生コンのトレーサビリティ
・材料品質の管理，施工品質のモニター
・レンタル機器の管理
・2次製品の補修管理 など

建設ユビキタスの利用分野

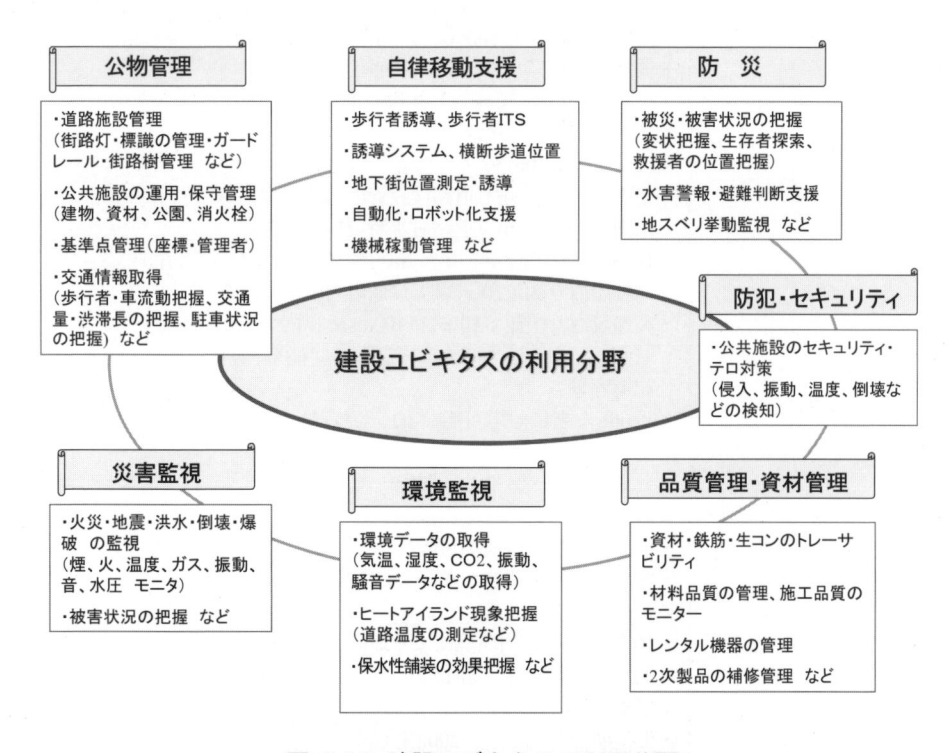

図 6.1.3 建設ユビキタスの利用分野

第6章　土木分野における情報収集・活用の未来

力センサなど建設に不可欠なセンサの小型化・省電力化等，今後，独自の技術の確立が不可欠となります。

6.1.2　建設ユビキタスを構成する要素技術

　土木分野では，屋外作業，安全性の担保，迅速な情報公開の必要性などその公共性・特殊性から，より早く正確で安価な情報通信・モニタリング技術が要求されます。特に，見えない，見えなくなる状況の把握，災害時や復旧支援時の迅速な状況把握，管理方法の簡素化・効率化のための情報の可視化，分かり易く・定量化された情報の提供が望まれます。土木分野では屋外での使用が大部分であるため，小型蓄電装置を伴う電源技術とワイヤレス通信環境の整備，いかなる環境でも動作可能なセンサ技術が不可欠です。建設ユビキタスは，広域通信技術，モバイル通信技術，情報化施工技術，リアルタイム測位技術，自動化・ロボット化技術，低消費電力技術，無公害型の電源技術，ICタグ，無線センサネットワーク等さまざまな要素技術が融合されて実現されるものです。また，現状でのICタグなどのユビキタス技術の利用事例を第4章でも紹介していますが，ここでは建設現場やインフラ管理の現場で利用が期待されるユビキタス技術の機能・仕様で検討すべき項目例について取りまとめたものを示します（表6.1.1）。

表 6.1.1　建設ユビキタス技術に要求される仕様（例）

建設ユビキタス技術	考慮すべき仕様項目（例）
建設用ICタグ パッシブ型 （電池なし）	＜使用環境＞ ・鉄筋コンクリート内部，土中，水中で読取りが可能なこと ・雨中，雪の中でも読取りが可能なこと ・弱酸性・弱アルカリ下で稼働可能なこと ・−30℃〜150℃で繰返し稼働可能なこと ＜読取り距離・機能＞ ・空中　　：　10m〜 ・土中　　：　〜2m（道路埋設管の深さ程度） ・水中　　：　〜1m（道路冠水時で検知可能） ・鉄筋コンクリート　：　2m（マスコンクリート対応） ・同時読取り数：10式以上（通信周波数に既存） ・高速読取り機能：10式で100msec以内（通信周波数に依存） 　（例　：　時速100km/hで読取り可能） ＜記憶容量＞ ・u-codeなどに対応可能なID記憶容量（ユーザ書込みエリア）がある ・センサデータメモリー機能 ＜接続センサ＞ ・温度センサの接続が可能なこと（セミアクティブ型） ・精度が実用上問題がない（±0.5℃程度） ＜耐久性＞ ・10年以上（使用環境により最低2年〜） ・耐水，耐衝撃性，耐圧性　等 ＜価格＞ ・センサなし　：　〜200円／個 ・センサ付き　：　〜500円／個

建設ユビキタス技術	考慮すべき仕様項目（例）
建設用ICタグ パッシブ型 （電池なし）	・Reader・アンテナ ： 記憶媒体・I/Oインターフェイスを具備 ＜通信周波数＞ ・技術基準適合証明を受けていること
建設用ICタグ アクティブ型 （電池あり）	パッシブ型に加え ＜使用環境＞ ・岩盤内で読取りが可能なこと ＜読取り距離・機能＞ ・空中 ： 50m～ ・土中 ： 10m～（シールド，トンネルのかぶり深さ程度） ・水中 ： 2m～（河川水深で検知可能） ・岩盤 ： 10m～ ＜記憶容量＞ ・u-codeなどに対応可能なID記憶容量（ユーザ書込みエリア）がある ・センサデータメモリー機能（512KB以上） ＜接続センサ＞ ・加速度・振動センサ等 ＜連続稼働時間＞ ・2年以上（使用環境による） ＜価格＞ ・センサなし ： ～500円／個 ・センサ付き ： ～2,000円／個
建設用センサネットワーク端末 （電池あり）	アクティブ型に加え ＜接続センサ＞ ・照度・温湿度・人感センサ等 ＜連続稼働時間＞ ・2年以上（使用環境による） ＜価格＞ ・センサ付き ： ～5,000円／個

6.1.3 ユビキタス技術で変化する建設

(1) 拡大するメンテナンス市場

　ICタグや超小型化センサ端末を建造物の材料，道路を始めとする土木構造物に散りばめることで，コンクリート・建設材料の品質管理・資材管理，産業廃棄物の管理，道路・橋梁等を始めとする公物管理，ガス・上下水管等地下埋設物の管理，防災分野などでは危険斜面や崩壊地の変状検知や早期モニタリング・リアルタイム防災の実現など，さまざまな用途での利用が考えられ，あらたな市場創生が期待されます（表6.1.2）。

表 6.1.2 建設ユビキタス技術の活用が期待される分野 [2~4]

分類	業務内容	建設ユビキタス技術の活用項目・用途・特長
公物管理	道路照明等（道路灯）を利用した道路施設の維持・管理	・利活用項目： 等間隔に設置された道路照明に無線センサ端末を設置し，道路維持管理情報を遠隔地からモニタリングする。

第6章 土木分野における情報収集・活用の未来

分類	業務内容	建設ユビキタス技術の活用項目・用途・特長
		・用途：照明灯の点灯確認，交通量把握，駐車車両検知，路面温度把握　等 ・特長：巡回業務の効率化，通信コストが安い，既存インフラの有効活用
公物管理	道路調査業務（交通量把握，駐車車両検知等）	・利活用項目： 道路路面上にセンサ端末を等間隔に設置し，車両検知などの自動計測を行う。 ・用途：交通量の把握，駐車車両の検知，路面温度検知 ・特長：設置が容易，交通量調査の効率化
公物管理	道路橋の損傷・変状の検知	・利活用項目： 道路路面や構造物，トンネル内部に無線センサ端末を設置し，遠隔地から損傷や変状などの状況を把握する。 ・用途：災害発生時における構造物の破壊・亀裂・損傷・埋没検知と通行可能性の判定　等 ・特長：ほぼリアルタイムにセンサ端末のデータをモニタリング可能
公物管理	擁壁の裏込め土砂流出の検知	・利活用項目： 台風などによる急激な水深の上昇により，擁壁に隣接した河床の洗掘が発生する。これにより，擁壁の裏込め土砂が流出し路面の陥没などの被害が発生する恐れがあるため，擁壁の裏込め部に傾斜センサを搭載したセンサ端末を設置し，センサデータのモニタリング，もしくはセンサ端末の受信の有無，通信状態（ルーティングパス）により，裏込め土砂の流出状況を把握する。 ・用途：裏込め土砂の流出状況検知 ・特長：センサの有無，センサネットワークのルーティングパス，センサデータにより裏込め土砂の流出状況を検知する
防災・災害対策	斜面の挙動監視・落石の検知	・利活用項目： ①道路斜面上にセンサ端末を設置し，遠隔地から斜面の挙動を監視する ②落石防護柵にセンサ端末を設置し，落石衝突時の振動を検知する ・用途：①斜面の挙動監視，②落石の発生検知 ・特長：パトロール車両からもセンサデータを受信可能（パトロール業務の効率化にも寄与する）
防災・災害対策	災害時における早期モニタリングシステム	・利活用項目： 大規模災害発生後の被害状況把握や2次災害を防止するために，小型ヘリなどを用いて，無線センサ端末を散布する。 ・用途：被災地にににおける情報収集（生存者検知，建物の崩壊検知など） ・特長：電源工事や通信線工事不要，自立的にネットワークを形成する
工事管理	山間道路工事による車線規制での信号待ち車両数の検知	・利活用項目： 山間部の工事など，一車線交通規制時に用いられている，工事用自動信号機の最適な信号制御，規制車線での対向車の検知にセンサ端末を用いる。 ・用途：渋滞長の検知，規制車線での対向車の検知 ・特長：設置工事が容易，特別なコストが発生しない
施工	情報化施工システム（道路舗装）	・利活用項目： アスファルト舗装の施工時には，混合物の温度管理が重要であり，ま

分類	業務内容	建設ユビキタス技術の活用項目・用途・特長
施工	情報化施工システム（道路舗装）	た，アスファルト舗装の品質管理基準として，敷きならし温度の管理が義務づけられているため，温度センサと圧力センサを搭載したセンサ端末を用いて，アスファルト道路施工の品質管理，および転圧回数の管理などに活用する。 ・用途：アスファルト混合物の敷きならし温度の管理，転圧時のアスファルト温度の管理，フィニッシャーの速度管理，転圧回数の管理，道路路面温度の管理 ・特長：アスファルトの品質管理基準に準じた調査が可能，ゲートウェイ装置を重機に搭載することにより，複数箇所でセンサデータを受信可能
その他	「建設副産物の処理」，「建設リサイクル」分野への利用	・利活用項目： 産業廃棄物の不法投棄が大きな社会問題となっている。近年では，ICタグを用いた産業廃棄物のトレーサビリティーの実用化が検討されており，また，国土交通省では，建設副産物のリサイクルに積極的に取り組んでいるため，建設資材の処理やリサイクルの状況をICタグを用いて管理することを検討する。

　橋梁の管理では，過去の橋梁架け替え実績や架け替え単価を参考に試算すると，直轄国道に現存する橋梁約 19,000 橋のうち，更新のピーク時には，年間 800 橋が更新対象となり，その更新費用として年間約 5,600 億円が必要となります。これだけでも，現在の直轄国道の維持・修繕に係る予算全体の約 2.6 倍に相当し，近い将来，対応が不可能な状況が発生します。道路橋の維持管理は，日々の道路巡回業務において路面性状や伸縮装置部の段差，高欄の通り，そして道路標識や道路照明の異常などを点検しています。また，数年の頻度で行われる定期点検では，橋のすべての部位を点検して，その損傷程度を詳細に記録しています。その他，災害の発生直後には異常時点検が必要に応じて行われ，点検実施や点検結果から損傷状況を把握して橋の健全度を評価するためには，橋に関する専門の知識と豊富な実務経験が必要となります。このため，道路橋の調査には，多くの要因と時間を必要としています。そこで，橋の部材にセンサを取り付け，電話回線などを用い，遠隔地から橋の常時挙動をモニタリングし，維持管理に用いることも検討されています。センサネットワークは，複数のセンサ端末のデータを 1 箇所でワイヤレス受信できることから，橋梁の主桁の応力点や伸縮装置，支承部などにセンサを設置し，常時挙動をモニタリングすることが可能となります。また，既存の光ファイバ通信網と組み合わせることにより，商用通信網が必要なくなるため，維持管理に必要なコストも縮減可能となります。図 6.1.4 に「道路橋の損傷・変状の検知」利用イメージを示します。

第6章　土木分野における情報収集・活用の未来

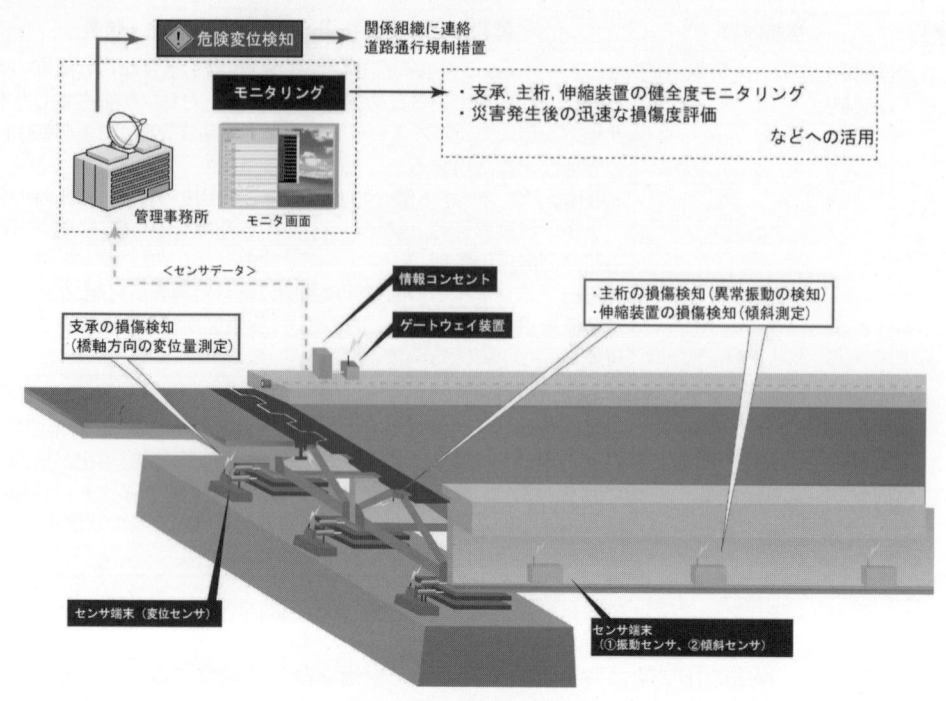

図 6.1.4 「道路橋の損傷・変状の検知システム」イメージ[2]

(2) 災害時等における早期モニタリングの実現[2,3]

　大規模な地震災害や火山災害，風水害の発生時には，早急に被害状況を把握して対策をとる必要があります。また，2次災害を防止するため，道路や家屋に隣接した崩壊危険斜面や倒壊の恐れのある橋梁などでは，センサや監視カメラなどを用いたモニタリングを即座に実施することが要求されます。現在，災害発生後の被害状況の把握は，災害対策用ヘリコプタの整備や地球観測衛星の観測精度の向上，GISの整備などにより迅速化が図られているものの，崩壊した斜面の被害状況の把握やモニタリング施設の設置は人手により行われています。このため，被害状況を確認する現場作業員の安全確保や被害状況を確認するまでの時間短縮などを実現するためのシステムの構築が望まれます。一方，遠隔操作によって飛行する無人ヘリコプタが既に実用化されており，近年では，無人ヘリコプタに地形の起伏を読み取る機能（レーザースキャナ）を搭載したものも実用化されつつあります。さらに，無人ヘリコプタにGPSが搭載されており，あらかじめ飛行した経路を再現し，自立飛行することも可能です。また，被害現場の状況を収集する装置として，センサネットワークがあげられます。センサネットワークは，センサ端末同士が自立的にネットワークを形成することが可能である特徴を有していることから，災害現場に散布することにより，現場の状況を安全かつ正確に収集することが可能となります。具体的には，災害現場へのセンサ端末の散布とセンサデータの収集に自立型無人ヘリコプタを利用し，音，温度，磁気，振動等のセンサ端末により災害現場の状況を収集するシステムの開発も可能となります（図6.1.5）。

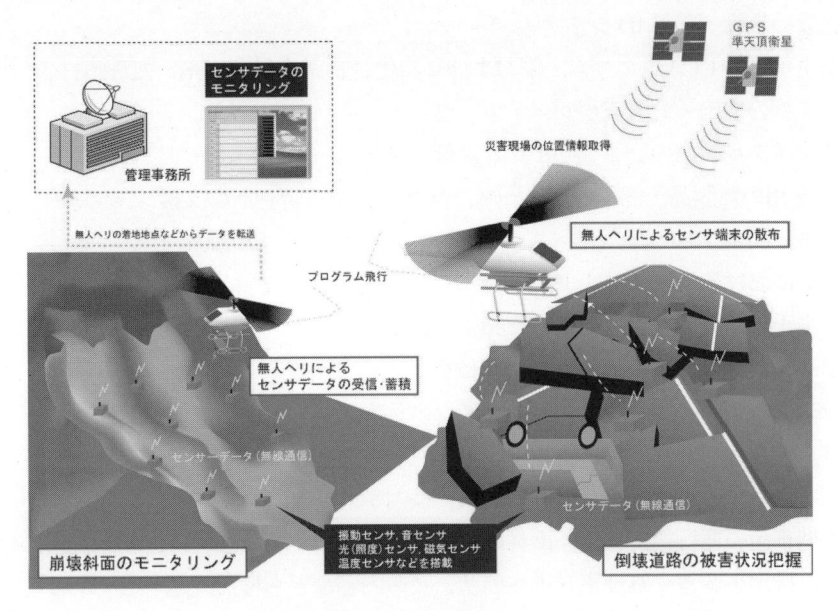

6.1 建設ユビキタス時代の実現に向けて

図 6.1.5 「災害時早期モニタリングシステム」のイメージ[2,3]

(3) 建設副産物・建設リサイクルへの適用（建設トレーサビリティ）

建設資材においても，品質・製造・廃棄・リサイクルまで含めたトレーサビリティが要求されるようになります。ウィキペディアでは，「トレーサビリティ（traceability）とは，製品の流通経路を生産段階から最終消費段階あるいは廃棄段階まで追跡が可能な状態をいう。追跡可能性とも言われる」とあります。また，リサイクルの進展に伴い，家電製品や自動車などのリサイクル資源の処理についてもトレーサビリティが求められており，日本では消費者がリサイクル費用を負担する家電製品（2005 年時点ではテレビ受像機，冷蔵庫，洗濯機，エアコンディショナー）では，処理について確認することが可能となっています。

そこで，土木分野でも，廃棄物の ID 化による分別の信頼性強化，電子マニフェストの導入促進を目的とした IC タグを用いた建設廃棄物のトレーサビリティの導入が考えられます。トレーサビリティの実現により，排出，収集運搬，搬入・処理の過程での廃棄物個別データや運搬データの集計・加工，マニフェスト伝票内容，航跡地図，走行履歴，運転日報，廃棄物の種類・数量実績表等の自動出力など，リアルタイムな情報配信が可能となります。

IC タグの建設副産物・建設リサイクル等社会資本ストックの管理運営技術への適用分野として，主に以下の 3 つに分類されると思われます。

① 建設副産物の収集・運搬システム（ITS とトレーサビリティ，ID 識別）
・電子マニフェスト（産業廃棄物の管理表）管理システム
・建設発生木材の CCA（クロム，銅およびヒ素化合物系木材防腐剤）処理木材の分別，管理
・大型運搬車課金システム
・建設資材（生コン，コンクリート 2 次製品，建築資材等）のトレーサビリティ

② 建設副産物の分別支援システム
・建設混合廃棄物の分別支援システム

第6章 土木分野における情報収集・活用の未来

- 公共施設の施設・部材 ID システム
- 建設発生木材の CCA（クロム，銅およびヒ素化合物系木材防腐剤）処理木材の分別，管理
- 有害廃棄物の検出・分離支援システム

③ 建設リサイクル製品のライフサイクル評価システム（LCA）

- IC タグを用いた製品・部品のリユース，リサイクル可否判断の支援システム
- 大型運搬車課金システム
- 公共事業におけるリサイクル ID システム
- 建設発生土の品質管理システム
- リサイクル製品の品質保証・トレーサビリティ
- 建設レンタル製品の使用履歴・製品管理システム

課題も多く残されており，特に善意の収集・処理・運搬業者は自ら運用を促進しますが，悪意の不法投棄者に対する対策・防止策への適用の検討が必要となります。たとえば，不法投棄集中地域への大型車両の運行把握支援，山林の環境変化を監視するシステム，初期費用の負担・課金方式の検討，排出事業者や処理事業者へのサービス内容なども検討課題としてあげられます。

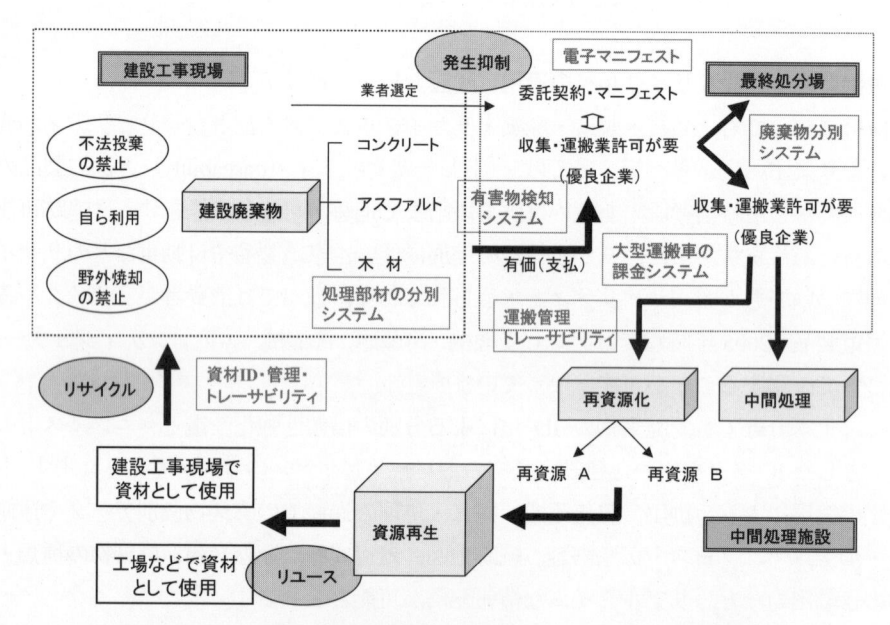

図 6.1.6 IC タグの建設副産物・建設リサイクルへの適用例 [11]

6.1.4 建設ユビキタス実現に向けて取組むべき課題

建設業で使用する際には，IC タグ，特に電源を持たないパッシブ型 IC タグでは，運送業・農業分野でのトレーサビリティと異なり建設業固有の IC タグ使用基準が必要となります。鉄筋，コンクリート，土，岩石，特に水中を含めて水分のある環境が多く，その中でも減衰なく確実，安定的な通信距離・通信速度の確保，動作が保証される IC タグの規格の整備が不可欠となります。周波数，大きさ，通信距離，耐久性，送受信装置等の通信距離・メモリー・通信機能等さまざまな仕様の検討が必要となります。数多くの応用が考えられるセンサネットワークを実現するには，

6.1 建設ユビキタス時代の実現に向けて

さまざまな技術的課題が残されています。建設ユビキタス実現に向けて取組むべき課題を整理すると，①技術的課題，②安全面の課題，③運用・制度面の課題などがあげられます。

(1) 技術的課題

技術的課題として，①データ分解能やサンプリング周波数の向上，省電力，安定電源の確保といった建設用半導体センサ技術，およびセンサ端末の位置計測技術，②最適な周波数帯の選定，移動体通信等に対応可能な通信速度の確保など，建設環境下での通信技術，③広範囲にわたるセンサの同時（同期）計測技術，④ソーラキャパシタや燃料電池など長期間稼働を保証する小型高効率の電源技術，⑤特殊な建設環境での耐久性の向上技術，があげられます。

(2) 安全面の課題

安全・セキュリティの面での課題として，①第三者によるデータの盗聴（センサデータの読取り）の防止，②プログラム改ざんの防止，③電波等による人体への影響，など整備すべき課題も多く残されています。

(3) 運用・制度面での課題

①制度・支援策の整備，②開発・実用化のための補助金制度，③量産化・大量生産技術によるセンサ端末の小型化や低価格化の推進支援などの制度面でのサポートも欠かせない課題です。

【参考文献および関連サイト】
国土交通省：2005年度重点施策　http://www.mlit.go.jp/kisha/kisha05/01/010812_.html
国土交通省道路局：道路構造物の今後の管理・更新等のあり方・提言
http://www.mlit.go.jp/road/current/kouzou/
(財)日本建設情報総合センター：JACIC情報77号，http://www.jacic.or.jp
オートIDセンター　http://www.autoidlabs.org/
ユビキタス IDセンター　http://www.uidcenter.org/japanese.html
国土情報技術研究所ホームページ　http://www.litela.co.jp
東京電機大学出版局：センサネットワーク技術，2005年7月
1) 自律的移動支援プロジェクト推進委員会　http://www.jiritsu-project.jp/
2) (財)日本建設情報総合センター：第3回研究助成事業成果報告会　資料集，第2004-09号
3) 高田知典，石間計夫：「無線センサネットワークの建設分野への利用と課題」，2005年9月，土木学会，第60回年次学術講演会
4) 高田知典，石間計夫：「無線センサネットワークの建設分野への利用と課題　その(2)」，2006年9月，土木学会，第61回年次学術講演会

第6章 土木分野における情報収集・活用の未来

コラム

覚えておきたいユビキタス技術のあれこれ

ユビキタスID技術とは？

バーコード，電子タグや超小型コンピュータを身の回りのさまざまなものに埋め込み，そこに格納されている情報を自動認識して，より高度な情報サービスや環境制御を提供する情報技術です。

ucodeとは？

ucodeは，「モノ」や「場所」を識別するために，ひとつひとつに対して与えられた「世界にたったひとつの番号」（固有のID）です。ucodeを格納するデータキャリアデバイス（バーコード，RFID，Active Chip，Smart Card等）をucodeタグと呼びます。

ICタグとは？

ICタグはタグ（荷札）の一種であるものの，半導体技術をもとにしたデバイスであり，ICチップとアンテナから構成されます。ICタグは，記憶装置を持つ高性能のタグであり，無線波でデータを送受信できます。情報を読み書きするリーダ／ライターとセットで使われ，リーダ／ライターで読み書きされるデータはコンピュータのデータベースで管理されるのが一般的です。

電波を用いた非接触型自動認識技術全般を指す言葉としてRFID（Radio Frequency Identification）という言葉があります。このため，ICタグはRFIDタグと呼ばれることがあります。また，電子タグ，IDタグ，RFタグ，無線ICタグ等さまざまな呼び方をされることもありますが，本書においては「ICタグ」という用語で統一することとしました。

ICタグの種類は？

ICタグには，国で認可された周波数や電池の有無など種々のICタグがあります。広く利用されているのは，無電地でアンテナをかざすことでタグのIDを読取るパッシブ型ICタグといわれるものです。ICタグ，コストとセキュリティ以外に，読取り・書込み距離，張るべき素材，それ自体に書き換え可能か，バッテリーの有無，センサとの接続の有無など，多様な種類があります。最近，長距離読取りタイプや金属対応のもの，土中でも読むもの，車のフロントガラスを通して稼働するものなど，種々の応用製品が開発されています。また，バッテリーを内蔵したアクティブ型ICタグは，読取り・書込み距離も長く，センサなどの接続も可能で，今後，土木分野での利用が期待されますが，稼働時間に制限があることが課題です。表6.1.3に，ICタグの種類をとりまとめてみましたので，利用されるときには参考にしてください。

これから期待されるMEMSとは？

Micro-Electro-Mechanical Systemsの略。難しくいうと，微小電気機械素子およびその創製技術で，半導体の微細加工技術で作製された微小な部品から構成される電気機械システムです。

近年，マイクロマシニング技術の進歩発展に伴い，RF MEMS，バイオMEMS，光MEMS，センサMEMS等応用分野が拡大しています。土木分野でも今後，研究開発が進み，実用化に

6.1 建設ユビキタス時代の実現に向けて

向けて進むことが期待されるなど，その応用範囲が拡大しています。経済産業省の試算によると，MEMS デバイスの市場規模は，2010 年には 1 兆円を超える規模に成長すると見込まれています。

アドホック・センサネットワークとは？

無線 LAN のようなアクセスポイントを必要とせず，無線で接続できる端末のみで構成されたネットワークです。「無線アドホックネットワーク」，「自立分散型無線ネットワーク」ともいわれます。

アドホック・ネットワークでは，広くコンピュータ等の無線接続に用いられている Zigbee や Bluetooth，特定小電力無線などの技術を用い，多数の端末をアクセスポイントなしに接続する形を取っています。アドホックネットワークでは基地局やアクセスポイントが不要となり，通信インフラのない限られた域内での簡易なネットワークの構築の手段として有効であるといわれています。置くだけでネットワークに接続するアドホックネットワークは，専門知識や設営の工事を必要とせず，センサや IC タグとの通信を可能とする低消費電力と小型を特徴とする次世代技術です。

Zigbee とは何か？

無線 LAN よりももっと狭い範囲（数 m～数 10m）で使う無線ネットワークは WPAN（Wireless Personal Area Network）と呼ばれています。Zigbee はこの WPAN の標準規格の 1 つです。表 6.1.4 を参考にしてください。この 2～3 年，電気メーカーや半導体メーカー，センサメーカー各社から Zigbee 対応モジュールのサンプル出荷が始まったことで，実用化に向けたアプリケーションが登場すると思われます。Zigbee は，データ転送速度は最高 250kbps で，最大伝送距離は 30m，一つのネットワークに最大で 255 台の機器を接続できる特徴があります。アルカリ単 3 乾電池 2 本で約 2 年駆動するという低消費電力が最大の特徴で，転送速度が遅くてもかまわない家電などの遠隔制御などに応用される見通しとなっています。

第6章　土木分野における情報収集・活用の未来

表 6.1.3 ICタグの周波数分類と土木分野での留意点

ICタグの通信距離は利用する周波数帯によって変化するだけでなく，その特性によって用途も異なります。現在，国内外で利用されている周波数と通信距離，ICタグの仕様は以下のように分類されます。

周波数帯域	特性
長波（135KHz以下）	電磁誘導の通信方式で採用される周波数帯で，通信距離は数10cm～1mです。水分の影響，金属の影響を受けにくい特性があります。 埋設物の管理など，水分による通信距離の減衰が少ないため土の中でも読取ることができます。しかしながら，長距離タイプではタグやアンテナが大きくなり，実用的には課題もあります。
短波（13.56MHz）	電磁誘導の通信方式で採用される周波数帯であり，アンテナによっては通信距離は最大1m程度です。「ISO15693」で規格化されており，歴史の長い135KHz以下の帯域の商品に取って代わり現在，さまざまなアプリケーションで利用されています。建設資材のトレーサビリティなどの利用が期待されます。インテリジェント基準点にも一部，試験的に採用されています。建設環境での適用にあたっては，水分，鉄筋，土，コンクリート等による影響を確認し，土木向けの仕様の検討が必要となります。
300MHz～400MHz	主にアクティブ型，無線センサネットワークで採用されています。通信距離も30m～100m程度と長距離ですが，コストが高く低価格化が課題です。 今後，温度センサ，加速度センサ，傾斜センサ等と組合せたアクティブ型ICタグは，土木分野での利用が期待されます。
UHF（860～960MHz）	マイクロ波方式で採用される周波数帯域であり，周波数帯別にみて最も通信距離が長く取れる帯域です。通信距離は数m（～10m）を実現しているものも製品化されています。実用化にあたっては，水分，鉄筋，土，コンクリート等による影響，特に雨や土中の水分などによる通信距離の減衰や読みとばしなど，確認する必要があります。読取り距離が長い，読取り速度が早いなど，土木分野での利用が期待されます。
マイクロ波（2.45GHz）	マイクロ波方式で採用される周波数帯域であり，パッシブ型でも通信距離が数mのものもあります。通信速度が速い，ノイズの影響を受け難いといった特徴があります。無線LAN，無線センサネットワークで多く採用されています。土木分野では，通信距離の減衰が無視できない環境が多く，主に空中の通信環境に限定される場合があります。

表 6.1.4 低消費電力ワイヤレス通信の比較

方式名称	微弱無線	特定小電力無線	ZigBee	Bluetooth	UWB
規格	独自	独自	IEEE802.15.4	IEEE802.15.1	IEEE802.15.3a
伝送速度（bps）	2K	2.4K	250K	1M	480M
利用周波数帯域	307.74MHz 316.74MHz	429MHZ	2.4GHz 868MHz 915MHz	2.4GHz	3.1GHz～ 10.6GHz
伝送距離	30m	30m～300m	10m～75m	10m～100m	10m（110Mbps） 4m（200Mbps）
消費電力（通信/待機）	66mW/3.3mW	50mW/0.3mW	<60mW（通信）	120mW/4.2mW	<100mW（通信）

6.2 進む土木技術者の情報リテラシー

6.2.1 幅広く求められる土木技術者能力

　建設関連企業においては情報化社会の進展に伴う，急速に情報処理機器，ネットワークインフラが整備されてきています。しかし，人材の育成はソフトウェア技術者が集まる情報システム部門の専門家だけでなく，情報を利用，活用する側の一般技術者ほど，情報に振り回されず，情報を有効活用する能力を必要とされています。極端な言い方をすれば，情報を使いこなさなければならないのは，システム部門の人間ではなく，情報を取り扱うユーザ部門の技術者であるといえます。パソコンのアプリケーション・ソフトや社内外のシステムを使いこなし，そこから手に入る情報を自分の業務に役たてる能力，つまり情報リテラシーの養成までを含めた人材育成が求められているのです。

　また今日，一口に情報化社会における人材育成といっても，その対象となる分野は非常に幅広くなってきています。単にコンピュータや情報を扱う技術だけではなくなってきているのです。情報処理学会の「情報システムの開発フェーズを中心に整理した技術マップ」を参考に今後，情報化社会において必要となる内容を以下に列挙してみます。

(1)　基礎知識
　　・関連知識
　　　業務知識，法令・制度等業界知識，知的財産権，社会動向・国際動向
　　・コンピュータサイエンス
　　　ハードウエア・ファームウエア，プログラミング言語，オペレーティングシステム，コンピュータ・アーキティクチャ，データベースシステム，情報通信ネットワーク，AI
　　・関連数学
　　　確率・統計，線形代数，数値解析，グラフ理論

(2)　ヒューマン・ファクタ
　　　リーダーシップ，グループ作業理論，協調コミュニケーション，インタビュー技法，倫理感

(3)　管理／評価技術
　　　プロジェクト管理，開発体制，スケジュール管理，外注管理，原価管理，問題発見・解決技法等

(4)　開発／検証技術
　　・情報システム構築の方法
　　　プロトタイピング，構造化技法，オブジェクト指向，自動化技術，再利用技術
　　・情報システム設計・検証
　　　システム方式設計，性能評価，セキュリティ技術，テスト技術

　上述した内容は，人材育成面において，もちろんそれぞれの企業ごとに情報化施策および組織，人材に対する考え方により土木技術者，または土木部門の情報化リーダに対して課す程度の違いは生じますが，その内容自体は必須になると考えられます。

第6章 土木分野における情報収集・活用の未来

　特に，情報化リーダに対しては，コンピュータシステムの技術力とともに，各種業務に対する知識や洞察力，エンドユーザとのコミュニケーション力，カウンセリング力，問題解決力，コンサルティング力等幅広い能力の養成が求められています。さらに，最近の急激なネットワーク社会の進展により社会的な課題となりつつある情報公開，情報格差を生まないためのアクセス権，個人情報の保護，知的所有権，セキュリティ等に対しても，技術者を指導していくことが求められています。

6.2.2　これからの人材育成

　わが国は現在，高度成長期を経て安定・成熟期に入っている感があります。このような状態の中で，企業の人材開発はどのような変化を遂げていくべきでしょうか。

　これについてはいろいろな方向性が考えられますが，まず第一は，これからの安定・成熟時代こそ，"人材"そのものが企業の浮沈を握る鍵であるという認識です。もっと具体的にいうならば，高度成長時代は戦略・システム不在でも，人数さえ確保できていれば企業の存続・成長はあり得ましたが，これからはまさに，経営戦略・システム構築の時代に入り，その戦略やシステムに直結する人材育成，つまり教育の重要性がリマインドされたといえます。さらに，もう一つ忘れてはならないことは，わが国の最大の資源は天然の資源ではなく人的資源であって，これこそ，これからの時代を活き抜く最大のポイントであり，そのための企業内教育が不可欠であるということへの再認識です。

　以上のことを前提として，戦略としての情報活用教育はいかにあるべきかに焦点をしぼり，企業における人材育成の方向について考えてみることにします。

(1)　垂直的教育プログラムから水平的教育プログラムの開発へ

　現在の企業内教育は，その教育プログラムのあり方が，垂直的体系化によるものが多いことは否定できない事実です。つまり，新入社員教育から始まる主任，係長，課長，部長，トップといった縦の階層別教育を指しています。この体系も教育方法としては重要なポイントであることは間違いありません。しかし，現在の情報化時代を考えるとき，充実を期待されているのが水平的教育プログラムの開発です。

　これは部門の壁を意識させない，部門間の情報流通を念頭においた教育の姿です。情報活用分野では前述したようにネットワーク利用による情報の流通や情報共有による効率化，生産性向上が叫ばれており，部門の壁を取りのぞくという大きな流れがあります。これは企業内の共通コミュニケーション風土造りの教育とも言い換えることもできます。

　具体的にいうならば，研究部門と技術部門，現場関係部門と営業部門，調達部門と営業部門というように，それぞれの部門が持つさまざまな情報を認識し，企業としての共通の目的に対し，どのように情報を活用するのか教育するためのプログラム開発です。同時に，階層別の垂直的教育と部門間の水平的教育とのマトリックス的要素が必要になってきています。

(2)　情報活用志向が一貫して組み込まれている教育システムへ

　「情報活用志向」。一言でいうならば，企画・設計から施工，維持管理まで"徹底して情報を活用する"そのための教育のことをいっています。

　今，エンドユーザ・コンピューティングが進展している中で，コンピュータ利用者のレベルを

6.2 進む土木技術者の情報リテラシー

アップすることが重要な課題となっています。しかし，現状，その課題解決に正しい取り組みがなされているとは言い難い気がします。パソコンの利用を例にとってみても私達の身の回りでは，ワープロ代わりに利用していることが多いような気がします。また，ネットワーク環境を十分活用した情報共有は米国に比べると圧倒的に少ないといわれています。情報教育はあくまでも情報活用にターゲットをおいた内容にすべきであると考えます。

　従来，企業で行われてきた市販アプリケーションの操作教育は基礎的な位置づけとして，今後も必要なことは確かです。しかし，操作教育で終わっているケースがほとんどの状況です。

　現在技術者に求められていることは情報を活用することなのです。たとえば，社内外の情報をネットワーク技術を使って収集し，アプリケーションソフトにより，さまざまな切り口でデータの分析ができるようになることです。と同時に作業効率を上げ，業務の範囲を広げ，自身の業務において創造性を発揮することです。

　ユーザコンピューティング，情報活用は技術者にもう一段上の能力を問うモノであり，情報教育自体も当然，技術者にこのような能力を身につけさせる内容，カリキュラム構成へと変わっていく必要があります。

(3) 情報教育投資の充実

　ここ数年の傾向として，情報教育投資に対する各企業の認識は高まってきています。しかし，気をつけなければならないことは，教育分野のインフラ（ハードやソフト）を充実させることが大事ではなく，その教育用インフラを十分に活用し，稼働率を高めるカリキュラムをどれだけ持ちうるかということです。"器"としての教育用インフラと，"中身"としてのカリキュラムがバランスよくとれているかどうかです。

　次に，教育用インフラ・マテリアルの課題ですが，これは教育方法との関係が非常に強い分野です。現状は講義中心のワンウエイの教育方法があまりにも多く見受けられます。これからは受講者個人個人の知識，能力の差違が考慮でき，しかも，学習者が受動的な立場ではなく主導権を持って学習を進めることができるような教育方法が望まれています。そういう意味において，今後の新しい教育方法として，いま注目されているCAIについて言及してみます。

　CAIとは，Computer Aided Insturuction あるいは Computer Assisted Insturuction の略語であり，日本語に訳すときはコンピュータ支援教育，コンピュータ援用学習などと訳されます。従来のCAIは，あらかじめ定められた教材に従って学習する型式（ドリル型）が中心で，一方向的なものであり，コンピュータを利用する意味は小さかったようです。

　しかし，この分野にも最近のコンピュータ周辺技術がもたらす影響は大きく，マルチメディアの適用は，教材として音声や動画の使用を可能とし，高速ディジタル通信を用いた情報交換システムはテレビ会議やビデオ・オン・デマンドなどインタラクティブな新しい形態の教育を可能としてきています。「学習者自身が主導的な立場で知識を獲得し，創造力を高めていく」教育方法として，この理想的な形態が出現しだしてきています。コンピュータを主体的な道具として使う情報活用教育への適用が期待されます。

【参考文献】
(社)土木学会土木情報システム委員会：情報活用・教育小委員会（三嶋 全弘小委員長）1996.6作成研究報告書「土木で求められる情報活用」, p.93, 94

第 6 章　土木分野における情報収集・活用の未来

6.3　土木分野における3次元の未来

6.3.1　異なる分野の3次元

　3次元とは幅と高さと奥行き（X軸，Y軸，Z軸）の三軸で表現さる立体の世界です。私たちが住む現実も3次元の立体的な世界ですが，これをコンピュータ上で描写・再現する技術が存在します。近年，土木分野ではCAD（Computer Aided Design and Drafting）が技術者のツールとして必要不可欠になっています。CADで作成される図面は幅と高さの二軸で表現される2次元の世界ですが，急速に進歩するコンピュータの性能とソフトウェアの技術によって，2次元にとどまらずCADの3次元機能を利用し作業の効率化や事業コストの縮減を図ろうという動きが活発に進んでいます。

　3次元の利用に至る歴史は，1960年代に図形処理の技術としてCAD（Computer Aided Design and Drafting）とCG（Computer Graphics）の基礎技術が確立したことを原点とし，その後，発展と実用化の時代を経て，CGが映像や娯楽分野のツールとしてテレビ番組や映画の特殊撮影の一部において不可欠な技術となる一方，CADは土木，建築設計，製造分野において次第にその技術を確立することになります。そして，近年の急速なコンピュータの進歩とソフトウェア技術の発達によりCADは，単なるDrafting（製図）のツールとしてでなく3次元の機能も含めたDesign（設計）のツールと認識され始めています。また，こうしたCADの発展は，CAM（Computer Aided Manufacturing）/CAE（Computer Aided Engineering）/CAT（Computer Aided Testing）の各系統との連携をより深いものとすることになります。

　しかしながら，他分野におけるCADの3次元利用と土木分野を比較した場合，土木分野のそれは，建築や製造分野に比べまだまだ発展途上であるといえます。特に，製造分野である自動車産業においては，3次元技術が進んでいます。技術者が部品の形状や構造を効果的に表現・理解するためや，上流工程からのデータに基づき製造方法の最適化する上で，部品の形状などを3次元的に表現することが求められます。結果として，作業の効率化は3次元のデジタル情報によって人依存型プロセスから自動処理プロセスへと変革を遂げています。

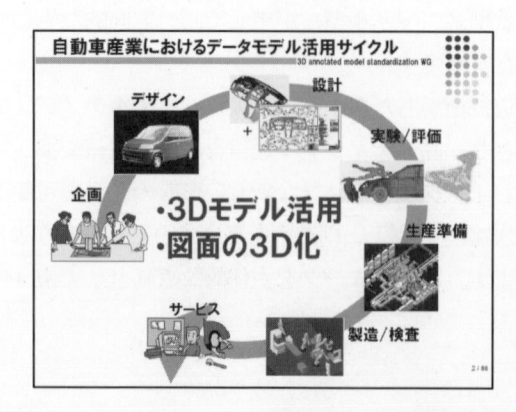

図 6.3.1　自動車産業における3次元の利用
（http://www.seminar.jp/jdf2006/dl/DE_04_3D_Drawing.pdf　（社）自動車工業会/3D図標準化WG）

6.3 土木分野における3次元の未来

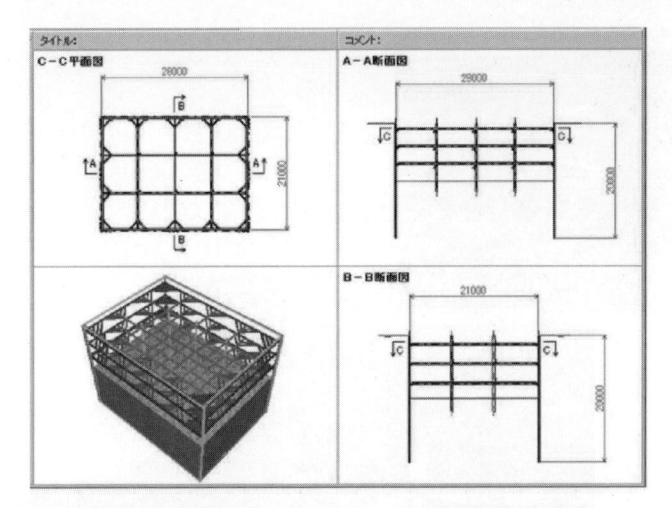

図 6.3.2 土木分野における3次元を利用した設計
(http://www.forum8.co.jp/product/ucwin/road/ucwin-road-3.htm)

土木分野においては，常に地形などの自然と設置する人口構造物の関係が重要な設計要素となるため，設計をパターン化することが難しく，施工においては技術者の経験を基に現場の状況に合わせて形状を変更することまで求められたため，3次元利用のメリットを十分生かすことが難しい状況にありましたが，近年では，ようやくCADの3次元情報を利活用した情報化施工が現実のものとなってきており，道路設計/施工や造成設計/施工などにおいて実証が始まっています。

6.3.2　3次元の優位性

では，なぜ3次元なのか？土木技術者は，立体の構造物を平面に投影し図式により表現します。これは図学であり，土木分野に限らず，本来物づくり分野の技術者，デザイナー，クリエーターが形状を表現するための共通の技術です。技術者はこれから作るもの（3次元立体）を図面（2次元平面）に投影し，そして2次元に投影され図面化されたものを再度頭の中で3次元立体としてイメージすることが求められます。したがって，3次元による描画が現実のものとなった今日，技術者が構想や設計など物づくりの初期段階から3次元を利用することは，実は極めて自然なことであり，これによって多くのメリットが生み出されると考えられます。

3次元の描画によるメリットとしては，構造物の可視化（目に見える形に変換する），可視化による品質の向上（設計の照査），設計内容の正確な伝達やデータ交換などが挙げられます。また，これまで現実の世界で可視化することが不可能であった，地下の埋設物（下水管等）や設計の手法を左右する地質状況などを3次元立体として描画することも可能になります。複雑な構造物の設計では，図面上で確認することが難しい部材や形状の干渉チェックなどが可能となります。

また，3次元のデータではオブジェクト（オブジェクト指向）の概念を適用することが可能です。オブジェクト指向は，モノ（＝オブジェクト）が何をするのかを中心に考え，それらの共通の振舞いを定義することです。3次元データでは，個々の部材（＝オブジェクト）をオブジェクトして定義することで，さまざまなソフト間でのデータ互換と相互運用を実現することが可能です。土木分野では，プロダクトモデルとして構造物の設計などにオブジェクト指向を導入するこ

第6章　土木分野における情報収集・活用の未来

図 6.3.3　3次元モデルを利用した各種シミュレーション
(http://www.forum8.co.jp/product/ucwin/road/ucwin-road-3.htm)

とが可能です。

　さらに，レーザースキャナやレーザープロファイラの利用により，広域かつ複雑な形状の構造物や地形，さらには都市全体を3次元情報として取得する技術も確立されており，技術者はコンピュータ上に展開する擬似現実に向き合って設計や解析などを効果的に行うことができます。

6.3.3　3次元技術の進歩と課題

　実際に利用する3次元といっても利用の目的によりその内容は多岐にわたります。構造物の3次元形状モデル，設計情報を包含する3次元プロダクトモデルや地物や都市を表現する3次元空間モデルなどです。同時に，利用の目的に応じた3次元情報のデータ形式を見極めることもデータ容量との兼ね合いから重要になります。データ形式は，ワイヤーフレームモデル，サーフェイスモデル，ソリッドモデル（CSGモデルや境界表現モデルなど）等が挙げられます。

　また，3次元といっても必ずしも可視化が可能な3次元とは限りません。場合によっては，3次元的な描画（可視化）は単なる副産物であり，重要なのは3次元情報を基とした計算や計算結果，さらにはデータ構造であり，3次元的な描画は土木分野では必ずしも重要ではない場合もあります。

　今後，土木分野における3次元技術の発展は，コンピュータやソフトウェアの進化とともにさらに身近なものとなることが予測されますが，3次元が身近になればなるほど課題も出てきます。

　課題としては，よりデータを効率的に利活用するためのデータの標準化や基準づくりも必要で

すし，事業において3次元データをライフサイクルで利用するためのBPR（Business Process Re-Engineering）も重要です。3次元の構築や閲覧に欠かせないCADなどのソフトウェアの高度化や操作性の向上などもこれまで以上に求められることと考えられます。

6.3.4 3次元の将来

今後，コンピュータの進化と新たなソフトウェアの開発が進むにつれ，技術者への要求は高度なものとなると予想されます。2次元図面から3次元への変化にとどまらず，設計・施工のプロセスを反映すべく時間軸を考慮した4次元の概念も必要になるかもしれません。

土木分野における3次元の利用は，建設業界でのさまざまなプロセスの効率化だけでなく，景観，環境，建築，製造，さらには映像分野など多岐にわたる分野・業界との協調を可能にします。これにより，将来，土木技術者はより多くの情報を的確に整理し，より広い視野に立ち業務にあたることが望まれます。

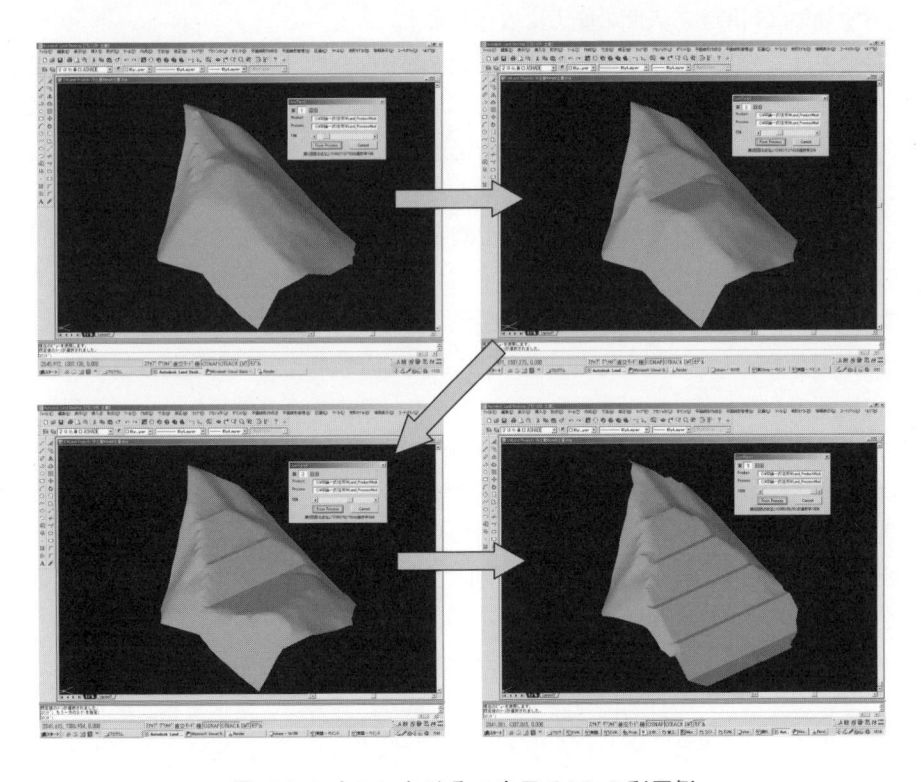

図 6.3.4 土工における4次元CADの利用例
（矢吹信喜，蒔苗耕司：プロダクトモデルと3次元／4次元CAD，土木学会誌，Vol.90, No.5, pp.23-25, 2005）

おわりに

　高度情報化社会では，さまざまな情報機器が人間の活動の「道具」として働いています．人間はこの地球上に出現して以来，さまざまな便利な道具をつくり出してきました．

　自動車や鉄道が人間の足の機能拡張であったり，工場の機械が手の機能拡張であったのに対して，高度情報化社会においては，コンピュータや情報通信が人間の頭脳機能拡張の役割を果たすと考えられています．

　しかし，そのような情報活用環境さえ整えればすべての人間は豊かな社会創造に貢献できるのでしょうか・・・・そうではないのです．同じ情報機器を使ってもそれを使う人間によってそこから引き出される価値には大きな差が生じます．

　どんなにすばらしい情報機器があったとしても，それはあくまでも道具であることから，それらがもたらす効果は利用する人間の能力に依存します．

　今後の社会では，情報の生産・流通・共有が大きな意味を持つと考えられます．

　モノの生産に占める価値の比重は，コストなどから企画やコンセプト，設計やデザインへとシフトしてきています．そのための的確な情報を迅速に入手することが非常に重要になり，情報そのものに対価を支払うということも当然のこととなってきています．

　その一方で現在，情報洪水，あるいは情報氾濫という問題が生じてきており，今後も続くと考えられますが，自分にとって何が大切な情報で何が不必要な情報なのか常に判断していかなければならず，個人個人の判断能力が求められる時代でもあると考えられます．

　情報活用環境を十分活かしきる能力，ならびに，的確な情報や知識を獲得し，それを必要に応じて適切に処理する能力が「情報リテラシー」であり，現在の高度情報化社会が便利で豊かな社会とするためには，社会基盤整備の重要な役割を担っている土木技術者が，この「情報リテラシー」の醸成に積極的に努めなければならないと考えます．

　さて現在，この情報活用の分野は製品産業では見事に使いこなし，驚くべき生産性 UP につなげています．翻って私達が属する建設産業においてはいかがでしょうか．CALS/EC が動き出し，まだ途についたばかりといえます．

　土木学会情報利用技術委員会ではこのような状況を鑑み，さらなる情報活用による「建設分野全体の底上げ」を図ることを目的に急遽メンバーを募り，当書籍を発刊するに至りました．土木技術者および土木系学生をはじめとした土木関係者の多くの方々に情報活用の重要性理解およびその推進に役立てていただければ幸いです．

　最後に，業務多忙の時期に関わらず，自身が持っておられる知識を総動員して執筆していただいた委員の方々，出版にご尽力いただいた昭和情報プロセス(株)に謝意を表します．

土木学会　情報利用技術委員会
副委員長　三嶋　全弘

索　引

【数字】

3次元CAD ························· 140

【A】

ADSL ···························· 82,83
AI（Artificial Intelligence） ············ 92
Ajax（Asynchronous JavaScript＋XML） ···· 34
API（Application Program Interface） ····· 79
ARPAネット（Advanced Research Projects Agency network） ······················· 18
ASN（Abstract Syntax Notation） ···· 124,125
ASP（Application Service Provider） ····· 41

【B】

BC2（Bliss Bibliographic Classification 2nd ed.） ········ 95
BCM（Business Continuity Management） ··· 58
BCP（Business Continuity Plan） ········ 58
BI（Business Intelligence） ············· 35
BPR（Business Process Re-Engineering） ·· 249

【C】

CAD（Computer Aided Design） ·········· 6
CADデータ交換標準フォーマット ······· 148
CAE（Computer Aided Engineering） ···· 246
CAI（Computer Aided Insturuction） ···· 245
CALS（Continuous Acquisition and Life cycle Support） ···················· 8
CALS/EC ···························· 8
CAM（Computer Aided Manufacturing） ·· 246
CAT（Computer Aided Testing） ······· 246
CC（Colon Classification） ············· 95
CIA（Central Intelligence Agency） ····· 208

【D】

DCMI（Duplin Core Metadata Initiative） ·· 89
DoS攻撃（Denial of Service attack） ···· 208
DRM（Degital Road Map） ············ 132
Duplin Coreメタデータ ················ 91

【E】

e-Japan重点計画 ····················· 22
EIP（Enterprise Information Portal） ···· 88

【F】

FKP測量 ························ 192,193
FTP（File Transfer Protocol） ··········· 73
FTTH（Fiber To The Home） ··········· 82
FWA（Fixed Wireless Access） ·········· 83

【G】

GISエンジン ····················· 138,189
Google Earth ······················· 176
Google Maps ························ 34
GPS/INS ························ 113,114
GPS測量 ·························· 192

【H】

HTML（Hyper Text Markup Language） ··· 73
HTTP（Hypertext Transfer Protocol） ···· 73

【I】

ICT（Information and Communication Technology） ···· 27
ICタグ ···························· 42
IEEE802.16 ························· 71
IETF（The Internet Engineering Task Force） ······· 74
IMAP（Internet Message Access Protocol） ·· 73
INS（Inertial Navigation System） ······ 113
IP（Internet Protocol） ················ 73
ISMS（情報セキュリティマネジメントシステム） ······························ 211
ITS ······························ 122

【J】

JHDM（Japan-Highway Data Model） ··· 166

【K】

KGI（key goal indicator） ············ 163
KJ法 ······························ 24
KPI（key performance indicator） ······ 163

【L】

LCC（Life cycle cost） ··············· 163
Lockdown Enforcer ·················· 221

【M】

MEMS ···························· 240
MIME（Multipurpose Internet Mail Extension） ······· 73
Mozilla Firefox1 ····················· 74
MPEG ····························· 93

【N】

NDC（Nippon Decimal Classification） ··· 95
NEAR演算子 ························ 84
NETIS（New Technology Information System） ········ 106

【O】

OWL（Ontology Web Language） ······· 92

【P】

PDA（Personal Digital Assistate） ······· 54
PDCAサイクル ····················· 166
PFI（Private Finance Initiative） ········· 3
PGA（Peak Ground Acceleration） ······ 60
PI（Public Involvement） ·············· 30
PLC（Power Line Communication） ···· 187
PMS（Pavement management system） ·· 164
PoE（Power over Ethernet） ·········· 197
POP3（Post Office Protocol） ··········· 73

【R】

RDF（Resource Description Framework） ········ 78,91,92

251

RDF Site Summary ································· 78
Real Time Kinematic ······························ 111
RFC（Request for Comments）················· 74
RSS（RDF Site Summary）······················· 78
RTK-GPS（Real Time Kinematic）······ 111,112,113

【S】

SDI（selective dissemination of information）······ 18
SEMIS ··· 51
SEO（Search Engine Optimization）··········· 88
SI（Spectrum Intensity）·························· 61
SMTP（Simple Mail Transfer Protocol）······· 73
SUPREME（Super-dense Realtime Monitoring of Earthquakes）······ 60
SXF ··· 32,148

【T】

TCP（Transmission Control Protocol）········· 73
TECRIS ·· 173
TVAF（TV Anytime Forum）····················· 93

【U】

UDP（User Datagram Protocol）················ 73
URL（Uniform Resource Locator）············· 57

【V】

VICS ··· 132

【W】

W3C（World Wide Web Consortium）········· 92
Web 2.0··· 81
Web フィルタリング技術······················· 218
Wikipedia ·· 97
WiMAX ·· 71

【X】

XML（eXtensible Markup Language）······ 78,91,124

【Z】

Zigbee ··· 241

【ア行】

アクセスコントロール技術（Network Access Control）······ 221
アセットマネジメント····························· 50
アドホック・センサネットワーク············· 241
アフィリエイト ·································· 206
インターフェース····························· 34,56
インデキシング ·································· 122
インデクサー······································ 95
インデックス ·································· 95,96
インテリジェント基準点························ 230
インハウスデータベース························· 25
ウィルス対策ソフト···················· 214,220,221
オブジェクト指向································ 247
オントロジー ································ 91,92,93

【カ行】

加入者系無線アクセス（FWA）·················· 83
ガバナ ··· 60,63

慣性航法システム（INS）······················· 113
企業内ブログ······································ 88
共通鍵暗号·· 216
緊急地震速報······································ 42
クリアリングハウス（Clearing house）········· 34
クローラ·· 75
下水道台帳情報システム························· 51
検索エンジン·································· 75,76
公開鍵暗号·· 216
工業所有権··································· 222,227
国土数値情報····································· 189
コンピュータウィルス／ワーム················ 207
コンプライアンス································ 205

【サ行】

サーチャ··· 25
災害情報収集システム··························· 134
索引作成·· 122
産業財産権·· 222
事業継続計画（BCP）····························· 58
地震動空間補間技術······························ 67
地震被害想定システム··························· 189
システムアーキテクチャ···················· 122,138
シソーラス····································· 95,96
実用新案·· 222
市民参加プロセス（PI）·························· 30
指紋認証·· 215
社会資本重点計画································· 29
社会資本ストック··························· 46,50,237
守秘義務······································ 27,204
商標 ··· 222
情報化施工·· 38
情報公開·· 202
情報資産······································ 208,209
情報セキュリティ監査制度······················ 211
情報セキュリティマネジメントシステム······ 211
情報リテラシー······························ 21,23,25
スキーマ······································· 89,91
スパイウェア····································· 207
スパイダー·· 75
スプレッドシート································· 36
セキュリティホール······························ 220
セキュリティポリシー··························· 212
セマンティックウェブ（Semantic web）···· 91,92
センサネットワーク····························· 118
ゾーニング技術···································· 67

【タ行】

ダブリンコア······································ 89
知的財産権·· 222
著作権·· 222
地理情報クリアリングハウス···················· 34
地理情報システム（GIS）················ 64,146,161
ディレクトリ型検索エンジン···················· 76
データウェアハウス······························ 35
データマイニング ···························· 10,163
鉄道 GIS システム······························· 161
デューイ十進分類法（DDC）····················· 95
電子基準点··································· 198,199
電子国土··································· 34,117,138
電子証明書·································· 210,217,218

電子入札 …………………………………… 11
電子納品 …………………………………… 11
東京アメッシュ …………………………… 39
道路占用情報 …………………………… 194
道路台帳付図 ……………………… 191,194
道路中心線形 …………………… 140,141,144
道路の走りやすさマップ ………………… 133
トータルステーション ……………… 6,138,140
都市映像（Location View） ……………… 170
特許 ………………………………………… 222
特許電子図書館 …………………… 226,227
トレーサビリティ ………………………… 237
ナレッジ ……………………………… 154,155

【ナ行】

日本十進分類法（NDC） ………………… 95
入退場管理システム ……………… 179,181

【ハ行】

バイオメトリクス認証 …………………… 215
ハイブリッド型検索エンジン ………… 75,76
ハザードマップ …………………………… 202
パターンマッチング検知 ………………… 220
ハッキング／クラッキング ……………… 207
パテントトロール ………………………… 228
パブリックコメント ……………………… 29
光ファイバ ………………………………… 82
ビジネスモデル …………………………… 3

ビデオ・オン・デマンド ………………… 245
ビブリオメトリックス …………………… 24
ヒューマン・ファクタ …………………… 243
ヒューリスティック検知 ………………… 220
ファイアウォール ………………………… 220
ファシリティマネジメント ……………… 4
フィービジネス ………………………… 3,4
フィッシング ……………………… 207,218,219
ブール演算子（Boolean operator） ……… 84
プライバシーマーク ……………………… 211
プロダクトモデル ………………………… 53
ベクター …………………………………… 159
ポリゴン化（多角形化） ………………… 194

【マ行】

マークアップ言語 ………………………… 72
メタデータ ………………………………… 88

【ヤラワ行】

ユビキタス（Ubiquitous） ……………… 70
ラスター …………………………………… 159
リアルタイム被害推定システム ………… 58
リアルタイム防災 ………………………… 233
リモートセンシング ……………………… 2
ロボット型検索エンジン ……………… 75,76
路面損傷分析システム …………………… 164
ワイマックス ……………………………… 71

土木情報ガイドブック	土木技術者のための情報収集と活用 －すぐに役立つ情報の探し方・使い方－

平成 19 年 9 月 10 日　第 1 版・第 1 刷発行

●編集者……土木学会　情報利用技術委員会
　　　　　　土木情報ガイドブック制作特別小委員会
　　　　　　委員長　髙田　知典

●発行者……社団法人　土木学会　古木　守靖

●発行所……社団法人　土木学会
　　　　　　〒160-0004　東京都新宿区四谷1丁目外濠公園内
　　　　　　TEL：03-3355-3444（出版事業課）　　03-3355-3445（販売係）
　　　　　　FAX：03-5379-2769　振替　00140-0-763225
　　　　　　http://www.jsce.or.jp/

●発売所……丸善（株）
　　　　　　〒103-8244　東京都中央区日本橋 3-9-2　第 2 丸善ビル
　　　　　　TEL：03-3272-0521/FAX：03-3272-0693

©JSCE 2007/Committee on Civil Engineering Information Processing
印刷・製本・用紙・カバーデザイン：昭和情報プロセス（株）
ISBN 978-4-8106-0584-6

・本書の内容を複写したり，他の出版物へ転載する場合には，
　必ず土木学会の許可を得てください．

・本書の内容に関するご質問は，下記の E-mail へご連絡ください．
　E-mail pub@jsce.or.jp